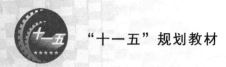

"十一五"规划教材

U0290733

自动控制理论

沈传文　肖国春　于　敏　甘永梅

西安交通大学出版社
XI'AN JIAOTONG UNIVERSITY PRESS

内容提要

本教材比较全面地阐述了自动控制理论的基本内容。全书共分 8 章,主要讲述了自动控制的基本概念,控制系统数学模型的建立,用时域分析、根轨迹及频域方法对连续系统进行分析,对控制系统的校正方法进行了研究,对采样控制理论的基本内容和现代控制理论的基本内容进行了介绍。各章均安排采用 MATLAB 仿真的控制系统分析与应用实例。

本书适合作为电气工程及自动化、电子科学与技术、工业自动化等相关专业作为教材及教学参考书,也可供有关师生和专业工程技术人员参考。

图书在版编目(CIP)数据

自动控制理论/沈传文,肖国春,于敏,甘永梅编 . —西安:西安交通大学出版社,2007.1(2023.8 重印)
ISBN 978 - 7 - 5605 - 2166 - 4

Ⅰ . 自… Ⅱ . ①沈…②肖…③于…④甘…
Ⅲ . 自动控制理论 Ⅳ . TP13

中国版本图书馆 CIP 数据核字(2006)第 141399 号

书　　名:自动控制理论
编　　著:沈传文　肖国春　于敏　甘永梅
出版发行:西安交通大学出版社
地　　址:西安市兴庆南路 1 号(邮编:710048)
电　　话:(029)82668357　82667874(市场营销中心)
　　　　　(029)82668315(总编办)
印　　刷:西安日报社印务中心
字　　数:413 千字
开　　本:727 mm×960 mm　1/16
印　　张:22.25
版　　次:2007 年 1 月第 1 版　2023 年 8 月第 8 次印刷
书　　号:ISBN 978 - 7 - 5605 - 2166 - 4
定　　价:39.00 元

前　言

自动控制理论是各类工程技术人员所必须掌握的技术基础知识,通过该课程的学习,可以从宏观上了解自动控制系统的结构、性质和任务。随着现代化技术的不断发展,自动化技术越来越深入各行各业以及人们的生活。大专院校中越来越多的专业将"自动控制原理"作为必修课程。

随着科学技术的发展,适时地改进自动控制理论教材也是当前课程改革的要求,本教材在分析研究国内外相关的教材的基础上,依据高等院校本科自动化控制理论课程的教学要求,从注重理论基础与基本概念,拓宽专业面出发,结合电气自动化及其它相近专业的教学特点,比较全面地阐述了自动控制理论的基本内容,全书共分八章,包括经典控制理论、采样控制理论、现代控制理论的基本内容。

本教材具有以下几个特点:

1. 从基本理论和概念出发,精练内容,突出重点,淡化繁冗的理论推导,注重理论与实际的结合。

2. 为读者更好地掌握应用所学的知识,适应计算机仿真在控制系统中应用越来越广的要求,全书从 MATLAB 软件使用基础出发,各章均安排了采用 MATLAB 仿真的控制系统分析与应用实例。

3. 为了更好的将理论与实际相结合,全书对硬盘驱动系统这一控制实例,依据各章所学内容,在各章中对其进行系统分析,数学建模,性能分析,和控制器设计等工作,以深化读者对控制理论在实际系统中应用的理解。

4. 为了便于读者自学和更好地掌握本课程的基本理论,锻炼和培养分析、综合及解决实际问题的能力,各章均备有适当的例题和习题,并给出小结,供读者学习和归纳使用。

全书由沈传文、肖国春、于敏、甘永梅编写。于敏编写第 1,2 章;肖国春编写第 3,4 章;甘永梅编写第 7,8 章,沈传文编写第 5,6 章,并对全书进行了统稿。苏彦民教授仔细审阅了本书全稿,并提出许多宝贵意见,在此谨致以衷心的感谢。由于编者水平有限,书中难免存在错误和疏漏之处,殷切希望读者批评指正。

编　者

2006.11

目 录

第 1 章　绪　论

1.1　自动控制系统的基本概念与发展

1.1.1　自动控制的定义与发展

在现代科学技术的众多领域中,自动控制技术起着越来越重要的作用。所谓自动控制是指在没有人直接参与的情况下,利用外加的设备或装置操纵机器、设备或生产过程,使其自动按预定规律运行的技术。

这里所说的外加设备或装置,通常包括测量仪器、控制装置和执行机构。没有检测与执行设备,单独的控制器是无法发挥作用的。

自动控制理论是研究自动控制共同规律的技术科学,它的发展初期是以反馈理论为基础的自动调节原理,主要用于工业控制,一般公认 1788 年由瓦特发明的蒸汽机离心调速器是最早的自动控制装置。第二次世界大战期间,人们设计和制造飞机及船用自动驾驶仪、火炮定位系统、雷达跟踪系统以及其它基于反馈原理的军用装备,进一步促进并完善了自动控制理论的发展。到二战结束后已形成完整的自动控制理论体系,这就是以传递函数为基础的经典控制理论,它主要研究单输入-单输出、线性定常控制系统的分析和设计问题。

20 世纪 60 年代初期,为适应宇航技术的发展,出现了区别于经典理论的现代控制理论。它主要研究具有高性能、高精度的多变量变参数系统的最优控制问题,主要采用的方法是以状态为基础的状态空间法,该方法大量借助计算机实现复杂的数学处理和计算,可以说现代控制方法是随着计算机的发展而建立起来的。目前,自动控制理论的研究还在继续,朝着以控制论、信息论、仿生学为基础的智能控制理论方向深入发展。

1.1.2　自动控制系统的基本组成

自动控制系统的组成基本上是一个仿人的工作装置。如图 1.1 所示,人的眼睛是测量装置,大脑是控制器,手及手臂是执行装置。可以将图 1.1 画成图 1.2 所示的方框图。

一个反馈控制系统基本由图 1.2 所示的三部分组成。

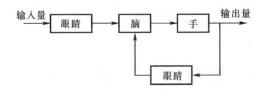

图 1.1　人脑控制过程示意图

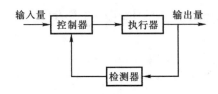

图 1.2　仿人控制系统方框图

1.2　自动控制系统的基本控制方式

1.2.1　开环控制系统

　　所谓开环控制系统是指控制器与被控对象之间只有顺向作用而无反向联系,即控制是单方向进行的;系统的输出量并不影响其控制作用,控制作用直接由系统输入量产生。图 1.3 所示的电动机转速控制系统可以作为开环控制系统的一个实例。直流电动机带动生产机构以一定转速旋转,其转速由电位器的给定电压来决定,改变电位器滑动端的位置,则

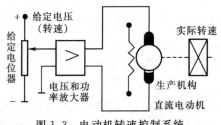

图 1.3　电动机转速控制系统

改变给定电压的大小,放大器的输入、输出和电动机的电枢电压也相应发生改变,从而自动地决定了电动机转速的高低,以满足生产机构的要求。

　　因此开环控制系统可用图 1.4 所示框图来表示。开环控制系统是最基本的不带反馈(检测装置)的自动控制系统,它们在生产过程及生活设施中随处可见。

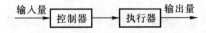

图 1.4　开环控制系统示意图

1.2.2　闭环控制系统

由于系统周围环境的变化会给系统造成干扰,开环控制系统的输出量不可能精确地对应于输入量,因此开环系统不具备克服输出量与输入量之间的偏差的能力,它的准确性和稳态精度都不高。如果系统输入量又随时间变化,而系统的被控对象一般都存在惯性,所以不可能瞬时完成对输入量的响应。

针对开环系统的上述缺陷,十分需要给控制系统引入反馈,即把输出量馈送到系统输入端,以便与输入信号进行比较,取其偏差作为控制器的输入,如图1.5 所示。这样的系统称为带负反馈的闭环控制系统。其中由输入到输出的路径称为前向通路,检测装置所在的路径称为反馈通路。扰动量分为内扰和外扰,内扰是由于组成系统的元部件参数的变化引起;外扰则是由系统的动力源或负载变化等外部因素所引起。图 1.5 所示的扰动量是内扰和外扰的概括。值得注意的是,加在控制器上的信号并不是系统的输入量,而是它和系统反馈量之间的误差。控制器所产生的控制作用施与被控对象之后,又力图减小或者消除这种误差。图 1.6 所示电加热系统是一个简单的闭环控制系统。其中温控开关是控制器,输入量是期望温度,输出量是测温元件检测到的实际水温,输入与输出之间的求差过程直接由温控开关完成。该系统的外扰动量是注入的冷水和流出的热水。电加热器为执行机构。

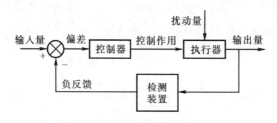

图 1.5　闭环控制系统示意图

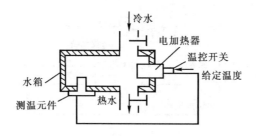

图 1.6　电加热器系统

采用负反馈控制,可以有效地抑制前向通道中各种扰动对系统输出量的影响。假设输入量为一给定值,而外加扰动量使输出量减小,由于输入量未变,因而误差就会增大,控制器的控制作用也相应地增大,从而提高了输出量,这就对因扰动而引起的输出量的减小起到了自动调节的作用,反之亦然。所以带有负反馈的闭环控制又称为偏差控制,它能够提高系统的抗扰动性能,增强鲁棒性,改善系统的稳态精度。另一方面,由于负反馈的存在,对应于一定输出量的输入量必然加大,因此在到达稳态之前的动态过程中,施加于控制器的信号比较大,产生所谓的强激作用。控制作用增大了,被控对象的输出量对于输入量的跟踪速度也会增大,由此可见闭环系统还具有提高响应速度的优势。然而闭环控制也给系统带来新的问题,负反馈虽然能起到校正误差的作用,但由于系统一般都存在惯性,控制作用产生的效果将延迟一段时间,所以并不能及时校正系统误差。如果控制系统的强激作用与被控对象的惯性匹配不当,闭环系统还可能产生振荡,造成不稳定,使系统不能正常运行。

1.2.3　复合控制系统

当生产机构对自动控制系统提出很高的控制要求时,单独采用开环控制或闭环控制时有困难。这时,可以设计一种开环控制和闭环控制相结合的复合控制系统,如图 1.7 所示。在这种系统中,带有负反馈的闭环控制起主要的调节作用,而带有前馈的开环控制则起辅助作用,这样就能使系统达到很高的控制精度。图 1.8 所示电动机速度复合控制系统就是按扰动作用补偿的复合控制系

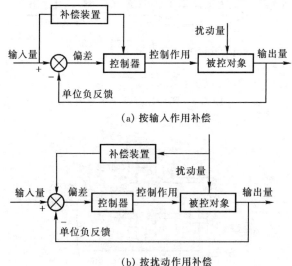

(a) 按输入作用补偿

(b) 按扰动作用补偿

图 1.7　复合控制示意图

统。负载大小的改变引起转速变化,反映在图 1.8(b)中即为负载转矩 M_c 的改变。

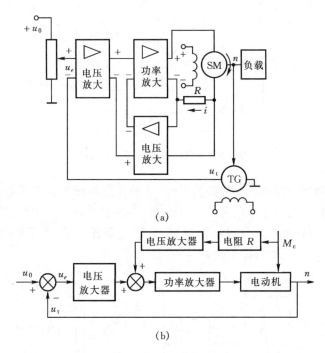

(a)

(b)

图 1.8　电动机速度复合控制系统

1.3　自动控制系统的基本类型

在自动化领域中,自动控制系统指的是带负反馈的闭环控制系统,因而反馈控制原理也就成为自动控制技术中的一个基本原理。控制系统分类方法很多,一般分为五大类。

1.3.1　调节系统和随动系统

如图 1.5 所示系统的输入量是恒定不变的。称这样的系统为恒值调节系统,简称恒值系统或调节系统。因为图中的输入量并非被控对象的实际输入,而是希望输出能够达到输入的期望值,所以称其为参考输入。

图 1.9 就是一个电动机转速恒值调节系统。其中测速发电机将检测到的实际转速转换成电压反馈到输入端,通过运算放大器与参考输入(给定转速的电压当量)进行比较,取其偏差进行控制。图 1.6 所示的电加热系统是一个温度恒值

调节系统。日常生活中还有许多如压力、水位、流量以及电压、电流等参量的恒值调节系统。

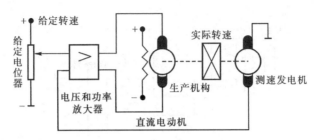

图 1.9　电动机转速恒值调节系统

　　另一类闭环控制系统称为随动系统,这种控制系统的任务是首先要保证系统输出量的变化能够紧紧跟随其输入变化,并要求具有一定的跟随精度。特别要指出的是,在这种系统中,输入量的变化往往是任意的,是不能预先知道的。如图 1.10 所示的火炮跟踪系统就是一例。

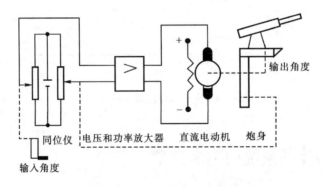

图 1.10　火炮跟踪系统示意图

　　在此系统中,当输入信号给定一个角度时,同位仪检测装置发出一个误差信号,放大装置便有一个相应的输出信号,使直流电动机带动火炮的炮架转动;与此同时,反馈装置又把炮架转动的角度送入同位仪检测装置,如此直至反馈角度的信号与输入角度的信号相等时,误差信号以及放大装置的输出功率均为零,电动机停止转动,则火炮炮架也就被控制转动到了给定的角度。由于火炮的目标是飞行物体,其空中位置是随时改变的,因此系统的给定角度必须根据实际目标方位随时调整,所以火炮跟踪系统是一个随动系统。

1.3.2　连续系统和离散系统

　　所谓连续系统,是指组成系统的各个环节的输入信号和输出信号都是时间的连续信号。上面所举的恒值调节系统和随动系统的例子都属于连续控制系统。一般采用微分方程作为分析连续系统的数学工具。如果控制系统各个环节的输入输出信号都是离散信号,则属于离散控制系统。离散信号有两种:脉冲信号和数字信号。离散系统的动态性能一般要用差分方程来描述和分析。如果控制系统中既有连续信号又有离散信号,则称之为采样(离散)控制系统。图 1.11 所示电阻炉温度微机控制系统就是一个采样控制系统。其中 A/D、D/A 转换器和单片机之间传递的是数字信号。在有些控制系统中,连续与离散信号的转换采用 V/F、F/V 变换器,那么它们与单片机之间传递的是脉冲信号。

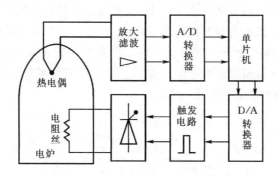

图 1.11　电阻炉温度微机控制系统

微机控制系统的结构框图可以用图 1.12 来表示。虚线框内部为数字控制器。其中参考输入可以预先存储于计算机中,这种方法通常称为内给定,图中所示为外给定方式。

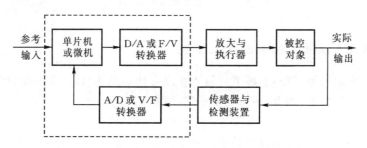

图 1.12　微机控制系统示意图

1.3.3　单输入单输出系统和多输入多输出系统

单输入单输出(single input and single output,SISO)系统是指只有一个输入量和一个输出量的控制系统。分析这种系统的方法有时域法和频域法。对比较简单的 SISO 系统,可用低阶微分方程(或差分方程)来描述,靠手算分析这种系统是有可能的,这就是最初的时域法。对较为复杂的 SISO 系统,必须用高阶微分(动态)方程来描述,手工运算将是十分麻烦的。因此,20 世纪 40 年代前后在控制理论中出现了以传递函数为基础的频域法和根轨迹法,这些方法是经典控制理论的内容,至今仍广泛用于 SISO 控制系统中。我们前面提到的控制系统示例都属于 SISO 控制系统。

20 世纪 60 年代之后,由于工业过程控制和空间宇航技术的发展,控制系统逐渐复杂起来,出现了多信号、多回路、多变量且相互之间还有关联(耦合)的所谓多输入多输出系统,又称多变量(MIMO)系统。MIMO 系统不再局限于只研究其输入输出特性,而是从整个系统出发,研究其内部状态的运动规律以及相互之间的关系,这种系统对控制性能的要求也比较高,常常要求系统能在一定的控制约束和某种性能指标下实现最优控制。经典控制理论难以胜任对 MIMO 系统的研究,于是在控制理论中逐渐形成了以状态空间为基础的"现代控制理论"。MIMO 系统示意框图如图 1.13 所示。

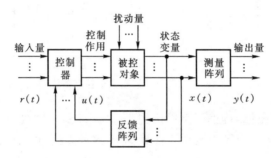

图 1.13　多变量系统示意图

1.3.4　线性系统和非线性系统

如果在动态系统中,各环节的输入输出特性是线性的,那么系统的性能可以用线性常系数微分(或差分)方程来描述,例如

$$\ddot{y}(t) + a\dot{y}(t) + by(t) = cr(t)$$

所描述的系统,因其数学模型是线性常微分方程,所以称为线性定常系统(或者叫线性时不变系统);如果描述系统性能的线性方程中的系数是随时间变化的,例如

$$\ddot{y}(t) + a(t)\dot{y}(t) + b(t)y(t) = c(t)r(t)$$

则称该系统为线性时变系统。例如运载火箭的燃料消耗,它的质量和惯性均随时间变化,这类系统就是时变系统。

线性系统的主要特点是,可以应用叠加和齐次性原理来处理输入输出之间的关系,例如两个输入同时作用于系统时,可以分别令一个输入为零,分析另一个输入单独作用的影响,然后把两个独立作用的系统响应加起来就是完整的结果。以传递函数为基础的经典控制理论主要适用于线性定常控制系统的研究。

在动态系统中,只要有一个元器件的输入输出特性是非线性的,就称为非线性系统,用非线性微分(或差分)方程来描述,例如

$$\ddot{y}(t) + y(t)\dot{y}(t) + y^2(t) = r(t)$$

其特点是系统结构参数(非线性方程的系数)与输入输出变量有关,这种系统不适用叠加和齐次性原理。

严格地说,各种物理系统总是有不同程度的非线性,根据非线性程度的不同,可以分为本质非线性和非本质非线性。非本质非线性系统可以在其工作点附近的小邻域内进行线性化处理,也就是说系统变量在工作点的定义域范围内处处连续可微,而本质非线性则存在间断点。图 1.14 中只有图(a)属于非本质非线性特性,图(d)中实线和虚线分别表示两种不同的本质非线性。对于非本质非线性系统用小邻域线性化的办法进行处理后,视其为线性系统来分析和设计,但是对于本质非线性系统则需要专门的处理方法,例如描述函数法和相平面法等,目前较实用并有效的模糊控制就是专门针对系统非线性特性的分析与控制的方法。总的来说非线性系统的控制还存在相当大的困难,控制方法也在不断发展。

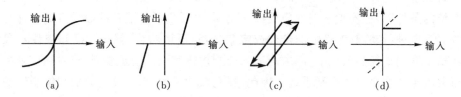

图 1.14　常见的非线性系统特性

1.3.5　其它类型

如果被控对象数学模型的结构和参数都是确定的,系统的全部输入信号又均为时间的确定函数,那么系统的输出响应也是确定的,这种系统就称为确定性系统。如果被控对象是确定的,但是系统的信号中含有随机量,如负载的随机变化,电源的随机波动,模型和测量噪声的影响等等,就称这种系统为随机系统。因为随机信号及其响应只具有数学统计特性,所以对于随机系统要应用概率统计理论加以研究。如果被控对象本身是不确定的,那么就需要不断地提取这种随机系统在运行过程中的输入输出信息,从中识别对象的模型参数,并不断修改控制器的参数,以适应系统的随机特性并维持系统的最佳运行状态,这就是现代控制理论中的模型辨识和现代控制工程中的自适应控制系统。

上述系统参数一般都被认为是集中参数。有些系统的参数不能用集中参数来表示,如电力传输系统的线路阻抗就必须按分布参数来处理,因此根据参数的分布特性,系统又可分为集中参数系统和分布参数系统。

1.4　对控制系统的要求和本书内容简介

对控制系统的要求可以概括为良好的稳定性能、动态性能和稳态性能三个方面。稳定是控制系统能够正常工作的基本前提,而动态品质和稳态精度则是对控制系统动、静态性能优劣的评价。在单输入单输出控制系统中,动态品质指的是系统输出响应的快速性和超调量,而稳态精度则常用输出响应的稳态误差的大小来衡量。

设计控制系统时,必须满足它的动、静态性能指标的要求,但是两者之间常有矛盾:稳态精度很高的系统容易导致动态品质恶化,甚至不稳定,动态性能好的系统有可能达不到高稳态精度的要求。为了解决这个矛盾就必须合理地设计控制器,对系统性能进行综合校正,这正是控制系统设计的核心内容。

控制系统设计的一般步骤如图 1.15 所示。自动控制理论课程对控制系统的研究基本上分为系统分析和系统综合两大部分。所谓系统分析,就是在给定系统的条件下,将物理系统抽象成数学模型,然后用已经成熟的数学方法和计算机对系统进行动、静态性能的定性或定量分析;所谓综合,就是在已知被控对象和给定性能指标的前提下,寻求合适的控制规律和设计校正模型,建立能使被控对象满足性能要求的控制系统。因此,建立数学模型、系统性能分析和控制器的设计是"自动控制理论"所要研究的三个基本问题。

本书主要介绍线性定常系统的建模、分析和设计方法,不涉及非线性系统。第 2 章介绍分析和设计的基础——数学模型,主要介绍控制工程中常用的数学模型的建立、种类及其相互之间的转换等。第 3 章通过求解线性系统的时域响应,主要介绍系统时域性能的分析与确定方法,包括稳定性的判断和动、静态性能指标的确定。第 4 章为根轨迹法,是分析线性系统的一种独特而有效的方法。第 5 章介绍线性系统的频域分析方法。第 6 章介绍线性系统的综合与校正方法。以上方法均属于经典控制理论的内容。第 7 章介绍离散控制系统的建模、分析和数字控制器的设计。第 8 章介绍现代控制理论的基础知识,主要侧重于介绍多变量系统的建模、定性分析和简单校正方法。

自动控制理论属于技术基础理论课程,其直接作为后续专业课程的技术储备基础,同时也需要较扎实的前期知识储备,如线性代数、电路、模拟电子技术和数字电子技术以及信号与系统等。

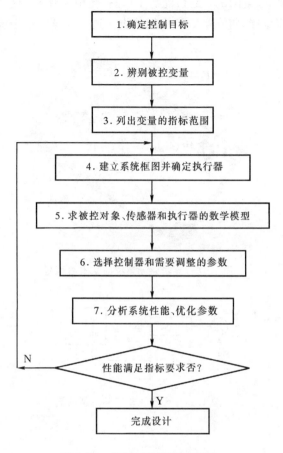

图 1.15　控制系统设计流程图

1.5　连续设计示例:硬盘读写系统

本书将在每一章的最后一节,以硬盘读写系统为例连续介绍自动控制理论的分析和设计方法的实现步骤。例如,在这一章介绍以下四个步骤:(1)认识被控目标;(2)确定被控变量;(3)写出这些变量的初始条件;(4)初步建立系统框图。

硬盘驱动系统的基本结构如图 1.16 所示。硬盘驱动系统的控制目标是磁头的位置,以便能够从相应磁道读取或存储数据;需要准确控制的变量是位于滑动曲柄顶端的磁头位置。磁盘旋转速度为 1800～7200 r/min,磁头"贴近"硬盘的距离小于 100 nm;精确的初始位置是 1 μm;接着准备在 50 ms 内将磁头从磁道 a 移动到磁道 b。图 1.17 是系统初步框图,图中闭环控制系统利用电机带动磁头移动到期望位置,将在第 2 章中继续设计这个硬盘驱动系统。

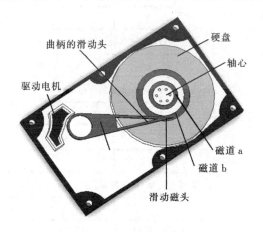

图 1.16　硬盘驱动系统的基本结构图

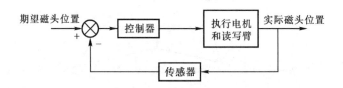

图 1.17　硬盘驱动闭环控制系统

1.6　小结

这一章首先介绍了自动控制系统的概念、定义和发展概况,自动控制系统的基本组成和基本控制方式,说明了开环控制与闭环控制的定义和各自的优势,为了达到更好的控制效果,也可采取复合控制方式。本章较详细地介绍了自动控制系统的分类以及本书将讨论的线性控制系统类型。衡量控制系统性能的技术指标主要分为稳定性、动态性能和静态性能三部分。自动控制理论属于技术基础理论范畴,按发展阶段分为经典与现代控制理论两大部分,分析与设计方法主要有时域和频域两大类。线性控制系统的分析与设计有其一定的基本流程。本章最后向读者推出一个"硬盘读写系统"的连续设计示例的第一部分,其余将在各章末尾陆续推出,以说明各章内容在该系统的分析与设计中的应用。

习　题

1.1　图 1.18 是液位自动控制系统原理示意图。在任意情况下，希望液面高度 c 维持不变，试说明系统工作原理并画出系统方块图。

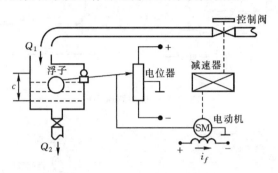

图 1.18　液位自动控制系统

1.2　图 1.19 是仓库大门自动控制系统原理示意图。试说明系统自动控制大门开闭的工作原理并画出系统方块图。

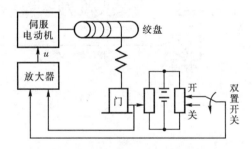

图 1.19　仓库大门自动开闭控制系统

1.3　图 1.20(a) 和 (b) 均为自动调压系统。设空载时，图 (a) 和图 (b) 的发电机端电压均为 110 V。试问带上负载后，图 (a) 和图 (b) 中哪个系统能保持 110 V 电压不变？哪个系统的电压会稍低于 110 V？为什么？

1.4　图 1.21 为水温控制系统示意图。冷水在热交换器中由通入的蒸汽加热，从而得到一定温度的热水。冷水流量变化用流量计测量。试绘制系统方块图，并说明为了保持热水温度为期望值，系统是如何工作的？系统的被控对象和控制装置是什么？

1.5　图 1.22 是电炉温度控制系统原理示意图。试分析系统保持电炉温度恒定的工作过程，指出系统的被控对象、被控量以及各部件的作用，最后画出系

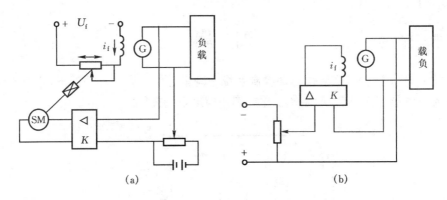

图 1.20　自动调压系统

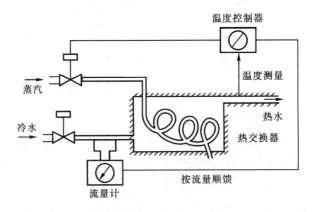

图 1.21　水温控制系统示意图

统方块图。

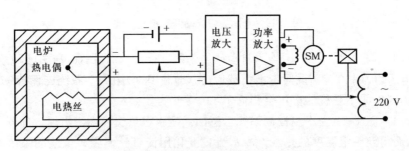

图 1.22　电炉温度控制系统原理示意图

1.6　图 1.23 是自整角机随动系统原理示意图。系统的功能是使接收自整角机 TR 的转子角位移 θ_0 与发送自整角机 TX 的转子角位移 θ_i 始终保持一致。试说明系统是如何工作的,并指出被控对象、被控量以及控制装置各部件的作用并画出系统方块图。

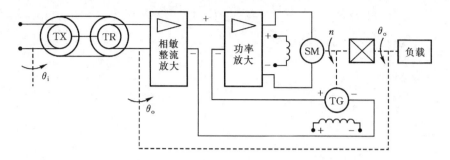

图 1.23 自整角机随机系统原理示意图

1.7 图 1.24 为谷物湿度控制系统示意图,谷物传送装置按一定流量使物料通过加水点,调节器根据进出物料湿度的监测结果调节阀门实现进水量控制。加水过程中,物流量、输入物流湿度及加水前水压都是对控制的扰动作用,为了提高控制精度,系统中采用了谷物湿度的顺(前)馈和反馈控制。试画出系统方框图。

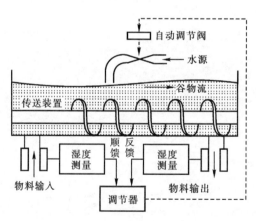

图 1.24 谷物湿度控制系统

1.8 下列各式是描述系统的微分方程,其中 $y(t)$ 为输出量, $r(t)$ 为输入量,试判断哪些是线性定常或时变系统,哪些是非线性系统?

(1) $y(t) = 5 + r^2(t) + t\dfrac{\mathrm{d}^2 r(t)}{\mathrm{d}t^2}$;

(2) $\dfrac{\mathrm{d}^3 y(t)}{\mathrm{d}t^3} + 3\dfrac{\mathrm{d}^2 y(t)}{\mathrm{d}t^2} + 6\dfrac{\mathrm{d}y(t)}{\mathrm{d}t} + 8y(t) = r(t)$;

(3) $t\dfrac{\mathrm{d}y(t)}{\mathrm{d}t} + y(t) = r(t) + 3\dfrac{\mathrm{d}r(t)}{\mathrm{d}t}$;

(4) $y(t) = r(t)\cos\omega t + 5$;

(5) $y(t) = 3r(t) + 6\dfrac{\mathrm{d}r(t)}{\mathrm{d}t} + 5\displaystyle\int_{-\infty}^{t} r(t)\mathrm{d}\tau$;

(6) $y(t) = r^2(t)$;

(7) $y(t) = \begin{cases} 0, & t < 6 \\ r(t), & t \geqslant 6 \end{cases}$

第 2 章 线性系统的数学模型

2.1 引言

在控制系统的分析和设计中,首先要建立系统的数学模型。控制系统的数学模型是描述系统内部物理量(或变量)之间关系的数学表达式。在静态条件下(即变量各阶导数为零),描述变量之间关系的代数方程叫静态数学模型;而描述变量各阶导数之间关系的微分方程叫动态数学模型。如果已知输入量及变量的初始条件,则通过求解微分方程就可以得到系统输出量的表达式,并由此可对系统进行性能分析。因此,建立控制系统的数学模型是分析和设计控制系统的首要工作。

建立控制系统的数学模型的方法有分析法和实验法两种。分析法是对系统各部分的运动机理进行分析,根据它们所依据的物理规律或化学规律分别列写相应的运动方程。例如,电学中有基尔霍夫定律,力学中有牛顿定律,热学中有热力学定律等。实验法是人为地给系统施加某种测试信号,记录其输出响应,并用适当的数学模型去逼近,这种方法称为系统辨识。近几年来,系统辨识已发展成一门独立的学科分支,本章重点研究用分析法建立系统的数学模型的方法。

在自动控制理论中,数学模型有多种形式。时域中常用的数学模型有微分方程、差分方程和状态方程;复频域中有传递函数、结构图;频域中有频率特性等。本章只研究微分方程、传递函数等数学模型和结构图、信号流图等系统图形模型的建立及应用。

虽然物理系统千差万别,各自具有不同的物理运行规律。但为其建立的数学模型,若去除参数的物理背景后却具有高度的一致性,不仅数学模型形式一致,其在相同输入信号下的响应——数学模型的解的规律——也是一致的,这种特性称为相似性。

由于控制系统的相似性,因此除非在建立系统数学模型时,必须了解控制系统的具体物理背景外,一旦掌握了建模的方法,在后续章节中介绍分析与设计方法时,则可充分利用相似性,以抽象的数学模型为研究对象。这正是自动控制理论能够研究自动控制共同规律的前提。

2.2　典型环节的微分方程

本小节着重介绍组成控制系统的一些典型线性环节的输入输出模型(微分方程)的建立方法。

例 2.1　试列写图 2.1 所示 RLC 无源网络的微分方程,以 $u_i(t)$ 为输入, $u_o(t)$ 为输出。

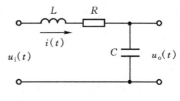

解　图 2.1 为电学系统。设回路电流为 $i(t)$,由基尔霍夫定律可写出回路方程为

$$L\frac{di(t)}{dt} + \frac{1}{C}\int i(t)dt + Ri(t) = u_i(t)$$

$$u_o(t) = \frac{1}{C}\int i(t)dt$$

图 2.1　RLC 无源网络

消去中间变量 $i(t)$,便得到描述网络输入输出关系的微分方程为

$$LC\frac{d^2 u_o(t)}{dt^2} + RC\frac{du_o(t)}{dt} + u_o(t) = u_i(t) \tag{2.1}$$

例 2.2　图 2.2 表示一个含有弹簧、运动部件、阻尼器的机械位移装置。其中,k 是弹簧系数,m 是运动部件质量,μ 是阻尼器阻尼系数,外力 $f(t)$ 是系统的输入量,位移 $y(t)$ 是系统的输出量。根据牛顿运动定律,运动部件在外力作用下克服弹簧拉力 $(ky(t))$ 和阻尼器阻力 $\left(\mu\frac{dy(t)}{dt}\right)$,将产生加速度力 $\left(m\frac{d^2 y(t)}{dt^2}\right)$。系统的运动方程为

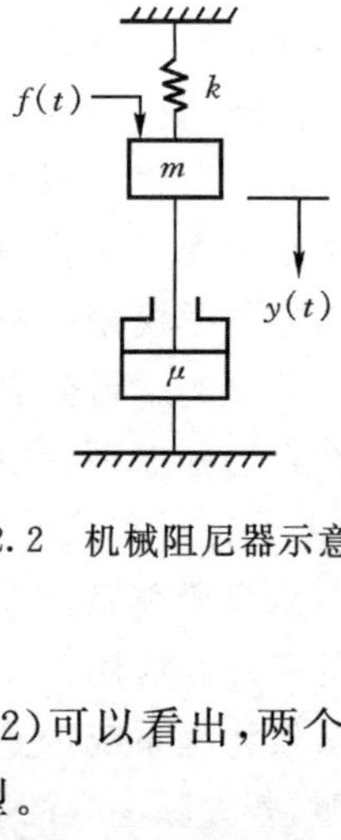

$$\frac{d^2 y(t)}{dt^2} + \mu\frac{dy(t)}{dt} + ky(t) = f(t) \tag{2.2}$$

图 2.2　机械阻尼器示意图

这也是一个二阶线性常微分方程。比较式(2.1)和式(2.2)可以看出,两个不同的物理系统具有相同的运动方程,即具有相同的数学模型。

例 2.3　试列写图 2.3 所示电枢控制直流电动机的微分方程,图中电枢电压 $u_a(t)$ 为输入量,电动机转速 $\omega_m(t)$ 为输出量,R_a,L_a 分别是电枢电路的电阻和电感;M_c 是折合到电动机轴上的总负载转矩。激磁磁通设为常值。

解　电枢控制直流电动机的工作实质是将输入的电能转换为机械能,也就是将输入的电枢电压 $u_a(t)$ 在电枢回路中产生电枢电流 $i_a(t)$,再由电流 $i_a(t)$ 与激磁磁通相互作用产生电磁转矩 $M_m(t)$,从而拖动负载运动。直流电动机的运动方程可由以下三部分组成:

电枢回路电压平衡方程

$$u_a(t) = L_a \frac{di_a(t)}{dt} + R_a i_a(t) + E_a$$

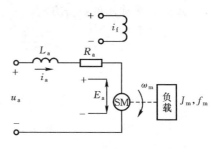

$$(2.3)$$

图 2.3　电枢控制直流电动机原理

式中: E_a 是电枢反电势,它是电枢旋转时产生的反电势,其大小与激磁磁通及转速成正比,方向与电枢电压 $u_a(t)$ 相反,即 $E_a = C_e \omega_m(t)$, C_e 是反电势系数。

电磁转矩方程

$$M_m(t) = C_m i_a(t) \qquad (2.4)$$

式中: C_m 是电动机转矩系数; $M_m(t)$ 是电枢电流产生的电磁转矩。

电动机轴上的转矩平衡方程

$$J_m \frac{d\omega_m(t)}{dt} + f_m \omega_m(t) = M_m(t) - M_c(t) \qquad (2.5)$$

式中: f_m 是电动机和负载折合到电动机轴上的粘性摩擦系数; J_m 是电动机和负载折合到电动机轴上的转动惯量。

由式(2.3)~式(2.5)中消去中间变量 $i_a(t)$, E_a 及 $M_m(t)$, 便可得到以 $\omega_m(t)$ 为输出量, $u_a(t)$ 为输入量的直流电动机微分方程

$$L_a J_m \frac{d^2 \omega_m(t)}{dt^2} + (L_a f_m + R_a J_m) \frac{d\omega_m(t)}{dt} + (R_a f_m + C_m C_e) \omega_m(t)$$

$$= C_m u_a(t) - L_a \frac{dM_c(t)}{dt} - R_a M_c(t)$$

$$(2.6)$$

在工程应用中,由于电枢电路电感 L_a 较小,通常忽略不计,因而式(2.6)可简化为

$$T_m \frac{d\omega_m(t)}{dt} + \omega_m(t) = K_1 u_a(t) - K_2 M_c(t) \qquad (2.7)$$

式中: $T_m = R_a J_m / (R_a f_m + C_m C_e)$ 是电动机机电时间常数; $K_1 = C_m / (R_a f_m + C_m C_e)$; $K_2 = R_a / (R_a f_m + C_m C_e)$ 是电动机传递系数。如果电枢电阻 R_a 和电动机的转动惯量 J_m 都很小,可忽略不计时,式(2.7)还可进一步简化为

$$C_e \omega_m(t) = u_a(t) \qquad (2.8)$$

这时,电动机的转速 $\omega_m(t)$ 与电枢电压 $u_a(t)$ 成正比,于是电动机可作为测速发电机使用。

例 2.4　图 2.4 为直流他激发电机示意图。其中 R, L 是激磁绕组的电阻和电感, u, i 为激磁电压和激磁电流, $E(t)$ 是发电机电枢电势, ϕ 为气隙磁通 (Wb), N 为激磁绕组匝数, ω 是发电机角速度(rad/s)。假设 ω 恒定不变,磁滞涡流、漏磁效应可忽略不计,发电机各变量在其工作点附近漂移很小。试列写以

u 为输入,E 为输出的微分方程。

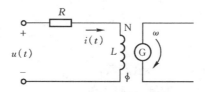

图 2.4　直流发电机示意图

解　根据基尔霍夫定律,励磁回路方程为

$$Ri + L\frac{\mathrm{d}i}{\mathrm{d}t} = u \tag{2.9}$$

输出电动势方程为

$$E = KN\phi_1 = K_1\phi \tag{2.10}$$

其中 ϕ_1 和 ϕ 分别为一匝和 N 匝绕组的磁通量。

电磁感应方程为

$$\phi = K_2 i \tag{2.11}$$

式(2.10)和式(2.11)中的 K_1、K_2 和 K 分别是一匝和 N 匝时绕组的电磁感应经线性化处理后的折合系数。整理式(2.9)~(2.11)可得一阶微分方程

$$\frac{L}{K_1 K_2}\frac{\mathrm{d}E}{\mathrm{d}t} + \frac{R}{K_1 K_2}E = u \tag{2.12}$$

例 2.5　试列写图 2.5 齿轮系的运动方程。图中齿轮 1 和齿轮 2 的转速、齿数和半径分别用 ω_1, Z_1, r_1 和 ω_2, Z_2, r_2 表示;其粘性摩擦系数及转动惯量分别是 f_1, J_1 和 f_2, J_2;齿轮 1 和齿轮 2 的原动转矩及负载转矩分别是 M_m, M_1 和 M_2, M_c。

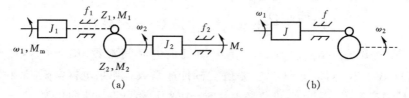

图 2.5　齿轮系

解　控制系统的执行元件与负载之间往往通过齿轮系进行运动传递,以便实现减速和增大力矩的目的。在齿轮传动中,两个啮合齿轮的线速度相同,传送的功率亦相同,因此有关系式

$$M_1\omega_1 = M_2\omega_2 \tag{2.13}$$

$$\omega_1 r_1 = \omega_2 r_2 \tag{2.14}$$

又因为齿数与半径成正比,即

$$\frac{r_1}{r_2} = \frac{Z_1}{Z_2} \tag{2.15}$$

于是可推得关系式

$$\omega_2 = \frac{Z_1}{Z_2}\omega_1 \tag{2.16}$$

$$M_1 = \frac{Z_1}{Z_2}M_2 \tag{2.17}$$

根据力学中转矩平衡原理,可分别写出齿轮 1 和齿轮 2 的运动方程为

$$J_1 \frac{\mathrm{d}\omega_1}{\mathrm{d}t} + f_1\omega_1 + M_1 = M_\mathrm{m} \tag{2.18}$$

$$J_2 \frac{\mathrm{d}\omega_2}{\mathrm{d}t} + f_2\omega_2 + M_\mathrm{c} = M_2 \tag{2.19}$$

由上述方程中消去中间变量 ω_2,M_1,M_2,并令

$$J = J_1 + \left(\frac{Z_1}{Z_2}\right)^2 J_2 \tag{2.20}$$

$$f = f_1 + \left(\frac{Z_1}{Z_2}\right)^2 f_2 \tag{2.21}$$

$$M'_\mathrm{c} = \left(\frac{Z_1}{Z_2}\right)^2 M_\mathrm{c} \tag{2.22}$$

则得齿轮系微分方程为

$$J \frac{\mathrm{d}\omega_1}{\mathrm{d}t} + f\omega_1 + M'_\mathrm{c} = M_\mathrm{m} \tag{2.23}$$

其中 J,f 及 M'_c 分别是折合到齿轮 1 的等效转动惯量、等效黏性摩擦系数及等效负载转矩。显然,折算的等效值与齿轮系的速比有关,速比越大,即 Z_2/Z_1 值越大,折算的等效值越小。如果齿轮系速比足够大,则后级齿轮及负载的影响便可以不予考虑。

综上所述,虽然各线性环节的物理意义不同,但数学模型的形式却是相似的。如例 2.1～例 2.3 同为二阶微分方程。其中,例 2.1 与例 2.2 是十分明显的相似系统;例 2.3 则在空载时与例 2.1 、例 2.2 是相似系统;例 2.4 与例 2.5 同为一阶微分方程,在一定条件下也是相似系统。

2.3　典型环节的传递函数

2.3.1　传递函数的基本概念

复频域下的数学模型主要是传递函数。设线性定常系统的微分方程的一般

形式为

$$y^{(n)}(t) + a_{n-1}y^{(n-1)}(t) + a_{n-2}y^{(n-2)}(t) + \cdots + a_1 y(t) + a_0 y(t)$$
$$= b_m u^{(m)}(t) + b_{m-1}u^{(m-1)}(t) + \cdots + b_1 u(t) + b_0 u(t) \tag{2.24}$$

系统在零初始条件下,输出的拉氏变换与输入的拉氏变换之比即为系统的传递函数。因此式(2.24)系统的传递函数为

$$G(s) = \frac{Y(s)}{U(s)} = \frac{b_m s^m + b_{m-1}s^{m-1} + \cdots + b_1 s + b_0}{s^n + a_{n-1}s^{n-1} + \cdots + a_1 s + a_0} \tag{2.25}$$

或写为

$$G(s) = \frac{Y(s)}{U(s)} = \frac{K\prod_{j=1}^{m}(s + z_j)}{\prod_{i=1}^{n}(s + p_j)} \tag{2.26}$$

关于传递函数有以下几点说明:

(1) 所谓零初始条件,即

$$y(t) = \dot{y}(0) = \ddot{y}(0) = \cdots y^{(n-1)}(0) = 0$$
$$u(0) = \dot{u}(0) = \ddot{u}(0) = \cdots u^{(m-1)}(0) = 0$$

则根据拉氏变换的定义,只有在初始条件为零时,才可以得到

$$G(s) = Y(s)/U(s)$$

否则只能得到输出响应的拉氏变换表达式,即

$$N(s)Y(s) + C_y = M(s)U(s) + C_u$$

$$Y(s) = \frac{M(s)U(s) + C_u - C_y}{N(s)} \neq G(s)$$

式中:C_y, C_u 是由 $y(t)$ 和 $u(t)$ 的初始条件决定的常数项;$N(s)$,$M(s)$ 就是式(2.25)中的分母和分子多项式。

(2) 当 $U(s) = L[\delta(t)] = 1$ 时,$Y(s) = G(s)$ 称为系统的脉冲响应。可见 $G(s)$ 反映了系统的动态响应特性,亦即系统在时域下的冲激响应 $g(t) = L^{-1}[G(s)]$,$g(t)$ 与 $G(s)$ 的关系是时域到频域的变换关系。冲激响应一般以图形表示,而微分方程和传递函数是参数模型。

(3) 作为复频域参数模型,传递函数反映了系统对输入信号的传递能力以及系统本身所固有的特性,与输入信号和初始条件无关。

(4) 传递函数可以是不反映任何物理结构的抽象模型。相似系统的传递函数形式相同。

(5) 实际系统都存在损耗、阻尼、摩擦等,使系统响应存在能量衰减,这种现象称为"惯性"。惯性系统传递函数的分母阶次必高于分子阶次。由式(2.25)、(2.26)可见,当 $n > m$ 时,$Y(s) = G(s)U(s)$ 才会出现所谓惯性现象,否则系统将存在能量自激。

（6）传递函数分子多项式的根称为零点、分母多项式的根称为极点,它们决定了传递函数所描述系统的固有特性。

2.3.2　典型环节的传递函数

1. 比例环节

图 2.6 所示放大电路中, $\dfrac{V_o(t)}{V_i(t)} = \dfrac{R_f}{R_i} = K$ 。式(2.16)、(2.17)中输出转矩、角

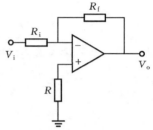

速度与输入转矩、角速度之间有关系: $\dfrac{\omega_2}{\omega_1} = \dfrac{Z_1}{Z_2} = K$

和 $\dfrac{M_1}{M_2} = \dfrac{Z_1}{Z_2} = K$,以上三个相似环节统称为比例环

节,其传递函数以 $G(s) = K$ 表示。

2. 惯性环节

令初始条件为零,对例 2.4 式(2.12)进行拉氏

变换

图 2.6　纯比例电路

$$LsE(s) + RE(s) = K_1 K_2 U(s)$$

则图 2.4 所示的发电机的传递函数为

$$\frac{E(s)}{U(s)} = \frac{K_1 K_2 / R}{\dfrac{L}{R}s + 1} = \frac{K}{Ts + 1} \tag{2.27}$$

同理,对例 2.5 式(2.23)进行拉氏变换,则图 2.5 所示的齿轮系的传递函数为

$$Js\Omega_1(s) + f\Omega_1(s) = M_m(s) - M'_c(s)$$

$$\Omega_1(s) = \frac{\dfrac{1}{f}}{\dfrac{J}{f}s + 1}[M_m(s) - M'_c(s)] \tag{2.28}$$

式(2.27)与式(2.28)均为惯性环节,但式(2.27)是单输入单输出惯性环节的传递函数,而式(2.28)是两输入单输出惯性环节的拉氏变换表达式,根据传递函数定义,只能分别写出输出 $\Omega_1(s)$ 对两个输入的独立传递函数,即

$$\frac{\Omega_1(s)}{M_m(s)} = \frac{K}{Ts + 1} \tag{2.29}$$

$$\frac{\Omega_1(s)}{M'_c(s)} = -\frac{K}{Ts + 1} \tag{2.30}$$

式中 $K = 1/f$, $T = J/f$ 。由式(2.29)与(2.30)可见输入的改变不影响传递函数的结构。这也反映出线性叠加原理的应用。惯性环节传递函数表示为 $G(s) = \dfrac{K}{Ts+1}$ 。

3. 振荡环节

通常称二阶微分方程所描述的系统或环节为振荡环节。对例 2.3 式(2.6)进行拉氏变换可得

$$L_a J_m s^2 \Omega_m(s) + (L_a f_m + R_a J_m) s \Omega_m(s) + (R_a f_m + C_m C_e) \Omega_m(s)$$
$$= C_m U_a(s) - (L_a s + R_a) M_c(s)$$

则电动机传递函数为

$$\Omega_m(s) = \frac{C_m U_a(s) - (L_a s + R_a) M_c(s)}{L_a J_m s^2 + (L_a f_m + R_a J_m) s + (R_a f_m + C_m C_e)} \tag{2.31}$$
$$= G_u(s) U_a(s) + G_m(s) M_c(s)$$

式(2.31)是两输入单输出振荡环节。若忽略粘性摩擦系数 f_m，令 $T_a = \dfrac{L_a}{R_a}$，$T_m = \dfrac{R_a J_m}{C_e C_m}$，则

$$\Omega_m(s) = \frac{\dfrac{1}{C_e}}{T_a T_m s^2 + T_m s + 1} \left[U_a(s) - \frac{R_a(T_a s + 1)}{C_m} M_c(s) \right]$$

若忽略电枢回路电感，则该环节降为两输入单输出的惯性环节。

严格地说，二阶振荡环节也是"惯性"环节，由于二阶环节对于突变信号的响应会出现振荡现象，所以为了区分，又称之为振荡环节，读者将在下一章中对"振荡"有所体会。前节中例 2.1，例 2.2 都属于振荡环节。典型振荡环节传递函数表示为

$$G(s) = \frac{K}{T^2 s^2 + 2\zeta T s + 1} = \frac{K \omega_n^2}{s^2 + 2\zeta \omega_n s + \omega_n^2} \qquad (T = \frac{1}{\omega_n})$$

4. 积分环节

最常见的积分环节是有源积分电路，如图 2.7 所示。

$$V_o(t) = -\frac{1}{RC} \int V_i(t) \, dt$$

则传递函数

$$G(s) = \frac{V_o(s)}{V(s)} = -\frac{1}{RCs}$$

图 2.8 所示为一齿轮-齿条传动装置示意图，设齿轮轴位置固定，齿轮转速 $\omega(t)$ 为输入量，齿条平移距离 $l(t)$ 为输出量，r 为齿轮半径。忽略间隙等的影响，则有

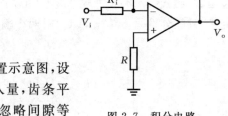

图 2.7　积分电路

$$l(t) = r\theta(t) = r \int \omega(t) \, dt$$

式中：l，r 的量纲为 cm；θ 的量纲为 rad；$\omega(t)$ 的单位为 rad/s，t 的量纲为 s。对上式进行拉氏变换，可得 $L(s) = r\frac{1}{s}\Omega(s)$，故传递函数为

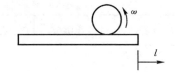

图 2.8　齿轮-齿条传动装置示意图

$$G(s) = \frac{L(s)}{\Omega(s)} = \frac{1}{\frac{1}{r}s} = \frac{1}{Ts}$$

式中：$L(s)$ 为 $l(t)$ 的拉氏变换；$\Omega(s)$ 为 $\omega(t)$ 的拉氏变换；$T = \frac{1}{r}$ 为积分时间常数。

5. 微分环节

例 2.3 中，当忽略 R_a，J_m，L_a 时，直流电动机可作为测速发电机使用。此时，由式(2.8)可得环节传递函数为

$$\frac{U_a(s)}{\Omega_m(s)} = C_e \quad 或 \quad \frac{U_a(s)}{\theta(s)} = sC_e \tag{2.32}$$

式中：$\theta(s)$ 是被测转角的拉氏变换；$\Omega_m(s)$ 是被测转速的拉氏变换。当被测量是转速时，测速发电机为比例环节，而当被测量是转角时，测速发电机即为理想微分环节，记为 $G(s) = Ks$。

理想微分环节实际不易实现，因此常用的微分环节传递函数为

$$G(s) = \frac{Ts}{Ts+1} \quad 或 \quad G(s) = Ts+1$$

前者常用图 2.9(a)所示无源网络实现，其中 $T = RC$；后者如图 2.9(b)所示，是常用的有源微分电路，当 $R_f = R_i$、$T = R_iC$ 即为微分电路。

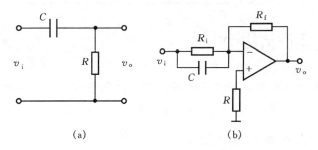

(a)　　　　　　　　　　　　　(b)

图 2.9　实用微分环节电路示意图

表 2.1 给出了组成系统的几类典型环节的传递函数以及实例以供参考

表 2.1　典型环节的传递函数

环节名称	传递函数	特点	实例
比例环节 （放大环节）	K	输出量无延迟、无失真地反映输入量的变化	电位器(输入电压-输出电压) 晶体管放大器(输入电压-输出电压) 测速机(转速-电压) 齿轮箱(主动轴转速-从动轴转速)
惯性环节 （非周期环节）	$\dfrac{K}{Ts+1}$	输出量变化落后于输入量的变化	他激直流发电机(激磁电压-电势) RC 滤波器(电源电压-电容电压)
积分环节	$\dfrac{K}{s}$	输出量正比于输入量的积分	传动轴(转速-转角) 积分器(输入电压-输出电压)
振荡环节	$\dfrac{K}{T^2s^2+2\zeta Ts+1}$ $0<\zeta<1$	有两种储能元件,所储能量相互转换	RLC 振荡电路(输入电压-输出电压)
理想微分环节 实际微分环节	Ks $\dfrac{KTs}{Ts+1}$	输出量正比于输入量的导数	直流测速机(转角-电势) RC 串联微分电路(电源电压-电阻电压)
延迟环节 （时滞环节）	$Ke^{-\tau s}$	输出量经过延迟 τ 后,才复现输入量	晶闸管整流装置(控制电压-输出电压) 传输带(输入流量-输出流量)

2.4　线性系统结构图

控制系统的结构图是描述系统各元部件之间信号传递关系的图解数学模型,具有直观、易于简化且便于获得整个系统数学模型的特征。

2.4.1　系统结构图的组成

结构图可以从方框图变换得到。以图 1.2 为例,若各环节用传递函数描述,则有图 2.10 所示的结构图。其中 $G_c(s)$, $G_p(s)$, $H(s)$ 分别表示控制器、被控对象和检测器的传递函数, $R(s)$ 作为参考输入或给定信号。其信号极性往往用"＋"表示。$B(s)$ 是反馈信号,"－"表示系统是负反馈系统。$U(s)$ 是控制信号, $Y(s)$ 是系统输出信号,其分枝点又称引出点。图中"⊗"表示误差检测器,又称比较点。误差检测器上所有输入信号一般必须是同量纲的。当系统为负反馈时，$B(s)$ 取"＋"表示与 $R(s)$ 同极性。若 $R(s)$ 的参考极性为"－"，则为了形成负反馈，$B(s)$ 应取"＋"。

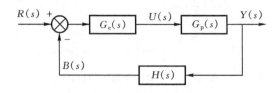

图 2.10　控制系统结构图

　　下面以第 1 章中所提到的随动系统（图 1.10 所示的火炮跟踪系统）为例，说明如何建立控制系统的结构图。在图 1.10 中，电位器或同位仪实际上就是这个闭环随动系统的误差检测器，它的输出信号正比于系统输入量 Θ_i 与反馈量 Θ_o 之差，其中包含了角位移到电量的量纲变换。简化后的结构图如图 2.11 所示。

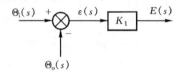

图 2.11　误差检测器的示意图

　　同位仪信号变换的传递函数就是变换系数 K_1，这样，同位仪的输入输出关系为

$$R = K_1 \varepsilon = K_1(\Theta_i - \Theta_o)$$

为了简单起见，假设系统的控制器是一般的放大装置，则其传递函数就是放大系数 K_2，这样，控制器的输入输出关系为 $U = K_2 E$。执行元件是电枢电压控制的直流电动机，它的传递函数如式（2.31）所示。若忽略粘性摩擦系数 f_m，令 $T_a = \dfrac{L_a}{R_a}$，$T_m = \dfrac{R_a J_m}{C_e C_m}$，则直流电机的结构图如图 2.12 所示。

　　下面是一个角速度 ω 与角位移 Θ_o 的变换装置，这是位置调节的随动系统中所特有的，它能把电动机的角速度 ω 变换成同位仪接收部分的角位移 Θ。即被控对象，其输入输出间的动态关系为 $\dfrac{\mathrm{d}\Theta_o}{\mathrm{d}t} = K_3 \omega$，经取拉氏变换可得到传递函数

$$\frac{\Theta_o(s)}{\Omega(s)} = \frac{K_3}{s}$$

式中 K_3 为变换装置的转换系数。最后，根据系统中信息的传递方向，将各个子系统顺次联接，即可画出这个闭环控制系统的结构图，如图 2.13 所示。

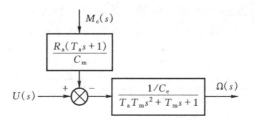

图 2.12　直流电动机的结构图

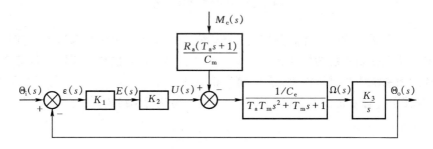

图 2.13　随动系统结构图

2.4.2　结构图的等效变换和简化

由控制系统的结构图通过等效变换(或简化)可以方便地求取闭环系统的传递函数或系统的输出响应。

任何复杂的系统结构图,其方框图的基本连接方式只有串联、并联和反馈连接三种。结构图简化应遵循变换前后变量关系保持等效的原则,即变换前后前向通路中传递函数的乘积应保持不变,回路中传递函数的乘积应保持不变。

1. 串联方框的等效简化

传递函数分别为 $G_1(s)$ 和 $G_2(s)$ 的两个方框,若 $G_1(s)$ 的输出量作为 $G_2(s)$ 的输入量,则 $G_1(s)$ 与 $G_2(s)$ 称为串联连接,见图 2.14(a)。(注意,两个串联连接元件的方框图应考虑负载效应。)

由图 2.14(a)有

$$U(s) = G_1(s)R(s), \quad Y(s) = G_2(s)U(s)$$

消去 $U(s)$ 可得

$$Y(s) = G_1(s)G_2(s)R(s) = G(s)R(s) \tag{2.33}$$

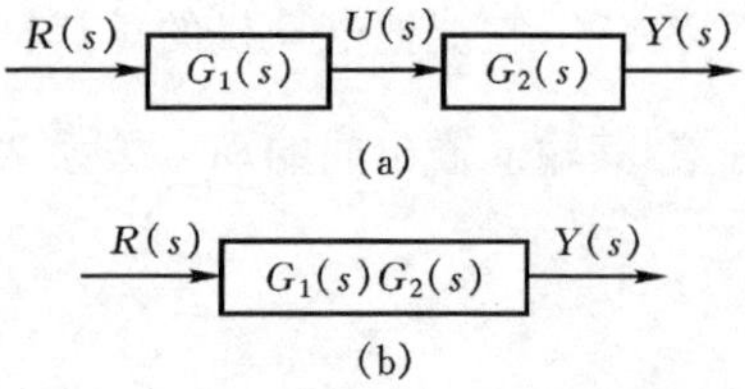

式(2.33)中 $G(s) = G_1(s)G_2(s)$,是串联方框

图 2.14　方框串联连接及其简化

的等效传递函数,可用图 2.14(b)的方框表示。由此可知,两个方框串联连接的等效方框,等于各个方框传递函数之乘积。这个结论可推广到 n 个串联方框情况。

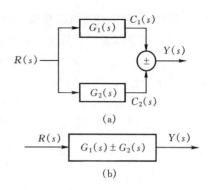

(a)

(b)

图 2.15　方框并联连接及其简化

2. 并联方框的等效简化

传递函数分别为 $G_1(s)$ 和 $G_2(s)$ 的两个方框,如果它们有相同的输入量,而输出量等于两个方框输出量的代数和,则 $G_1(s)$ 与 $G_2(s)$ 称为并联连接,见图 2.15(a)。并有 $C_1(s)=G_1(s)R(s)$,$C_2(s)=G_2(s)R(s)$ 和 $Y(s)=C_1(s)\pm C_2(s)$,从中消去 $C_1(s)$ 和 $C_2(s)$ 可得

$$Y(s)=[G_1(s)\pm G_2(s)]R(s)=G(s)R(s) \tag{2.34}$$

式中 $G(s)=G_1(s)\pm G_2(s)$ 是并联方框的等效传递函数,可用图 2.15(b)的方框表示。由此可知,两个方框并联连接的等效方框,等于各个方框传递函数的代数和。这个结论可推广到 n 个并联连接的方框情况。

3. 反馈连接方框图的等效变换

若传递函数分别为 $G(s)$ 和 $H(s)$ 的两个方框,如图 2.16(a)形式连接,则称为反馈连接。"+"号为正反馈,"-"号表示负反馈。由图 2.16(a)有

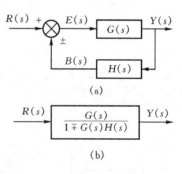

(a)

(b)

图 2.16　反馈连接及其简化

$$B(s)=H(s)Y(s),和$$

$E(s)=R(s)\pm B(s)$,消去中间变量 $E(s)$ 和 $B(s)$,得

$Y(s)=G(s)[R(s)\pm H(s)Y(s)]$,于是有

$$Y(s)=\frac{G(s)}{1\mp G(s)H(s)}R(s)=\Phi(s)R(s) \tag{2.35}$$

式中:$G(s)$ 为前向通道传递函数;$G(s)H(s)$ 为开环传递函数。

$$\begin{aligned}W(s)&=\frac{G(s)}{1\mp G(s)H(s)}\\&=\frac{前向通道传递函数}{1\mp 开环传递函数}\end{aligned} \tag{2.36}$$

称式(2.36)为图 2.16(a)方框图的闭环传递函数,是反馈连接的等效传递函数,式中负号对应正反馈连接,正号对应负反馈连接,式(2.36)可用图 2.16(b)的方框图表示。

4. 比较点和引出点的移动

在系统结构图简化过程中,有时为了便于进行方框图的串联、并联和反馈连接的运算,需要移动比较点或引出点的位置。这时应注意在移动前后必须保持信号的等效性,而且比较点和引出点之间一般不宜交换其位置。此外,"—"号可以在信号线上越过方框移动,但不能越过比较点和引出点。

表 2.2 列出了结构图简化(等效变换)的基本规则。

表 2.2　结构图简化(等效变换)规则

原方框图	等效方框图	等效运算关系
		1. 串联等效 $$Y(s)=G_1(s)G_2(s)R(s)$$
		2. 并联等效 $$Y(s)=[G_1(s)\pm G_2(s)]R(s)$$
		3. 反馈等效 $$Y(s)=\frac{G(s)R(s)}{1\mp G(s)\cdot H(s)}$$
		4. 等效单位反馈 $$\frac{Y(s)}{R(s)}=\frac{1}{H(s)}\frac{G(s)H(s)}{1+G(s)H(s)}$$
		5. 比较点前移 $$Y(s)=R(s)G(s)\pm Q(s)$$ $$=\left[R(s)\pm\frac{Q(s)}{G(s)}\right]G(s)$$

原方框图	等效方框图	等效运算关系
		6. 比较点后移 $Y(s)=[R(s)\pm Q(s)]G(s)$ $\qquad =R(s)G(s)\pm Q(s)G(s)$
		7. 引出点前移 $Y(s)=R(s)G(s)$
		8. 引出点后移 $R(s)=R(s)G(s)\dfrac{1}{G(s)}$ $Y(s)=R(s)G(s)$
		9. 交换或合并比较点 $Y(s)=E_1(s)\pm R_3(s)$ $\qquad =R_1(s)\pm R_2(s)\pm R_3(s)$ $\qquad =R_1(s)\pm R_3(s)\pm R_2(s)$
		10. 交换比较点和引出点(一般不采用) $Y(s)=R_1(s)-R_2(s)$
		11. 负号在支路上移动 $E(s)=R(s)-H(s)Y(s)$ $\qquad =R(s)+H(s)\times(-1)Y(s)$

例 2.6　设输入补偿型复合控制系统如图 2.17 所示,试通过框图简化求系统总的传递函数 $G(s)=Y(s)/R(s)$。

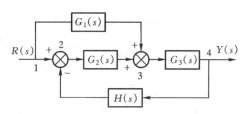

图 2.17　输入补偿(前馈)型复合控制系统结构

解　本例实际有回环交叉现象,简化或等效变换的目的是将交叉回环转换为层层嵌套或只是串、并联连接的回环,通过分别移动、合并比较点和引出点,希望使图 2.17 简化成图 2.14～图 2.16 形式的简单联接。

观察图 2.17,应设法合并比较点 2 和 3 或引出点 1 和 4。注意虽然表 2.2 中有比较点和引出点交换的等效变换原则,但在具体系统很难保证交换的等效性,而且会使简化过程复杂化。因此,应避免点 1 和点 2 互换位置,而应采取点 3 前移至点 2 处或点 2 后移至点 3 处并与之合并的办法。

(1) 点 3 前移,则结构图变为图 2.18(a),其中比较点前端为两环节互联,后端为一单负反馈环,分别应用式(2.34)和式(2.35)可得图 2.18(b)。所得系统总传递函数为

$$G(s)=\frac{Y(s)}{R(s)}=\frac{G_1(s)G_3(s)+G_2(s)G_3(s)}{1+G_2(s)G_3(s)H(s)}$$

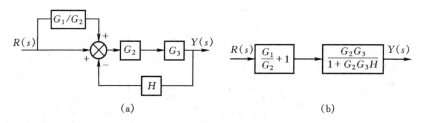

(a)　　　　　　　　　　　　　　(b)

图 2.18　图 2.17 的一种简化图

(2) 点 2 后移,如图 2.19 所示。比较点前端为两环节并联,后端仍是一个负反馈环。比较点前后呈串联型,故系统总传递函数为

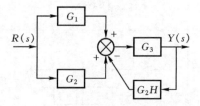

图 2.19　图 2.17 的另一种简化图

$$G(s) = \frac{Y(s)}{R(s)} = [G_1(s) + G_2(s)] \frac{G_3(s)}{1 + G_2(s)G_3(s)H(s)}$$

$$= \frac{G_1(s)G_3(s) + G_2(s)G_3(s)}{1 + G_2(s)G_3(s)H(s)}$$

例 2.7　图 2.20 所示为两输入单输出系统结构图,其中扰动输入 $D(s)$ 可正可负。控制器传递函数是 $G_c(s)$,被控对象传递函数为 $G_p(s)$,反馈传递函数为 $H(s)$。若 $H(s) = 1$ 则称为单位反馈,此时输入 $R(s)$ 与输出 $Y(s)$ 有相同的量纲。若从任一比较点将闭环断开,以 $R(s)$ 为输入信号,以反馈信号为输出信号,或以 $D(s)$ 为输入,以 $U_C(s)$ 为输出,所得各串联环节的总传递函数都称为开环传递函数。由图 2.20 可见,无论从哪个比较点断开闭环,开环传递函数是一致的,都是 $G_C(s)G_p(s)H(s)$。根据例 2.5 及式(2.28)知,多输入多输出系统的传递函数指的是各输出单独对应各输入的传递函数。所以本例系统传递函数即为

$$G_R(s) = \frac{Y(s)}{R(s)} \bigg|_{D(s)=0}, \quad G_D(s) = \frac{Y(s)}{D(s)} \bigg|_{R(s)=0}$$

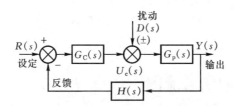

图 2.20　闭环控制系统结构图

当 $D(s) = 0$ 时,图 2.20 为单闭环结构。根据闭环结构图简化规则

$$G_R(s) = \frac{\text{前向通道传递函数}}{1 + \text{开环传递函数}} = \frac{G_C(s)G_p(s)}{1 + G_C(s)G_p(s)H(s)}$$

当 $R(s) = 0$ 时,前向通道传递函数为 $G_p(s)$,而开环传递函数不变,$H(s)$ 的负反馈顺延至 $U_C(s)$ 处,注意 $D(s)$ 极性可正可负,因此

$$G_D(s) = \pm \frac{\text{前向通道传递函数}}{1 + \text{开环传递函数}} = \pm \frac{G_p(s)}{1 + G_C(s)G_p(s)H(s)}$$

系统总输出可由迭加定理确定

$$Y(s) = G_R(s)R(s) + G_D(s)D(s)$$

$$= \frac{G_C(s)G_p(s)R(s) \pm G_p(s)D(s)}{1 + G_C(s)G_p(s)H(s)}$$

例 2.8　系统结构图如图 2.21(a)所示,试简化结构图并求 $G(s) = Y/R$。

解　分析图 2.21(a)有负反馈交叉,按照解除交叉使所有闭环形成自里向外逐层嵌套的原则,可得图 2.21 (b),然后,自内层闭环开始逐层向外求闭环结构的传递函数,如图 2.21 (c)。由图 2.21 (c)可得系统闭环传递函数为

$$G = \frac{Y}{R} = \frac{\dfrac{G_1 G_2}{1+G_1 G_2} \dfrac{G_3 G_4}{1+G_3 G_4}}{1 + \dfrac{G_2 G_3}{(1+G_1 G_2)(1+G_3 G_4)}}$$

$$= \frac{G_1 G_2 G_3 G_4}{(1+G_1 G_2)(1+G_3 G_4) + G_2 G_3}$$

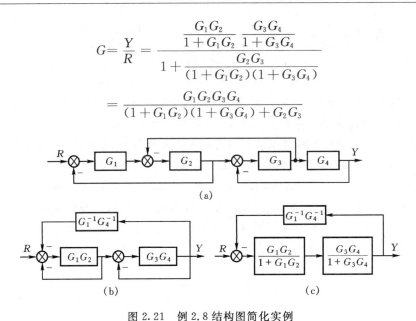

图 2.21　例 2.8 结构图简化实例

2.5　线性系统的信号流图

方块图对于图解表示线性控制系统,是很有用的。但是当系统很复杂时,方块图的简化过程是很繁琐的。信号流图法,是另一种表示复杂控制系统中系统变量之间关系的方法。这种方法是梅逊(S. J. Mason)首先提出的,相对于方块图而言,信号流图法要简洁得多。

信号流图　信号流图是一种表示一组联立线性代数方程的图。信号流图法应用于控制系统时,首先必须将线性微分方程变换为以 s 为变量的代数方程。

信号流图是由网络组成的,网络中各节点用定向线段连接,称为支路。每一个节点表示一个系统变量,而每两节点之间的联结支路相当于信号乘法器。应当指出,信号只能单向流通。信号流的方向由支路上的箭头表示,而乘法因子则标在支路线上。信号流图描绘了信号从系统中的一点流向另一点的情况,并且表明了各信号之间的关系。

信号流图基本上包含了方块图所包含的信息,用信号流图表示控制系统,其优点在于可以应用梅逊增益公式。根据该公式,不必对信号流图进行简化,就可以得到系统中各变量之间的关系以及系统的总传递函数。

术语定义　在讨论信号流图以前,首先必须定义下列一些术语:

节点——用来表示变量或信号的点。

支路——连接两个节点的定向线段。

增益——支路上标明的乘法因子叫做增益,其反映了两节点变量或信号之间的放大关系。

输入节点或源点——只有输出支路的节点叫输入节点或源点,它对应于自变量。

输出节点或汇点——只有输入支路的节点叫输出节点或汇点,它对应于因变量。

混合节点——既有输入支路,又有输出支路的节点,叫混合节点。

通路——沿支路箭头方向而穿过各相连支路的途径叫通路。

回环——通路的终点就是通路的起点,并且与任何其它节点相交不多于一次,又称闭通路。

回环增益——回环中各支路增益的乘积叫回环增益。

不接触回环——如果一些回环没有任何公共节点,就把它们叫做不接触回环。

前向通道——如果从输入节点(源点)到输出节点(汇点)的通路上,通过任何节点不多于一次,则该通路叫做前向通道。

前向通道增益——前向通道中各支路增益的乘积,叫前向通道增益。

图 2.22 表示了节点、支路和支路增益。

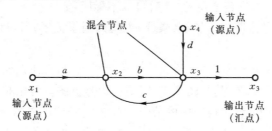

图 2.22　信号流图

信号流图的性质　下面介绍一些信号流图的重要性质。

(1)支路表示了一个信号对另一个信号的函数关系。信号只能沿着支路上的箭头方向通过。

(2)节点可以把所有输入支路的信号叠加,并把总和信号传送到所有输出支路。

(3)具有输入和输出支路的混合节点,通过增加一个具有单位增益的支路,可以把它变成输出节点来处理(见图 2.22。注意,具有单位传输的支路,从 x_3

指向另一个节点,后者也以 x_3 表示。)。当然,应当指出,用这种方法不能将混合节点改变为源点。

(4) 同一系统的信号流图不是唯一的。由于同一系统的方程可以写成不同的形式,所以对于给定系统,可以画出许多种不同的信号流图。

2.5.1 信号流图的绘制

设有方程式如式(2.37)所示,它的信号流图如图 2.23 所示。

$$x_2 = a_{12}x_1 + a_{32}x_3 + x_2(0)$$
$$x_3 = a_{13}x_1 + a_{23}x_2 + a_{33}x_3 \qquad (2.37)$$
$$x_4 = a_{24}x_2 + a_{34}x_3$$

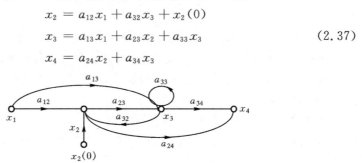

图 2.23 与式(2.37)相对应的信号流图

图中有四个节点,从左到右分别代表 x_1, x_2, x_3, x_4 四个变量。方程中各项系数 $a_{ij}(i=1,2,3;j=2,3,4)$ 作为支路增益,x_1, $x_2(0)$ 为源节点,x_4 为汇节点,x_2, x_3 均为混合节点,当支路增益为"1"时可以不标明,如图中 $x_2(0)$ 到 x_2 的一段支路所示。由于信号流图表示的是(微分)方程的因果关系,所以信号流图上可以标出初始条件。

当系统结构图过于复杂时,将其转化为信号流图,会使系统闭环传递函数的求解简化很多。图 2.24 是与图 2.17 对应的信号流图。转化的基本原则是以比较点、引出点作为节点,结构图中的信号线作为信号流图中的支路,信号流向保持不变。各环节传递函数作为其所在支路的增益。增益的正负表明了该支路反(或前)馈的极性。一般将给定信号作为源点,输出信号作为汇点。值得一提的是,由于传递函数初始条件为零,所以由结构图转化的信号流图不能标明初始条件;对于系统结构图中相邻的比较点与引出点,信号流图不能以一个混合节点代替。

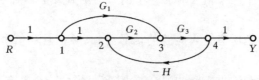

图 2.24 与图 2.17 对应的信号流图

2.5.2　梅逊增益公式

利用梅逊增益公式可以很方便地求出信号流图的总增益或系统的总传递函数,梅逊增益公式为

$$P = \frac{\sum_k p_k \Delta_k}{\Delta} \tag{2.38}$$

式中:

P 为输入节点与输出节点之间的总增益;

$\Delta = 1 - \sum L_1 + \sum L_2 - \sum L_3 + \cdots$;

$\sum L_1$ 为所有单独回环的增益之和;

$\sum L_2$ 为所有两两互不接触回环的增益乘积之和;

$\sum L_3$ 为所有三个互不接触回环的增益乘积之和;

p_k 为从输入节点到输出节点之间第 K 条前向通道的增益。从输入节点到输出节点往往不止一条前向通道,在选择前向通道时,只要含有一条新的支路,就可以当作一条新的前向通道(选择回环也是这样);

Δ_k 为把第 K 条前向通道(包括其中所有的节点和支路)去掉之后,在余下的信号流图上求得的 Δ。

需要注意的是,不论闭合通道(回环)还是前向通道,在通道中每个节点只允许经过一次。

例 2.9　求图 2.24 所示系统的闭环传递函数 $G(s) = \dfrac{Y(s)}{R(s)}$。

解　系统存在 2 条前向通道,$P_1 = G_2 G_3$,$P_2 = G_1 G_3$;$\sum L_1 = -G_2 G_3 H$;$\Delta_1 = 1$,$\Delta_2 = 1$,$\Delta = 1 - \sum L_1 = 1 + G_2 G_3 H$。所以,由式(2.38)得

$$G(s) = \frac{Y(s)}{R(s)} = \frac{G_2(s)G_3(s) + G_1(s)G_3(s)}{1 + G_2(s)G_3(s)H(s)}$$

例 2.10　信号流图如图 2.23 所示,求 $G_{41} = \dfrac{x_4}{x_1}\Big|_{x_2(0)=0}$ 和 $G_{42} = \dfrac{x_4}{x_2(0)}\Big|_{x_1=0}$。

解　图 2.23 为两输入单输出系统,由式(2.38)得

$$G_{41} = \frac{1}{\Delta} \sum_k P_{1k} \Delta_{1k}, \quad G_{42} = \frac{1}{\Delta} \sum_k P_{2k} \Delta_{2k} \tag{2.39}$$

对于以 x_1 为原点,x_4 为汇点的信号流图而言,共有 4 条前向通道,分别是 $P_{11} = a_{12} a_{23} a_{34}$,$P_{12} = a_{12} a_{24}$,$P_{13} = a_{13} a_{34}$,$P_{14} = a_{13} a_{32} a_{24}$;对于以 $x_2(0)$ 为源点,

x_4 为汇点的信号流图而言有两条前向通道,即 $P_{21} = a_{24}$,$P_{22} = a_{23}a_{34}$。无论输入输出怎样,系统的 $\sum L_i$ 是一致的。本例只有 $\sum L_1 = a_{33} + a_{23}a_{32}$,故 $\Delta = 1 - a_{33} - a_{23}a_{32}$。根据 Δ 可以得到去除 $P_{1k}(k = 1,2,3,4)$ 和 $P_{2k}(k = 1,2)$ 后的 Δ 分别为 $\Delta_{11} = \Delta_{13} = \Delta_{14} = 1$,$\Delta_{12} = 1 - a_{33} = \Delta_{21}$,$\Delta_{22} = 1$。将上述结果代入式(2.39)即可。

例 2.11 系统结构图如图 2.25(a)所示,求 $G = Y/R$。

解 图 2.25(a)中,4,5,6 节点交叉严重,难以用结构图简化等效原则正确简化,只能用梅逊公式,所以画出其信号流图如图 2.25(b)所示。

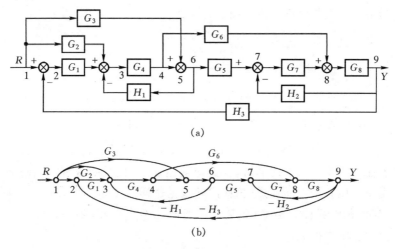

图 2.25　例 2.11 图示

仔细观察图 2.25(b),共存在 6 条前向通道,4 个单独回环和一对两互不接触回环,分别是

$$P_1 = G_1G_4G_5G_7G_8 \qquad\qquad P_2 = G_2G_4G_5G_7G_8$$
$$P_3 = G_3G_5G_7G_8 \qquad\qquad P_4 = G_1G_4G_6G_8$$
$$P_5 = G_2G_4G_6G_8 \qquad\qquad P_6 = G_3(-H_1)G_4G_6G_8$$
$$\sum L_1 = (-G_4H_1) + (-G_7G_8H_2) + (-G_1G_4G_5G_7G_8H_3)$$
$$+ (-G_1G_4G_6G_8H_3)$$
$$\sum L_2 = (-G_4H_1)(-G_7G_8H_2)$$

由于所有前项通道都经过 G_8,所以去掉任何一条前向通道,含 G_8 的回环也就破坏了,而 G_4H_1 回环经过节点 5 和 6。故也将被破坏,所以有 $\Delta_k = 1$,$k = 1,\cdots,6$。由式(2.38)有

$$\Delta = 1 - \sum L_1 + \sum L_2$$

$$G = \frac{Y}{R} = \frac{1}{\Delta}\Big[\sum_{k=1}^{6} P_k \Delta_k\Big]$$

控制系统的结构图和信号流图都是描述系统各元部件之间信号传递关系的图解数学模型,它们表示了系统中各变量之间的因果关系以及对各变量所进行的运算,是控制理论中描述复杂系统的一种简便方法。与结构图相比,信号流图符号简单,更便于绘制和应用,特别适用系统的计算机仿真研究,但信号流图只适用于线性系统,而结构图也可用于非线性系统。

2.6　线性控制系统数学模型的建立

现在从简单至复杂逐步介绍实际控制系统的建模过程。

例 2.12　图 2.26(a)是两级 RC 滤波电路,若从控制系统的角度看待它,则图 2.26(b)是它的结构图,与例 2.8 图 2.21(a)比较,则可很容易得出其传递函数为

$$G(s) = \frac{E_o(s)}{E_i(s)} = \frac{1}{R_1C_1R_2C_2 s^2 + (R_1C_1 + R_2C_2 + R_1C_2)s + 1}$$

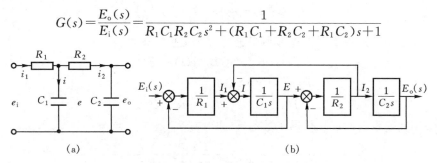

(a)	(b)

图 2.26　例 2.12 图示

例 2.13　设图 2.27 所示机电系统的初始条件为零,$u(t)$ 为输入电压,$x(t)$ 为输出位置,R 和 L 分别为铁芯线圈的电阻和电感,m 为物体的质量,k 为弹簧的刚度,f 为阻尼器的阻尼系数。功率放大器增益为 F,铁芯线圈的反电动势为 $e = k_2 \mathrm{d}x/\mathrm{d}t$,线圈电流 $i(t)$ 在质量 m 上产生的电磁力为 $k_2 i(t)$。试画出系统结

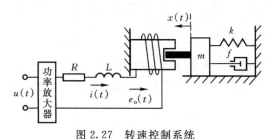

图 2.27　转速控制系统

构图并求总传递函数。

解 系统结构图如图 2.28 所示。系统各个环节的微分方程如下：

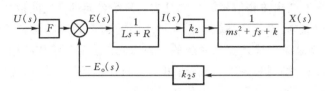

图 2.28 例 2.13 所示系统结构图

(1) 电磁环节

$$Fu(t) = Ri + L\frac{\mathrm{d}i}{\mathrm{d}t} + e$$

$$e = k_2\frac{\mathrm{d}x}{\mathrm{d}t}$$

(2) 机械环节

$$k_2 i(t) = kx + f\frac{\mathrm{d}x}{\mathrm{d}t} + m\frac{\mathrm{d}^2 x}{\mathrm{d}t^2}$$

在零初始条件下对上述方程组进行拉氏变换并整理得

$$FU(s) = (R + Ls)I(s) + E(s)$$

$$E(s) = k_2 sX(s)$$

$$k_2 I(s) = (k + fs + ms^2)X(s)$$

消去中间变量有系统总传递函数为

$$\frac{X(s)}{U(s)} = \frac{Fk_2}{mLs^3 + (Lf + Rm)s^2 + (kL + Rf + k_2^2)s + Rk}$$

例 2.14 试列写图 2.29 所示速度控制系统的微分方程。

解 控制系统的被控对象是电动机(带负载)，系统的输出量是转速 ω，给定电压是 u_i。控制系统由给定电位器、运算放大器 I(含比较作用)、运算放大器 II(含 RC 校正网络)、功率放大器、测速发电机、减速器等部分组成。现分别列出各元部件的微分方程(结构图略)。

(1) 运算放大器 I 给定电压 u_i 与速度反馈电压 u_t 在此合成，产生偏差电压并经放大，即

$$u_1 = -K_1(u_i - u_t) = -K_1 u_e$$

其中 $K_1 = R_2/R_1$ 是运算放大器 I 的比例系数。

(2) 运算放大器 II 与 R_1C 网络构成微分电路，u_2 与 u_1 之间的微分方程为

$$u_2 = -K_2\left(\tau\frac{\mathrm{d}u_1}{\mathrm{d}t} + u_1\right)$$

其中 $K_2 = R/R_1$ 是运算放大器 II 的比例系数，$\tau = R_1C$ 是微分时间常数。

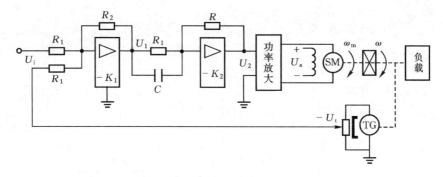

图 2.29　速度控制系统

(3) 功率放大器　设系统采用晶闸管整流装置,它包括触发电路和晶闸管主回路。忽略晶闸管控制电路的时间滞后,其输入输出方程为

$$u_a = K_3 u_2$$

其中 K_3 为比例系数。

(4) 直流电动机　直接引用例 2.3 所求得的直流电动机微分方程式(2.7)

$$T_m \frac{\mathrm{d}\omega_m}{\mathrm{d}t} + \omega_m = K_m u_a + K_c M'_c$$

式中:T_m,K_m,K_C 及 M'_c 均是考虑齿轮系和负载后,折算到电动机轴上的等效值。

(5) 齿轮系　设齿轮系的速比为 α,则电动机转速 ω_m 经齿轮系减速后变为 ω,故有

$$\omega = \frac{1}{\alpha} \omega_m$$

(6) 测速发电机　测速发电机的输出电压 u_t 与其转速 ω 成正比,即有

$$u_t = K_t \omega$$

其中 K_t 是测速发电机比例系数。

从上述各方程中消去中间变量 u_t,u_1,u_2,u_a 及 ω_m,整理后便得到控制系统的微分方程

$$T'_m \frac{\mathrm{d}\omega}{\mathrm{d}t} + \omega = K'_g \frac{\mathrm{d}u_i}{\mathrm{d}t} + K_g u_i - K'_c M'_c$$

其中:$T'_m = \dfrac{\alpha T_m + K_1 K_2 K_3 K_m K_t \tau}{(\alpha + K_1 K_2 K_3 K_m K_t)}$;

$\qquad K'_g = \dfrac{K_1 K_2 K_3 K_m \tau}{(\alpha + K_1 K_2 K_3 K_m K_t)}$;

$\qquad K_g = \dfrac{K_1 K_3 K_3 K_m}{(\alpha + K_1 K_2 K_3 K_m K_t)}$;

$$K'_{\text{c}}=\frac{K_{\text{C}}}{(\alpha+K_1K_2K_3K_{\text{m}}K_{\text{t}})}。$$

与例 2.13 一样,图 2.29 中须保证电压 u_{t} 的极性为上负下正才能在第一级运放形成的加法器中实现负反馈。

例 2.15　交流—直流位置随动系统如图 2.30 所示,试列写系统的元部件传递函数,绘出系统结构图并求系统传递函数。

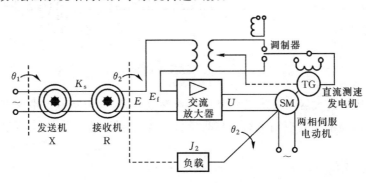

图 2.30　交流-直流位置随动系统

解　设负载效应满足且初始条件为零,列写各元部件运动微分方程,并分别进行拉氏变换,得各元部件传递函数如下:

（1）自整角机

$$\frac{E(s)}{\Delta\Theta(s)}=K_{\text{s}}$$

（2）交流放大器

$$\frac{U(s)}{E(s)-E_{\text{f}}(s)}=K_{\text{A}}$$

（3）直流测速发电机与调制器（设调制器增益为 1）

$$\frac{E_{\text{f}}(s)}{\Theta_2(s)}=K_{\text{t}}s$$

（4）两相伺服电动机

$$\frac{\Theta_2(s)}{U(s)}=\frac{K_{\text{m}}}{s(T_{\text{m}}s+1)}$$

其中 $K_{\text{m}}=\dfrac{C_{\text{m}}}{f_{\text{m}}+C_{\text{w}}}$,$T_{\text{m}}=\dfrac{J_{\text{m}}+J_2}{f_{\text{m}}+C_{\text{w}}}$。按上述各式绘制各元部件的环节单元和比较点单元方块图,如图 2.31 所示。

从与系统输入量 θ_1 有关的比较点开始,依据图 2.31 的信号流向,把各环节方块图连接起来。系统的输入为 θ_1,输出为 θ_2,便得到系统结构图,如图 2.32 所示。

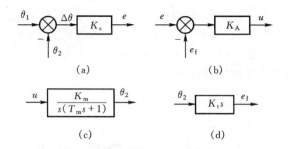

图 2.31　环节方块图

（a）自整角机；（b）交流放大器

（c）两相伺服电动机；（d）直流测速发电机与调制器

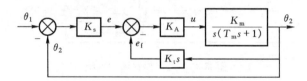

图 2.32　交流-直流位置随动系统结构图

最后，由图 2.32 可得系统总传递函数为

$$G(s) = \frac{K_A K_m K_s}{T_m s^2 + (K_A K_t K_m + 1)s + K_A K_m K_s}$$

建立控制系统的数学模型时，一般先由系统原理线路图画出系统结构图，并分别列写组成系统各元件的微分方程或传递函数。然后，消去中间变量得到描述系统输出量与输入量之间关系的微分方程，或按等效化简原则求得系统传递函数。若系统过于复杂，可由信号流图辅助得到闭环系统传递函数。需要提起注意的是信号的传递性，即结构图前级环节输出为后级环节输入。负载效应，即后级对前级的影响。

例 2.16　设直流位置随动系统如图 2.33 所示，试列写系统的元部件微分方程及传递函数，并相应用方框图表示，然后绘出系统结构图。

解　列写各元部件运动微分方程，并分别进行拉氏变换。

（1）同位仪（误差检测器）

$$E(s) = K_p(s) \Delta\Theta(s)$$

（2）直流放大器 1

$$U_1(s) = K_1 E(s)$$

（3）无源校正网络

$$U_2(s) = \frac{\tau s + 1}{Ts + 1} U_1(s)$$

其中，$T=(R_1+R_2)C$，$\tau=R_2C$。

（4）直流放大器 2

$$U_a(s)=K_2U_2(s)$$

（5）直流伺服电动机（电枢控制）

$$\Theta_m(s)=\frac{K_m}{s(T_ms+1)}U_a(s)$$

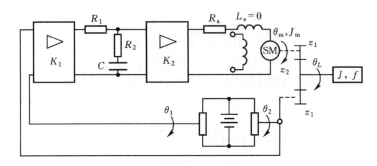

图 2.33　直流位置随动系统

其中，$K_m=\dfrac{C_m}{R_af(\frac{z_1}{z_2})+C_eC_m}$，　$T_m=\dfrac{[J_m+(\frac{z_1}{z_2})^2J]R_a}{R_af(\frac{z_1}{z_2})+C_eC_m}$

（6）齿轮系

$$\Theta_L(s)=\frac{z_1}{z_2}\Theta_m(s)$$

$$\Theta_2(s)=\frac{z_2}{z_1}\Theta_L(s)$$

由上述各式画出各元部件的环节单元和比较点单元的图，见图 2.34。从比较点开始，将系统输入量 θ_1 置于最左端，依据图 2.34 中信号流向，把各环节的方框图连接起来，置系统输出量 θ_L 于最右端，便得到系统结构图，如图 2.35 所示。

例 2.17　交流位置随动系统如图 2.36 所示，试列写系统的元部件传递函数，并用方框图表示，然后绘出系统结构图。

解　列写各元部件运动微分方程，在初始条件为零时进行拉氏变换，得各元部件在负载效应满足时的传递函数如下：

（1）自整角机及分压器

$$\frac{E(s)}{\Delta\Theta(s)}=K_sK_1$$

（2）交流放大器

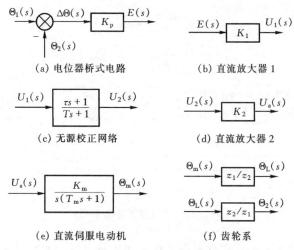

图 2.34　环节方框图

(a)电位器桥式电路；(b)直流放大器 1；(c)无源校正网络；

(d)直流放大器 2；(e)直流伺服电动机；(f)齿轮系

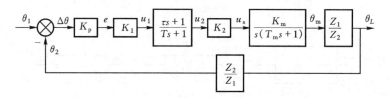

图 2.35　直流位置随动系统结构图

$$\frac{U(s)}{E(s)-M(s)}=K_3$$

（3）两相伺服电动机

$$\frac{\Theta_{\mathrm{m}}(s)}{U(s)}=\frac{K_{\mathrm{m}}}{s(T_{\mathrm{m}}s+1)}$$

其中，$T_{\mathrm{m}}=\dfrac{J_{\mathrm{m}}+J_2\dfrac{z_1}{z_2}}{f_{\mathrm{m}}+C_{\mathrm{w}}}$，$K_{\mathrm{m}}=\dfrac{C_{\mathrm{m}}}{f_{\mathrm{m}}+C_{\mathrm{w}}}$。

（4）交流测速发电机及分压器

$$\frac{M(s)}{\Theta_{\mathrm{m}}(s)}=K_{\mathrm{t}}K_2s$$

（5）齿轮系

$$\frac{\Theta_2(s)}{\Theta_{\mathrm{m}}(s)}=\frac{z_1}{z_2}$$

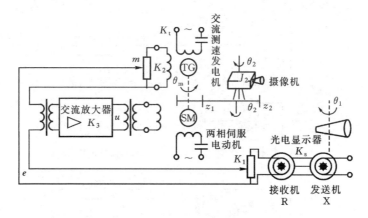

图 2.36　交流位置随动系统

按上述各式绘制各元部件的环节单元和比较点单元的方框图,如图 2.37 所示。

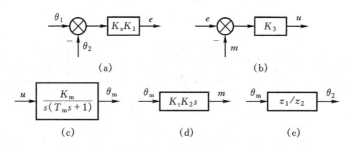

图 2.37　各环节方框图

(a)自整角机及分压器;(b)交流放大器;(c)两相伺服电动机;

(d)交流测速发电机及分压器;(e) 齿轮系

从与系统输入量 θ_1 有关的比较点开始,依据图 2.37 中的信号流向,把各环节方框图连接起来,置系统输入量 θ_1 于最左端,系统输出量 θ_2 于最右端,便得到系统结构图,如图 2.38 所示。

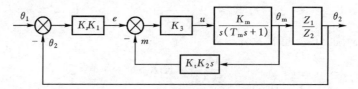

图 2.38　交流位置随动系统结构图

2.7　非线性数学模型的线性化

以上所举数学模型都是针对线性定常系统的,它们的一个重要性质是具有齐次性和叠加性。事实上,绝对的线性元件和线性系统是不存在的,所有的元件和系统在不同程度上都存在着非线性性质,它们的运动方程应该都是非线性的。由于非线性微分方程的求解一般较为困难,而非线性系统的分析远比线性系统来得复杂因此,为了简化问题,在一定条件下,用近似的线性方程代替非线性方程也是现实所需要的。

控制系统都有一个平衡的工作状态和相应的工作点。非线性数学模型线性化的一个基本假设是变量对于平衡工作点的偏差很小。若非线性函数不仅连续,而且其各阶导数均存在,则可在给定工作点的小邻域内将此非线性函数展开为泰勒级数,并略去级数中二阶以上的各项,用所得的线性化方程式代替原有的非线性方程。这种线性化的方法叫做微偏法(或小临域法)。必须指出,如果系统在原平衡工作点处的特性不是连续的(本质非线性),如图 1.15 所示,那么就不能应用微偏法。

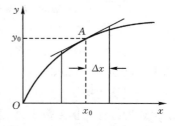

图 2.39　非线性特性的线性化

设一非线性元件的输入为 x,输出为 y,它们之间的关系如图 2.39 所示,相应的数学表达式为

$$y = f(x) \tag{2.40}$$

在给定工作点 (x_0, y_0) 附近,将式(2.40)展开成泰勒级数

$$y = f(x)$$

$$= f(x_0) + \frac{\mathrm{d}f}{\mathrm{d}x}\bigg|_{x=x_0}(x - x_0) + \frac{1}{2!}\frac{\mathrm{d}^2 f}{\mathrm{d}x^2}\bigg|_{x=x_0}(x - x_0)^2 + \cdots$$

若在工作点 (x_0, y_0) 附近增量 $x - x_0$ 的变化很小,则可略去式中 $(x - x_0)^2$ 项及其后面所有的高阶项,这样上式近似表示为

$$y = y_0 + K(x - x_0)$$

或写为

$$\Delta y = K \Delta x \tag{2.41}$$

式中:$y_0 = f(x_0)$; $K = \dfrac{\mathrm{d}f}{\mathrm{d}x}\bigg|_{x=x_0}$; $\Delta y = y - y_0$; $\Delta x = x - x_0$。式(2.41)就是式(2.40)的线性化方程。

多变量非线性方程的线性化方法,与上述单变量非线性方程的线性化方法基本相同,只是所用泰勒级数应为多变量的级数形式。

在例 2.14 图 2.29 中,标明"功率放大"的环节往往由三相整流装置承担,其输入电压 u_2 控制着晶闸管的导通角 α,且 $\alpha \propto u_2$,α 与整流输出电压 u_a 有如下非线性关系

$$u_a = 2.34 E_2 \cos\alpha$$

式中 E_2 为交流电源相电压的有效值。

上式表明,u_a 与 u_2 实际是非线性关系,现用泰勒级数对其在工作点 (α_0, u_{a0}) 的小邻域内进行线性化处理,则有

$$u_a = u_{a0} + \frac{du_a}{d\alpha}(\alpha - \alpha_0)$$

令 $\dfrac{du_a}{d\alpha}\bigg|_{\alpha=\alpha_0} = K$,即在工作点处的切线斜率。则

$$u_a - u_{a0} = K(\alpha - \alpha_0)$$

即

$$\Delta u_a = K\Delta\alpha$$

其中 $u_{a0} = 2.34 E_2 \cos\alpha_0$。

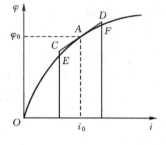

图 2.40　发电机的磁化曲线

一般认为图 2.29 中的功放环节是线性化装置,即 $u_a = K_3 u_2$,其中 K_3 包含了上述的线性比例系数 K,以及 $\alpha \propto u_2$ 的比例系数,若设 $\alpha = K_a u_2$,则 $K_3 = K \cdot K_a$。在例 2.4 中,直流他励发电机的数学模型如式(2.11)所示,实际上式(2.11)也是从非线性模型经线性化后得到的。设原非线性模型为 $\varphi = f(i)$,如图 2.40 所示,设工作点在 (i_0, φ_0),则利用泰勒级数展开后可得近似线性化增量方程,即 $\varphi = K_2 i$,其中 $K_2 = \dfrac{d\varphi}{dt}\bigg|_{i=i_0}$。

2.8　响应曲线法辨识系统的数学模型

对于比较简单的被控系统,可以通过机理分析,根据物料或能量平衡关系,应用数学推理方法建立数学模型。但是,这需要有足够的验前知识并对被控系统内在机理变化有充分的了解。实际上许多工业系统的内在变化机理非常复杂,往往并不完全清楚,这就难以用数学推理方法建立系统的数学模型。在这种情况下,数学模型的取得就需要采用实验辨识方法。

实验辨识方法最常用的有三种,即响应曲线法、相关函数法以及最小二乘法。本节主要讨论响应曲线法。响应曲线法是通过测取控制系统的阶跃响应或脉冲响应曲线辨识其数学模型的方法。

2.8.1　阶跃响应法

阶跃响应法是指通过控制系统的执行机构,使系统控制输入产生一个阶跃变化,将被控量随时间变化的响应曲线用记录仪或其它方法测试记录下来,再根据测试记录的响应曲线求取系统输出与输入之间的数学关系。当响应曲线收敛(发散)时,称响应系统为有(无)自衡系统。二阶系统响应的过渡系统有(无)振荡时,称其为欠(过)阻尼。

为了能够得到可靠的测试结果,作试验时应注意以下几点:

(1)试验测试前,被控系统应处于相对稳定的工作状态。以免被控系统的其它动态变化与试验时的阶跃响应混淆在一起,影响辨识结果。

(2)在相同条件下应重复多做几次试验,从中选择两次以上、比较接近的响应曲线作为分析依据,以减少随机干扰因素的影响。

(3)分别作控制输入信号为正、反方向阶跃变化时的试验对比,以反映非线性对系统的影响。

(4)完成一次试验测试后,应使被控系统恢复原来工况并稳定一段时间,再作第二次试验测试。

(5)输入的阶跃变化量不能过大,以免对生产的正常进行造成影响。也不能过小,以防其它干扰影响的比重相对较大。一般取阶跃变化在正常输入信号最大幅值的 5%～15% 之间,多取 10%。

在进行阶跃响应试验后,根据试验结果先假定数学模型的结构,再确定具体参数。对于大多数被控对象来说,数学模型常常可近似看作一阶、二阶及其时延结构,即

$$G(s)=\frac{K_0}{T_0 s+1} \quad 或 \quad G(s)=\frac{K_0}{T_0 s+1}e^{-\tau s} \qquad (2.42)$$

$$G(s)=\frac{K_0}{(T_1 s+1)(T_2 s+1)} \quad 或 \quad G(s)=\frac{K_0}{(T_1 s+1)(T_2 s+1)}e^{-\tau s} \qquad (2.43)$$

对于某些无自衡系统,常可近似看作

$$G(s)=\frac{1}{T_0 s} \quad 或 \quad G(s)=\frac{1}{T_0 s}e^{-\tau s} \qquad (2.44)$$

$$G(s)=\frac{1}{T_1 s(T_2 s+1)} \quad 或 \quad G(s)=\frac{1}{T_1 s(T_2 s+1)}e^{-\tau s} \qquad (2.45)$$

二阶系统过阻尼时阶跃响应曲线形状与一阶类似。因此,按一阶还是按二阶系统建立数学模型,要根据建成的数学模型的阶跃响应与实测是否吻合决定。

2.8.1.1　一阶系统参数的确定

设系统阶跃响应曲线如图 2.41 所示,$t=0$ 时的曲线斜率最大,之后斜率减少,逐渐上升到稳态值,则该响应曲线可用式(2.42)无时延一阶系统来近似。

一阶无时延系统需要确定的参数只有 K_0 和 T_0，其确定方法通常有直角坐标图解法和半对数坐标图解法。这里介绍直角坐标图解法。

设阶跃输入变化量为 x_0，可求得一阶无时延系统的阶跃响应为

$$y(t) = K_0 x_0 (1 - e^{-\frac{t}{T_0}}) \qquad (2.46)$$

式中：K_0 为放大系数；T_0 为时间常数。

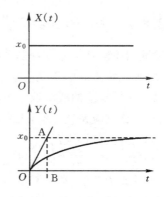

图 2.41　一阶无时延系统阶跃响应

需要说明的是，由于实验一般是在系统正常工作情况下进行的，只是在原来输入的基础上叠加了 x_0 的阶跃变化量，所以以式(2.46)所表示的输出表达式是对应原来输出值基础上的增量表达式。因此，作出阶跃响应曲线时，应用输出测量数据减去原来的正常输出值。也就是说，图 2.41 所示阶跃响应曲线，是以原来的稳态工作点为坐标原点的增量变化曲线。以后不加特别说明均是指这种情况。对于式(2.46)，考虑到

$$y(t) \Big|_{t \to \infty} = y(\infty) = K_0 x_0 \qquad (2.47)$$

故有

$$K_0 = \frac{y(\infty)}{x_0} \qquad (2.48)$$

另外

$$\frac{\mathrm{d}y}{\mathrm{d}t} \Big|_{t=0} = K_0 x_0 / T_0 \qquad (2.49)$$

以此斜率作切线，切线方程为 $\dfrac{K_0 x_0}{T_0} t$，当 $t = T_0$ 时，有

$$\frac{K_0 x_0}{T_0} t \Big|_{t=T_0} = K_0 x_0 = y(\infty) \qquad (2.50)$$

综上所述阶跃响应确定模型参数 K_0 与 T_0 的方法为：先由阶跃响应曲线确定 $y(\infty)$，根据式(2.48)确定 K_0 数值。再在阶跃响应曲线的起点 $t=0$ 处作切线，该切线与 $y(\infty)$ 的交点所对应的时间(图 2.41 阶跃响应曲线上的 OB 段)即为 T_0。

T_0 也可根据测试数据直接计算求得。根据式(2.46)和式(2.47)可有

$$y(t) = y(\infty)(1 - e^{-\frac{t}{T_0}}) \qquad (2.51)$$

令 t 分别为 $t = \dfrac{T_0}{2}$、T_0、$2T_0$，则 $y\left(\dfrac{T_0}{2}\right) = 39\% \cdot y(\infty)$、$y(T_0) = 63\% \cdot y(\infty)$ 以

及 $y(2T_0)=86.5\% \cdot y(\infty)$。这样,在阶跃响应曲线上找得上述几个数据所对应的时间 t_1,t_2,t_3 分别求取的 T_0 数值有差异,可用求平均值的方法对 T_0 加以修正。

2.8.1.2　一阶时延系统参数的确定

如果系统阶跃响应曲线在 $t=0$ 时斜率几乎为零,之后斜率逐渐增大,到达某点(称为拐点)后斜率又逐渐减小,如图 2.42 所示,则曲线呈现 S 形状。那么,该系统可用式(2.42)所示的一阶惯性加时延系统来近似。其中需确定三个参数,即 K_0,T_0 和时延时间 τ。K_0 的确定方法与前面所述相同。T_0 以及 τ 的确定如图 2.42

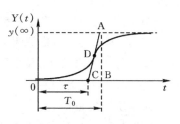

图 2.42　一阶时延系统阶跃响应

中所示,在阶跃响应曲线斜率最大处(即拐点 D 处)作一条切线,该切线与时间轴交于 C 点,与 $y(t)$ 的稳态值 $y(\infty)$ 交于 A 点,A 点在时间轴上的投影为 B 点。则 OB 段即为 T_0 的大小,OC 段即为 τ 的大小。

但是,在阶跃响应曲线上寻找拐点 D 以及通过该点作切线,很可能误差较大。为此,可采用如下计算方法求取 T_0 和 τ。先将阶跃响应 $y(t)$ 转换为相对值 $y_0(t)$,即

$$y_0(t) = \frac{y(t)}{y(\infty)} \qquad (2.52)$$

则相应的阶跃响应表达式为

$$y_0(t) = \begin{cases} 0, & t < \tau \\ 1 - e^{-\frac{t-\tau}{T_0}}, & t \geqslant \tau \end{cases} \qquad (2.53)$$

图 2.43　图 2.42 转换图

根据式(2.52)可将图 2.42 转换为图 2.43 所示阶跃响应曲线。在图 2.43 中,选取不同的两个时间点 $t_1 < t_2$,分别对应 $y_0(t_1)$ 和 $y_0(t_2)$。依据式(2.53)可有

$$\left. \begin{array}{l} y_0(t_1) = 1 - e^{-\frac{t_1-\tau}{T_0}} \\ y_0(t_2) = 1 - e^{-\frac{t_2-\tau}{T_0}} \end{array} \right\} \qquad (2.54)$$

对式(2.54)两边取自然对数有

$$\left. \begin{array}{l} \ln[1 - y_0(t_1)] = -\dfrac{t_1 - \tau}{T_0} \\ \ln[1 - y_0(t_2)] = -\dfrac{t_2 - \tau}{T_0} \end{array} \right\} \qquad (2.55)$$

联立求解可得

$$T_0 = \frac{t_2 - t_1}{\ln[1 - y_0(t_1)] - \ln[1 - y_0(t_2)]} \left.\vphantom{\frac{t_2-t_1}{\ln}}\right\}$$

$$\tau = \frac{\tau_2 \ln[1 - y_0(t_1)] - t_1 \ln[1 - y_0(t_2)]}{\ln[1 - y_0(t_1)] - \ln[1 - y_0(t_2)]} \qquad (2.56)$$

由此即可求得 T_0 和 τ。

为了使求得的 T_0 和 τ 更精确一些,可以在图 2.43 的 $y_0(t)$ 曲线上多选几个点,例如选四个点。并将每两个点分为一组,分别按照上述方法求取各自的 T_0 和 τ 值。对所求得的 T_0 和 τ 再分别取平均值作为最后的 T_0 和 τ。如果不同组所求得的 T_0 和 τ 值相差较大,则说明用一阶系统结构来近似不太合适,则可选用二阶系统结构近似。

2.8.1.3　二阶系统参数的确定

式(2.43)所示的二阶无时延系统,需确定的参数为 K_0, T_1 和 T_2。当其阶跃响应出现振荡(欠阻尼)时,可根据响应曲线确定 τ_p, t_p, t_s, e_ss 等参数进而确定模型,这将在下一章中介绍,这里仅分析阶跃响应曲线如图 2.44 所示的情况。其中 K_0 的确定与一阶系统确定方法相同。T_1 和 T_2 的确定一般采用两点法。

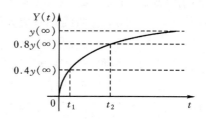

图 2.44　二阶系统阶跃响应曲线

二阶无时延、欠阻尼系统的阶跃响应表达式为

$$y(t) = K_0 x_0 \left(1 - \frac{T_1}{T_1 - T_2} \mathrm{e}^{-\frac{t}{T_1}} + \frac{T_2}{T_1 - T_2} \mathrm{e}^{-\frac{t}{T_2}} \right) \qquad (2.57)$$

式中 x_0 为阶跃输入的幅值。根据式(2.57),可以利用阶跃响应上两个点的数据 $(t_1, y(t_1))$ 和 $(t_2, y(t_2))$ 确定 T_1 和 T_2。假定取 $y(t)$ 分别为 $0.4y(\infty)$ 和 $0.8y(\infty)$($y(\infty) = K_0 x_0$),可从图 2.44 的阶跃响应曲线上定出相应的 t_1 和 t_2,并得到联立方程

$$\frac{T_1}{T_1 - T_2} \mathrm{e}^{-\frac{t_1}{T_1}} - \frac{T_2}{T_1 - T_2} \mathrm{e}^{-\frac{t_1}{T_2}} = 0.6 \left.\vphantom{\frac{T_1}{T_1}}\right\}$$

$$\frac{T_1}{T_1 - T_2} \mathrm{e}^{-\frac{t_2}{T_1}} - \frac{T_2}{T_1 - T_2} \mathrm{e}^{-\frac{t_2}{T_2}} = 0.2$$

该式的近似解为

$$T_1 + T_2 \approx \frac{1}{2.16}(t_1 + t_2) \left.\vphantom{\frac{T_1}{T_1}}\right\}$$

$$\frac{T_1 T_2}{(T_1 + T_2)^2} \approx \left(1.74 \frac{t_1}{t_2} - 0.55\right) \qquad (2.58)$$

采用式(2.58)确定 T_1 和 T_2 时,应满足 $0.32 < \dfrac{t_1}{t_2} < 0.46$ 的条件。可以证

明,若 $\dfrac{t_1}{t_2} = 0.32$,系统应为一阶系统($T_0 = \dfrac{t_1 + t_2}{2.12}$);若 $\dfrac{t_1}{t_2} = 0.46$,为二阶系统,

$G(s) = \dfrac{K_0}{(T_0 s + 1)^2}$,其中 $T_1 = T_2 = T_0 = \dfrac{t_1 + t_2}{2 \times 2.18}$;若 $\dfrac{t_1}{t_2} > 0.46$,则应用高于二阶

的系统来近似。

关于二阶时延系统的参数确定这里不予讨论。

阶跃响应法是辨识系统特性最常用的方法,但是如前所述,阶跃响应曲线的获得是在系统正常输入的基础上再叠加一个阶跃变化而成。如果生产实际不允许有较长时间和较大幅度的输入变化,以防被控量变化幅度超过允许范围,可考虑采用矩形脉冲实验法来进行。即在正常工作基础上,给系统施加一个矩形脉冲输入,测取相应的被控量变化曲线,据此估计系统参数。至于矩形脉冲的高低宽窄可以根据生产实际允许而定,但应尽量使脉冲宽度窄一些,脉冲幅度高一些。

由于阶跃响应法比较简单,因此在实验获取矩形脉冲响应曲线后,先将其转换为阶跃响应曲线,然后再按照阶跃响应法确定各个参数。

以上简单介绍了用响应曲线法辨识系统的数学模型基本问题。该方法在工程实际上应用最为广泛,也比较简便有效。但是,响应曲线法需要进行专门试验,生产系统需要由正常运行状态转入偏离正常运行的试验状态,对生产的正常运行或多或少会造成一定影响。因此,以相关函数法为核心的系统辨识方法正作为一门独立学科迅速发展着。

2.9　利用 MATLAB 建立 SISO 系统的数学模型

MATLAB 是 MATrix LABoratory 的缩写。它是一种基于矩阵数学,集命令翻译、科学计算于一身的软件交互式仿真系统。MATLAB 还配备有交互式操作的系统建模、仿真、分析集成环境 Simulink 软件包。MAITLAB 以其良好的开放性和运行的可靠性而著名,已经成为国际上最流行的控制系统计算机辅助设计和分析的标准软件。

2.9.1　系统传递函数的输入

设线性定常系统传递函数的一般表达式为

$$G(s) = \dfrac{b_m s^m + b_{m-1} s^{m-1} + b_{m-2} s^{m-2} + \cdots + b_1 s^1 + b_0}{s^n + a_{n-1} s^{n-1} + a_{n-2} s^{n-2} + \cdots + a_1 s^1 + a_0} \qquad (n \geqslant m)$$

$$(2.59)$$

将式(2.59)输入 MATLAB 环境中的命令如下

$$\mathrm{num} = [\,b_m,\,b_{m-1},\,\cdots\,b_1,\,b_0\,];$$
$$\mathrm{den} = [\,1,\,a_{n-1},\,a_{n-1},\,\cdots a_1,\,a_0\,];$$

这里将分子和分母多项式按降幂的形式分别输入给两个变量 num 和 den。需要指出的是,用户可以任意定义变量名,该命令也可以单独用于一个多项式的输入。

式(2.59)还可以以对象数据类型 tf( )的形式输入。

$$G = tf(\mathrm{num},\,\mathrm{den})$$

其中 num 和 den 同上,返回的变量 G 就是系统的传递函数。

例 2.18　设传递函数

$$G(s) = \frac{s^2 + 5s + 6}{s^4 + 2s^3 + 3s^2 + 4s + 5} \tag{2.60}$$

在 MATLAB Command Window 窗口输入

```
>> num=[1,5,6]; den=[1,2,3,4,5]; G=tf(num,den)
```

则将窗口显示

```
Transfer function:
    s^2 + 5 s + 6
---------------------------------------
s^4 + 2 s^3 + 3 s^2 + 4 s + 5
```

例 2.19　若传递函数为

$$G(s) = \frac{6(s+9)}{(s^2 + 3s + 1)^2 (s+6)^3 (s^3 + 6s^2 + 5s + 3)} \tag{2.61}$$

则在 MATLAB 中操作和运行如下

```
>> num=6*[1,9];
den=conv(conv(conv(conv(conv([1,3,1],[1,3,1]),[1,6]),[1,6]),[1,
    6]),[1,6,5,3]);
tf(num,den)
```

```
Transfer function:
                                6 s + 54
-----------------------------------------------------------------
s^10 + 30 s^9 + 376 s^8 + 2553 s^7 + 10208 s^6 + 24621 s^5 +
35825 s^4 + 31629 s^3 + 17442 s^2 + 5292 s + 648
```

其中 conv( )函数是求两个向量的卷积,也可用于求两个多项式的乘积,MAT-LAB 允许任意多层嵌套使用,但需注意括号的匹配。

在此顺便介绍多项式运算的其它函数。deconv(a,b)用于完成两个多项式 a(s) 和 b(s) 的除法，roots(p) 用于求多项式 p(s) 的根，polyval(p,n) 用于求多项式 p(s) 在 s＝n 处的值。命令输入及运行分别如下

>>num＝6 * [1,9];

den＝conv(conv(conv(conv(conv([1,3,1],[1,3,1]),[1,6]),[1,6]),[1,6]),[1,6,5,3]);

>> [q,r]＝deconv(den,num)

q ＝

　　1.0e＋005 *

　　　0.0000　　0.0000　　0.0003　　0.0014　　0.0040　　0.0054　　0.0114

－0.0501　　0.4799　　－4.3105

r ＝

　　1.0e＋007 *

　　0　0　0　0　0　0　0　0　－0.0000　　－0.0000　　2.3277

其中,q 为商多项式,r 为余数多项式,均为降幂排列。

den＝conv(conv(conv(conv(conv([1,3,1],[1,3,1]),[1,6]),[1,6]),[1,6]),[1,6,5,3]);

>> r＝roots(den)

r ＝

　　－6.0002

　　－5.9999 ＋ 0.0002i

　　－5.9999 － 0.0002i

　　－5.1409

　　－2.6180 ＋ 0.0000i

　　－2.6180 － 0.0000i

　　－0.4295 ＋ 0.6317i

　　－0.4295 － 0.6317i

　　－0.3820 ＋ 0.0000i

　　－0.3820 － 0.0000i

>> den＝conv(conv(conv(conv(conv([1,3,1],[1,3,1]),[1,6]),[1,6]),[1,6]),[1,6,5,3]);

polyval(den,5)

ans ＝

　　677935533

tf() 函数的算子符号是 Variable 中规定的几个。其中 s 和 p 是连续系统传

递函数的算子,z,z^{-1}和 q 表示离散系统,q 实际是 z^{-1} 的简单表示,默认符号是 s。如果要改变算子符号可在例 2.17 的多项式输入之后,如下操作

G=tf(num,den);

G.Variable='p';

>> G

　Transfer function:

6 p + 54

----

p^10 + 30 p^9 + 376 p^8 + 2553 p^7 + 10208 p^6 + 24621 p^5 + 35825 p^4 + 31629 p^3 + 17442 p^2 + 5292 p + 648

2.9.2　系统零极点传递函数模型的输入

零极点模型是 SISO 线性定常系统传递函数的另一表达式

$$G(s) = K \frac{(s+z_1)(s+z_2)\cdots(s+z_m)}{(s+p_1)(s+p_2)\cdots(s+p_n)} \qquad (n \geqslant m) \qquad (2.62)$$

其中,K 为系统增益,$-z_i$,$-p_j$($i=1,2\cdots m$, $j=1,2\cdots n$)分别是系统的零极点,它们可以是实数或共轭复数。模型的输入方式如下

$$KGain = k;$$
$$Z = [z_1; z_2; \cdots; z_m]$$
$$P = [p_1; p_2; \cdots, p_n];$$

显示零极点传递函数模型的命令为

$$zpk(Z, P, KGain)$$

例 2.20　输入下列传递函数

$$G(s) = \frac{10(s+1)(s+2+3i)(s+2-3i)}{(s+3)(s+7)(s+4+5i)(s+4-5i)} \qquad (2.63)$$

则在 MATLAB 中可如下操作

>> KGain=10; Z=[-1;-2+3j;-2-3j];

　P=[-3;-7;-4+5j;-4-5j]; zpk(Z,P,KGain)

　Zero/pole/gain:

　10 (s+1) (s^2 + 4s + 13)

　(s+3) (s+7) (s^2 + 8s + 41)

2.9.3　传递函数模型的互换

式(2.59)的传递函数形式与式(2.62)传递函数形式可以互换。

例 2.21　原系统传递函数如式(2.60)和式(2.61),现将其转换为零极点传递函数模型。

$\gg$ num=[1,5,6]; den=[1,2,3,4,5];

　　G=tf(num,den); G1=zpk(G)

　　Zero/pole/gain：

$$\frac{(s+3)(s+2)}{(s^2+2.576s+2.394)(s^2-0.5756s+2.088)}$$

$\gg$ num=6*[1,9];

$\gg$ den=conv(conv(conv(conv(conv([1,3,1],[1,3,1]),[1,6]),[1,6]),[1,6]),[1,6,5,3]);

$\gg$ G=tf(num,den);

$\gg$ G1=zpk(G)

　　Zero/pole/gain：

$$\frac{6(s+9)}{(s+6)^3(s+5.141)(s+2.618)^2(s+0.382)^2(s^2+0.8591s+0.5836)}$$

例 2.22　原系统传递函数模型如式(2.63),现将其转换为式(2.59)的形式。

$\gg$ KGain=10; Z=[−1;−2+3j;−2−3j];P=[−3;−7;−4+5j;−4−5j];

　　G=zpk(Z,P,KGain); G1=tf(G)

　　Transfer function：

$$\frac{10\,s^3+50\,s^2+170\,s+130}{s^4+18\,s^3+142\,s^2+578\,s+861}$$

2.9.4　系统结构图模型的表示与传递函数的求取

现在介绍当系统用结构图模型表示时,怎样利用 MATLAB 求取系统总传递函数。对于图 2.14(a)和图 2.15(a)所示的结构图串并联连接,MATLAB 用下列命令求取总传递函数

$$G = G1 \pm G2$$

$$G = G1 * G2$$

例 2.23　设 $G_1(s)$ 即式(2.60)，$G_2(s)$ 为

$$G_2(s) = \frac{5(s+7)}{(s+9)(s^2+2s+1)}$$

在 MATLAB 中如下操作和运行可得到并联结构的总传递函数。

>> KGain＝5；Z＝[－7]；P＝[－9;－1;－1]；G1＝zpk(Z,P,KGain)；

num＝[1,5,6]；den＝[1,2,3,4,5]；

G2＝tf(num,den)；G3＝tf(G1＋G2)；G4＝tf(G1－G2)；

G1＋G2, G1－G2, G3, G4

　　Zero/pole/gain：

　　6 (s＋7.149) (s^2 ＋ 2.497s ＋ 2.399) (s^2 ＋ 0.5211s ＋ 2.226)

(s＋9) (s＋1)^2 (s^2 ＋ 2.576s ＋ 2.394) (s^2 － 0.5756s ＋ 2.088)

Zero/pole/gain：

　　4 (s＋6.836) (s^2 － 2.215s ＋ 1.851) (s^2 ＋ 2.63s ＋ 2.391)

(s＋9) (s＋1)^2 (s^2 ＋ 2.576s ＋ 2.394) (s^2 － 0.5756s ＋ 2.088)

　　Transfer function：

　　6 s^5 ＋ 61 s^4 ＋ 165 s^3 ＋ 295 s^2 ＋ 324 s ＋ 229

　　---

s^7 ＋ 13 s^6 ＋ 44 s^5 ＋ 84 s^4 ＋ 124 s^3 ＋ 158 s^2 ＋ 131 s ＋ 45

　　Transfer function：

　　4 s^5 ＋ 29 s^4 ＋ 5 s^3 － 45 s^2 ＋ 6 s ＋ 121

　　---

s^7 ＋ 13 s^6 ＋ 44 s^5 ＋ 84 s^4 ＋ 124 s^3 ＋ 158 s^2 ＋ 131 s ＋ 45

可以看出，MATLAB 默认的输出格式是零极点模型。

本例中要想得到串联结构的传递函数，只需在上述输入方式中加入如下的命令即可。

>> G3＝tf(G1 * G2)；G3

Transfer function：

　　　　5 s^3 ＋ 60 s^2 ＋ 205 s ＋ 210

　　---

s^7 ＋ 13 s^6 ＋ 44 s^5 ＋ 84 s^4 ＋ 124 s^3 ＋ 158 s^2 ＋ 131 s ＋ 45

当系统表示成反馈连接结构时，如图 2.16(a)所示。MATLAB 控制系统工具箱提供 feedback()函数，用来求取总传递函数。具体格式为

$$G1 = feedback(G, H, Sign)$$

其中,G1 为前向通道传递函数,H 为反馈通道传递函数,Sign 为反馈的极性,正反馈为"+",负反馈为"-"或者可以省略。

例 2.24　环节传递函数同例 2.23,设 $G_1(s)$ 为前向通道传递函数,$G_2(s)$ 为反馈通道传递函数,则在 MATLAB 中求解过程如下

>> KGain=5; Z=[-7]; P=[-9;-1;-1]; G1=zpk(Z,P,KGain);
num=[1,5,6]; den=[1,2,3,4,5]; G2=tf(num,den);
feedback(G1,G2,+1), G3=feedback(G1,G2)

　　Zero/pole/gain:

　　　　　5 (s+7) (s^2 + 2.576s + 2.394) (s^2 - 0.5756s + 2.088)

(s+9.001) (s+1.625) (s-0.871) (s^2 + 3.313s + 3.724) (s^2 - 0.0684s + 3.478)

　　Zero/pole/gain:

　　　　　5 (s+7) (s^2 + 2.576s + 2.394) (s^2 - 0.5756s + 2.088)

(s+8.999) (s^2 + 3.327s + 2.955) (s^2 - 1.547s + 2.764) (s^2 + 2.222s + 3.469)

在反馈传递函数命令中的 $G(s)$、$H(s)$ 分别可以是其它传递函数串并联的结果,例如

$$G(s) = \frac{G_c(s)G_p(s)}{1 + H(s)G_c(s)G_p(s)}$$

则在 MATLAB 中可以用以下命令完成总传递函数的求取。

$$G = feedback(G_c * G_p, H)$$

2.9.5　传递函数零极点的求取

MATLAB 设有专门求取传递函数零点的命令 tzero(),极点的求取需要先用命令 poly() 从传递函数 $G(s)$ 中提取分母多项式,再用多项式求根命令求传递函数的极点。

例 2.25　求式(2.60)所示系统传递函数的零极点。

传递函数零点的求解过程如下

>> num=[1,5,6]; den=[1,2,3,4,5]; G=tf(num,den); tzero(G)
ans =

　　-3.0000
　　-2.0000

为了得到式(2.60)的极点,先要获得分母多项式,输入如下命令

```
>> num=[1,5,6]; den=[1,2,3,4,5]; G=tf(num,den); poly(G)
ans =

   1.0000    2.0000    3.0000    4.0000    5.0000
```

其中 poly(G)不仅能提取传递函数的分母多项式,以后大家将会看到它实际是用于求特征方程多项式的。将上述显示系数与式(2.60)比较可知系数按降幂排列,同理可以求出式(2.62)所示传递函数的分母多项式。

```
>> num=6 * [1,9];
den=conv(conv(conv(conv(conv([1,3,1],[1,3,1]),[1,6]),[1,6]),[1,6]),
   [1,6,5,3]);
G=tf(num,den);poly(G)
ans =

   1.0e+004 *

    0.0001   0.0030   0.0376   0.2553   1.0208   2.4621   3.5825
3.1629   1.7442   0.5292   0.0648
```

现在回到本例求式(2.60)的极点。输入如下命令

```
>> num=[1,5,6]; den=[1,2,3,4,5]; G=tf(num,den); P=poly(G);
roots(P)
ans =

    0.2878 + 1.4161i
    0.2878 - 1.4161i
   -1.2878 + 0.8579i
   -1.2878 - 0.8579i
```

运行结果就是式(2.60)的极点。

2.9.6　Simulink 建模方法

当系统结构比较复杂时,可以利用 MATLAB 提供的 Simulink 建立系统的结构图模型。Simulink 的功能非常强大,不仅可用于建模还可进行仿真分析,这里只介绍结构图的绘制。考虑图 2.45 所示结构图,在 MATLAB 命令窗口输入 Simulink(见图 2.46 右上角),则弹出 Simulink 功能模块图(见图 2.46 左侧)。同时打开一个空白窗口(如图 2.46 右下角 block)。在图 2.46 Simulink 窗口内,打开相应的子模块库(如点击 Continuous),依次将所需的环节模块拖入 block 窗口并按顺序摆放,拖动鼠标顺序连接各环节模块即可。

需要指出的是,不同版本的 MATBLAB 子模块名称和内容有出入,只要搜索一下都可以找到所需的环节模块。本文图 2.46 以 MATBLAB6.5 为准。

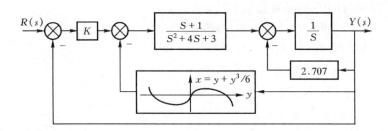

图 2.45　非线性系统结构图

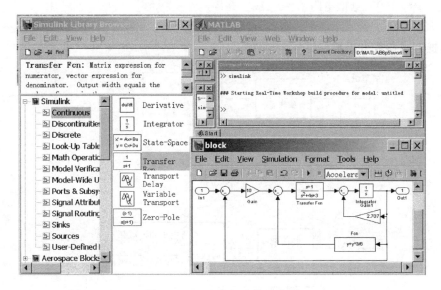

图 2.46　Simulink 建模示意图

2.10　连续设计示例:硬盘读写系统的数学模型建立

在 1.5 小节中确立了硬盘驱动系统的初步控制目标:在期望磁道上精确定位读写磁头并在 50 ms 内完成磁头在两个磁道间的移动。在这一章将完成图 1.15 所示的设计过程的第 4 步和第 5 步。需要认识驱动器、传感器和控制器(第 4 步),然后建立被控对象 $G(s)$ 和传感器的模型(第 5 步)。硬盘驱动读写系统利用永磁直流电机带动读写臂旋转,如图 1.18 所示。读写磁头被固定在滑动曲柄上,该曲柄与读写臂相连,如图 2.47 所示,弹性曲柄使磁头在硬盘上方、间隙小于 100 nm 处浮动。薄膜磁头将电磁感应信号输入放大器。

图 2.48(a)中误差信号由读取预定磁道信息时产生。在图 2.48(b)中,假设精密读写磁头的传递函数 $H(s)=1$,图中还给出了永磁直流电机和线性放大器的传递函数,这里假设曲柄是完全刚性且没有弯曲的。硬盘驱动系统典型参数取值为:读写头和臂的惯性系数 $J=1\ N\cdot m\cdot s^2/rad$;摩擦系数 $b=20\ kg/m/s$;放大倍数 $K_a=10\sim1000$;电枢电阻 $R=1\ \Omega$;电机常数 $K_m=5\ N\cdot m/A$;电枢电感 $L=1\ mH$。根据上述参数可得被控对象传递函数

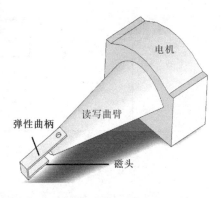

图 2.47 弹性连接的滑动曲柄示意图

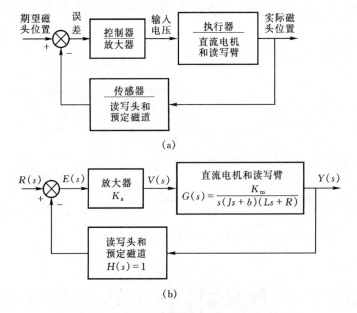

(a)

(b)

图 2.48 硬盘驱动读写系统的方框图

$$G(s)=\frac{K_m}{s(Js+b)(Ls+R)}=\frac{5000}{s(s+20)(s+1000)}$$

我们可以把传递函数 $G(s)$ 改写为

$$G(s)=\frac{K_m/bR}{s(\tau_L s+1)(\tau s+1)}$$

其中,$\tau_L=J/b=50\ ms$,$\tau=L/R=1\ ms$,由于 $\tau\ll\tau_L$,所以可以忽略 τ,因而传递函数简化为典型二阶系统模型

$$G(s) = \frac{K_{\mathrm{m}}/bR}{s(\tau_{\mathrm{L}}s+1)} = \frac{0.25}{s(0.05s+1)}$$

或者

$$G(s) = \frac{5}{s(s+20)}$$

相应的闭环系统方框图如图 2.49 所示。若 $K_{\mathrm{a}} = 40$，则有闭环系统的近似二阶模型根据闭环传递函数求解公式可得

$$\frac{Y(s)}{R(s)} = \frac{K_{\mathrm{a}}G(s)}{1+K_{\mathrm{a}}G(s)} = \frac{5K_{\mathrm{a}}}{s^2+20s+5K_{\mathrm{a}}}$$

$$Y(s) = \frac{200}{s^2+20s+200}R(s)$$

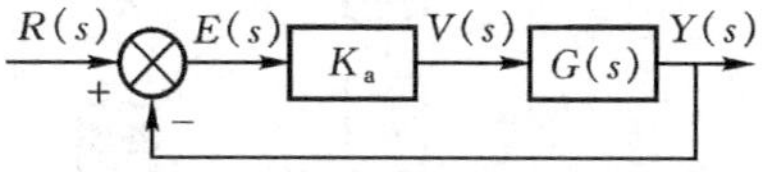

图 2.49　闭环系统方框图

读者将在第 3 章中了解怎样运用 MATLAB 得到硬盘驱动系统在 $R(s) = \frac{0.1}{s}$ rad 时的阶跃响应曲线。

2.11　小结

这一章主要介绍线性系统的建模，为此首先需要了解系统的各个组成部分，明确被控变量和控制器以及传感器的输入输出联系。线性常微分方程是线性系统数学建模的基本模型，它主要反映系统的时域性能。传递函数不仅在数学上将线性系统内部的乘除运算转换为加减运算，而且把线性时域模型转换为线性（复）频域模型，使我们能够在零初始条件下分析线性系统的频域性能，同时可以了解零极点变化给系统造成的影响。结构图和信号流图都是系统的图解模型，其中结构图与传递函数结合使系统建模过程具有直观、快速的特点，显然，用信号流图和梅逊增益公式直接导出结构图复杂的闭环系统传递函数是非常明智之举。各种线性数学模型之间可以相互转换。系统建模是控制系统分析和设计的基础，特别是在控制系统包括机电等各个组成部分时是较困难的关键步骤。对于非线性系统的研究虽然一直有最新成果出现，但对其控制依然是难点，因此将非线性系统在小邻域内线性化是常规处理办法。MATLAB 是强大的系统仿真和计算机辅助分析工具，现在已被许多学科广泛使用，特别是在控制领域。在连续设计示例中，利用结构图和传递函数，为读者建立了硬盘驱动系统的简单图示模型，并据此推导出闭环系统的典型二阶传递函数模型。

习　题

2.1　设机械系统如图 2.50 所示,其中 x_i 是输入位移,x_o 是输出位移。试分别列写各系统的微分方程式和传递函数。

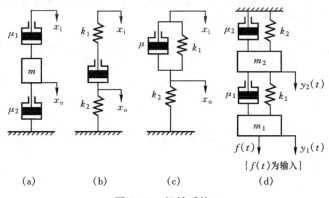

(a)　　　　　　(b)　　　　　　(c)　　　　　　(d)

图 2.50　机械系统

2.2　试证明图 2.51(a)的电网络与(b)的机械系统有相同的数学模型。

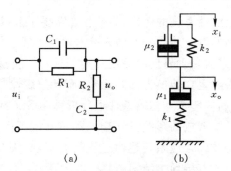

(a)　　　　　　　　　　(b)

图 2.51　电网络与机械系统

2.3　试分别写出图 2.52 中各无源网络的微分方程式。

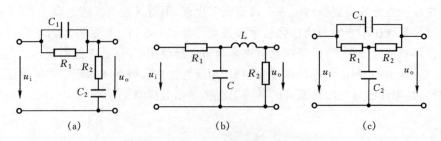

(a)　　　　　　　　　(b)　　　　　　　　　(c)

图 2.52　无源网络

2.4　试求图 2.53 中 $Y(s)/R(s)$ 及 $E(s)/R(s)$，已知初始条件均为零且 $G(s)$ 和 $H(s)$ 两方框相对应的微分方程分别如下

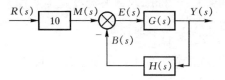

图 2.53　题 2.4 系统结构图

$$6\frac{\mathrm{d}y(t)}{\mathrm{d}t} + 10y(t) = 20e(t)$$

$$20\frac{\mathrm{d}b(t)}{\mathrm{d}t} + 5b(t) = 10y(t)$$

2.5　求图 2.54 所示有源网络的传递函数 $U_o(s)/U_i(s)$。

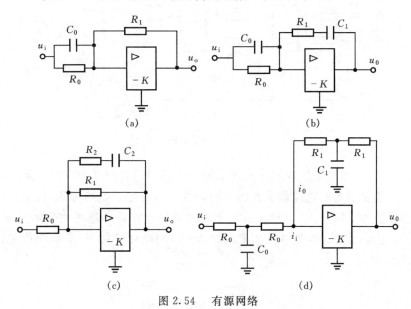

(a)　　　　　　　　　　　　(b)

(c)　　　　　　　　　　　　(d)

图 2.54　有源网络

2.6　由运算放大器组成的控制系统模拟电路如图 2.55 所示，试求闭环传递函数 $U_o/U_i(s)$。

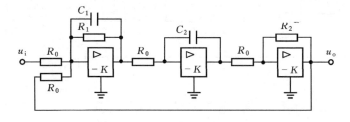

图 2.55　控制系统模拟电路

2.7　某位置随动系统原理方框图如图 2.56 所示。已知电位器最大工作角

度 $\theta_{max}=330°$,功率放大级放大系数为 K_3,设直流电动机传递函数为 $G_{SM}(s)=\dfrac{K_m}{s(T_m s+1)}$。要求:

(1) 分别求出电位器传递系数 K_0,第一级和第二级放大器的比例系数 K_1 和 K_2;

(2)画出系统结构图;

(3)简化结构图,求系统传递函数 $\Theta_o(s)/\Theta_i(s)$。

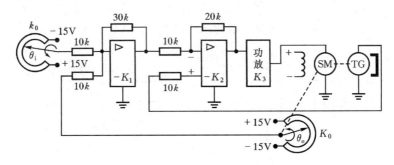

图 2.56　位置随动系统原理图

2.8　设直流电动机双闭环调速系统的原理线路如图 2.57 所示,要求:(1)分别求速度调节器和电流调节器的传递函数;(2)画出系统结构图(设可控硅电路传递函数为 $K_3/(\tau_3 s+1)$电流互感器和测速发电机的传递系数分别为 K_4 和 K_5;直流电动机的结构图用题 2.7 的结果);(3)简化结构图,求系统传递函数 $\Omega(s)/U_i(s)$。

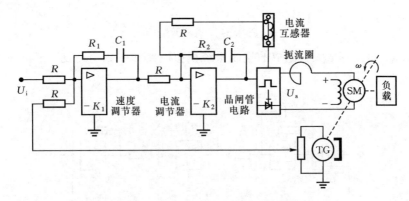

图 2.57　直流电动机调速系统原理图

2.9　已知控制系统结构图如图 2.58 所示。试通过结构图等效变换求系统传递函数 $Y(s)/R(s)$。

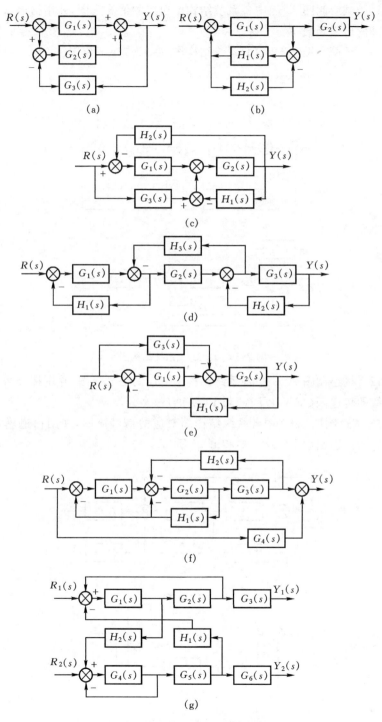

图 2.58　题 2.9 系统结构图

2.10　试绘制图 2.58 中各系统结构图对应的信号流图,并用梅逊增益公式求各系统的传递函数 $Y(s)/R(s)$。

2.11　试简化图 2.59 中的系统结构图,并求传递函数 $Y(s)/R(s)$ 和 $Y(s)/N(s)$。

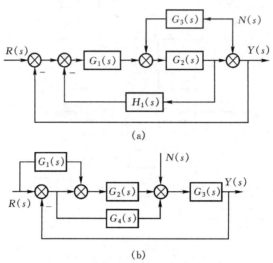

(a)

(b)

图 2.59　题 2.11 系统结构图

2.12　试绘制图 2.59 中各系统结构图对应的信号流图,并用梅逊增益公式求各系统的传递函数 $Y(s)/R(s)$ 和 $Y(s)/N(s)$。

2.13 试绘制图 2.60 中各系统结构图对应的信号流图,并用梅逊增益公式求各系统的传递函数 $Y(s)/R(s)$ 和 $E(s)/R(s)$。

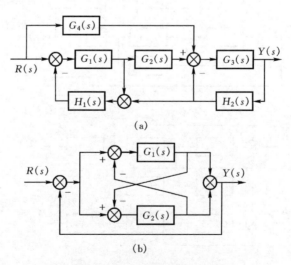

(a)

(b)

图 2.60　题 2.13 系统结构图

2.14　试用梅逊增益公式求图 2.61 中各系统信号流图的传递函数 $Y(s)/R(s)$。

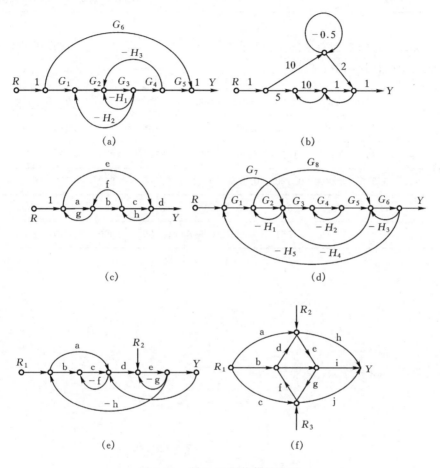

图 2.61　题 2.14 系统信号流图

2.15　设弹簧特性为 $f=12.65y^{1.1}$，其中 f 是弹簧力；y 是变形位移。若弹簧在变形位移 0.25 附近作微小变化，试推导 Δf 的线性化方程。

2.16　设晶闸管三相桥式全控整流电路的输入量为控制角 α，输出量为空载整流电压 e_d，它们之间的关系为 $e_d=E_{d0}\cos\alpha$，其中 E_{d0} 是整流电压的理想空载值，试推导其线性化方程式。

2.17　设有一复杂液位被控对象，其液位阶跃响应实验结果如下表所示，要求：(1)画出液位对象的阶跃响应曲线；(2)若该对象可用有延迟的一阶惯性环节近似，试用近似法确定延迟时间 τ 和时间常数 T。

t(s)	0	10	20	40	60	80	100	140	180	250	300	400	500	600
h(cm)	0	0	0.2	0.8	2.0	3.6	5.4	8.8	11.8	14.4	16.6	18.4	19.2	19.6

2.18　已知被控对象的单位阶跃响应实验数据如下表所示,试用两点法确定该对象的传递函数。

t(s)	0	15	30	45	60	75	90	105	120
$y(t)$	0	0.02	0.045	0.065	0.090	0.135	0.175	0.233	0.285
t(s)	135	150	165	180	195	210	225	240	255
$y(t)$	0.330	0.379	0.430	0.485	0.540	0.595	0.650	0.710	0.780
t(s)	270	285	300	315	330	345	360	375	390
$y(t)$	0.830	0.885	0.951	0.980	0.998	0.999	1.000	1.000	1.000

第3章 线性系统的时域分析

分析和设计控制系统的首要工作是建立系统的数学模型,在获得系统的数学模型后,就可以采用不同的数学方法去分析系统的性能。控制系统的主要分析方法有时域分析法、根轨迹分析法和频域(率)分析法等。本章主要研究线性控制系统动态性能和稳态性能分析的时域分析方法——时域法。时域法是一种直接又比较准确的分析方法,它通过拉氏反变换求出系统输出量的表达式,提供系统时间响应的全部信息。

相比较而言,时域分析法得到的结果更为直观,但其计算量随系统阶次的升高而急剧增加。而频域法的计算量不会因系统阶次的升高而增加太多,并且还能提供一套作图方法,直观地表示出系统的主要特征和性能。

3.1 典型试验信号与系统性能指标

3.1.1 典型试验信号

在大多数情况下,控制系统的实际输入信号可能是随时间以随机的方式变化,而不能预先准确知道。例如,在防空导弹雷达跟踪系统中,被跟踪目标的位置和速度的变化规律是不可能用确定性的数学模型来描述。为了在控制系统的分析和设计中有一个对不同系统的性能进行比较和评价的基准,必须规定一些典型的试验信号作为系统的输入。

典型试验信号应能反映系统的实际工作情况(包括可能遇到的恶劣工作条件),同时应具有数学模型简单和易于通过实验获得的特点。常用的典型试验信号有以下5种。

1. 阶跃信号

阶跃输入信号表示参考输入量的一个瞬间突变过程,即瞬时跃变,如图 3.1a 所示。它的数学表达方式为

$$r(t) = \begin{cases} 0, & t < 0 \\ A, & t \geqslant 0 \end{cases} \tag{3.1}$$

式中 A 为常量,若 $A=1$,则称为单位阶跃输入信号,也表示为 $1(t)$,其拉氏变换

为 $1/s$。

2. 斜坡信号

斜坡输入信号表示由零值开始随时间 t 作线性增加的信号,如图 3.1b 所示。它的数学表达方式为

$$r(t) = \begin{cases} 0, & t < 0 \\ vt, & t \geqslant 0 \end{cases} \qquad (3.2)$$

式中 v 为常量。由于这种函数的一阶导数为一常量 v,故斜坡信号又称等速度输入信号。若 $v=1$,则称为单位斜坡信号,其拉氏变换为 $1/s^2$。

3. 等加速度信号

等加速度信号是一种抛物线函数,如图 3.1c 所示。它的数学表达方式为

$$r(t) = \begin{cases} 0, & t < 0 \\ \dfrac{1}{2}at^2, & t \geqslant 0 \end{cases} \qquad (3.3)$$

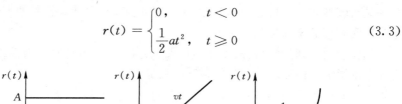

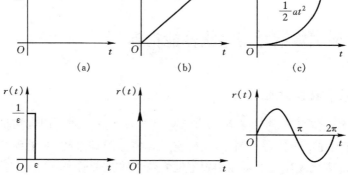

图 3.1　典型试验信号

(a) 阶跃信号;(b) 斜坡信号;(c) 等加速度信号

(d) 脉冲信号;(e) 理想脉冲信号;(f) 正弦信号

式中 a 为常量,这种信号的特点是函数值随时间以等加速度增加。当 $a=1$ 时,则称为单位等加速度信号,其拉氏变换为 $1/s^3$。

4. 脉冲信号

脉冲信号是一种持续时间极短而幅值极大的信号,如图 3.1d 所示。它的数学表达方式为

$$r(t) = \begin{cases} 0, & t < 0, t > \varepsilon \\ \dfrac{1}{\varepsilon}, & 0 \leqslant t < \varepsilon \end{cases} \tag{3.4}$$

式中 ε 为脉冲宽度,脉冲面积为 1。若对脉冲宽度取趋于零的极限,则有

$$\delta(t) = r(t) = \begin{cases} \infty, & t = 0 \\ 0, & t \neq 0 \end{cases} \tag{3.5}$$

及

$$\int_{-\infty}^{+\infty} \delta(t) \mathrm{d}t = 1 \tag{3.6}$$

则称此信号为单位理想脉冲信号,也称 δ 函数,如图 3.1e 所示,其拉氏变换为 1。

脉冲信号(函数)刻画了持续时间无限短而幅值无限大的冲激特性。显然,$\delta(t)$ 所描述的脉冲信号实际工程中是无法获得的。在工程实践中,当 ε 远小于被控对象的时间常数时,这种窄脉冲信号常近似地当作 $\delta(t)$ 函数来处理。

5. 正弦信号

正弦信号是一种常见的信号,如图 3.1f 所示。它的数学表达方式为

$$r(t) = A\sin\omega t \tag{3.7}$$

式中:A 为振幅;ω 为角频率。正弦信号主要用于求取系统的频率特性,据此分析和设计控制系统。

在分析控制系统时,究竟选用哪一种输入信号作为系统的试验信号,这应视所研究系统的实际输入信号而定。如果系统的输入信号是一个突变的量,则应取阶跃信号为宜;如果系统的输入信号是随时间线性增加的函数,则应选取斜坡信号,以符合系统的实际工作情况;如果系统的输入信号是一个瞬时冲击的函数,则显然应选取脉冲信号最为合适。

3.1.2　时域响应的构成

控制系统的时间响应一般可分成两部分:暂态响应和稳态响应。假定是系统的时间响应,它可表示为

$$y(t) = y_t(t) + y_{ss}(t) \tag{3.8}$$

式中:y_t 为暂态响应,又称自由分量;$y_{ss}(t)$ 为稳态响应,又称强迫分量。

对于一个稳定的线性控制系统,其暂态响应随时间推移将趋向于零,即

$$\lim_{t \to \infty} y_t(t) = 0 \tag{3.9}$$

而稳态响应则是暂态过程结束后仍然存在的时间响应。应当指出,稳态响应也可能以某种固定模式,如按时间的正弦函数或斜坡函数变化。

在实际系统中,由于贮能元件(如质量、电感、电容等)的惯性,系统一般都要经历暂态过程才能达到稳态。因此,暂态响应的幅值、振荡剧烈程度和持续时间

都是系统分析和设计中要考虑的问题。

对于一个稳定的系统,其稳态响应是指控制系统在输入作用下,经过较长一段时间后的输出信号的变化规律。例如,在位置控制系统中,稳态响应与给定输入之差表示系统的稳态精度。如果输出的稳态响应与输入的稳态分量不完全一致,则称该系统是静态有差的。

3.1.3　系统性能指标

控制系统除满足稳态性能要求外,还必须具有良好的动态特性,从而使系统迅速跟踪参考输入信号,并且不产生剧烈的振荡。因此,对系统动态性能进行分析,改善稳态响应是自动控制的核心工作。

为了衡量系统的动态性能,同时便于对不同系统的性能进行比较,通常采用单位阶跃函数作为测试试验信号。相应地,系统的响应称为单位阶跃响应。图3.2是线性控制系统典型的单位阶跃响应曲线,参照这条曲线可以定义如下几个动态性能指标。

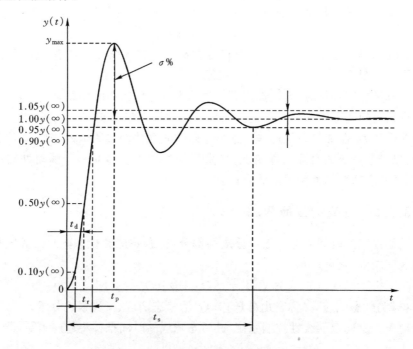

图 3.2　控制系统单位阶跃响应和动态性能指标

（1）超调量:又称最大超调量,反映系统响应振荡的剧烈程度,它定义为

$$\sigma = \frac{y_{max} - y_{ss}}{y_{ss}} \times 100\% = \frac{y_{max} - y(\infty)}{y(\infty)} \times 100\% \qquad (3.10)$$

式中：$y_{\max}$ 为系统响应的最大值；y_{ss} 和 $y(\infty)$ 为系统响应的稳态值。

（2）延迟时间 t_d：系统阶跃响应达到稳态值的 50% 所需的时间。

（3）上升时间 t_r：系统阶跃响应从稳态值的 10% 第一次达到稳态值的 90% 所需的时间。

（4）调节时间 t_s：系统阶跃响应 $y(t)$ 和稳态值 $y(\infty)$ 之间的误差达到规定的允许值，并且以后不再超过此允许值所需的最短时间，即当 $t > t_s$ 时，

$$\left| \frac{y(t) - y(\infty)}{y(\infty)} \right| \leqslant \Delta \tag{3.11}$$

成立。式中 Δ 为规定的允许误差，通常取稳态值的 2% 或 5%。

以上 4 个指标中，超调量和调节时间反映了对系统动态性能最重要的要求：相对稳定性和快速性；而上升时间和延迟时间也不同侧面反映了系统响应的快慢程度。

3.2　一阶系统的时域分析

用一阶微分方程描述的控制系统称为一阶系统。图 3.3 为一阶系统的框图，它的闭环函数为

$$W(s) = \frac{Y(s)}{R(s)} = \frac{1}{Ts + 1} \tag{3.12}$$

式中 T 为时间常数。这种系统实际上是一个非周期性的惯性环节。以下分别就不同的典型输入信号，分析该系统的时间响应。

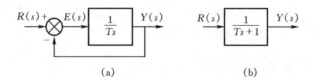

(a)　　　　　　　　　　　(b)

图 3.3　一阶系统的框图

(a) 一阶系统的框图；(b) 等效框图

3.2.1　一阶系统的单位阶跃响应

单位阶跃信号的拉氏变换为 $R(s) = \dfrac{1}{s}$，则系统的输出为

$$Y(s) = R(s)W(s) = \frac{1}{s(Ts + 1)} = \frac{1}{s} - \frac{T}{Ts + 1} \tag{3.13}$$

对上式取拉氏反变换，得

$$y(t) = 1 - e^{-\frac{1}{T}t} \tag{3.14}$$

比较式(3.13)与(3.14),可知输入信号 $R(s)$ 的极点是形成系统响应的稳态分量,传递函数的极点是产生系统响应的暂(瞬)态分量。这一结论不仅适用于一阶线性定常系统,而且也适用于高阶线性定常系统。

由式(3.14)可知,系统的单位阶跃响应为一单调上升的指数曲线,如图 3.4 所示。由于输出 $y(t)$ 的终值为 1,因而系统阶跃输入时的稳态误差为 0。

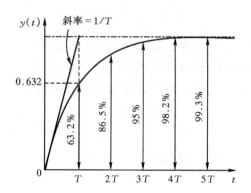

图 3.4　一阶系统的单位阶跃响应

当 $t = T$ 时,则有

$$y(t) = 1 - e^{-1} = 0.632 \tag{3.15}$$

这表示阶跃响应曲线 $y(t)$ 达到其终值的 63.2% 的时间,也就是该系统的时间常数 T,这是一阶系统阶跃响应的一个重要特征量。由式(3.14)可知,响应曲线在 $t=0$ 时的斜率为 $1/T$。如果系统输出响应的速度恒为 $1/T$,则只要 $t=T$,输出 $y(t)$ 就能达到其终值,如图 3.4 所示。

3.2.2　一阶系统的单位斜坡响应

与上述推导类似,取 $R(s)=1/s^2$,则系统的输出为

$$Y(s) = \frac{1}{s^2(Ts+1)} = \frac{1}{s^2} - \frac{T}{s} + \frac{T^2}{Ts+1} \tag{3.16}$$

对上式取拉氏反变换,得

$$y(t) = t - T(1 - e^{-\frac{1}{T}t}) \tag{3.17}$$

一阶系统的单位斜坡响应如图 3.5 所示。

输入、输出间的误差为

$$e(t) = r(t) - y(t) = T(1 - e^{-\frac{1}{T}t}) \tag{3.18}$$

所以一阶系统跟踪单位斜坡信号的稳态误差为

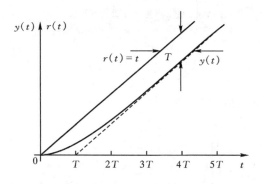

图 3.5　一阶系统的单位斜坡响应

$$e_{ss} = \lim_{t \to \infty} e(t) = T$$

上式表明，一阶系统不能无差跟踪斜坡输入信号。不难看出，在稳态时系统的输入、输出信号的变化率完全相等，即 $\dot{r}(t) = \dot{y}(t) = 1$；但由于系统存在着惯性，当 $\dot{r}(t)$ 从 0 上升到 1 时，对应的输出信号在数值上要滞后于输入信号一个常量 T，这就是稳态误差产生的原因。显然，减小时间常数 T 不仅可以加快系统瞬态响应的速度，而且还能减小系统跟踪斜坡输入信号的稳态误差。

3.2.3　一阶系统的单位加速度响应

与上述推导类似，取 $r(t) = \frac{1}{2}t^2$，有 $R(s) = 1/s^3$，则系统的输出为

$$Y(s) = \frac{1}{s^3(Ts+1)} = \frac{1}{s^3} - \frac{T}{s^2} + \frac{T^2}{s} - \frac{T^3}{Ts+1} \tag{3.19}$$

对上式取拉氏反变换，得一阶系统的单位加速度响应

$$y(t) = \frac{1}{2}t^2 - Tt + T^2(1 - e^{-\frac{1}{T}t}) \tag{3.20}$$

相应的系统输入、输出间的误差为

$$e(t) = r(t) - y(t) = Tt + T^2(1 - e^{-\frac{1}{T}t}) \tag{3.21}$$

当 $t=0$ 时，误差 $e(0)=0$；当 $t=\infty$ 时，$e(\infty)=\infty$。这是因为误差由两部分组成，从式(3.21)可以看出，其右侧第二项的值在时间无限增长时趋于常值 T^2，但第一项却是与时间按线性比例增长。所以，一阶系统也不能跟踪加速度输入信号。

3.2.4　一阶系统的单位脉冲响应

取输入信号 $r(t) = \delta(t)$，有 $R(s) = 1$，则系统的输出响应 $y(t)$ 就是该系统的脉冲响应。系统输出响应的拉氏变换为

$$Y(s) = W(s) = \frac{1}{Ts+1} = \frac{1/T}{s+1/T} \qquad (3.22)$$

对应的脉冲响应为

$$y(t) = \frac{1}{T}\mathrm{e}^{-\frac{1}{T}t} \qquad (3.23)$$

当 $T=1$ 时,其脉冲响应如图 3.6 所示。

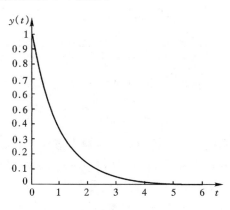

图 3.6　一阶系统的脉冲响应

3.3　二阶系统的时域分析

用二阶微分方程描述的系统,称为二阶系统。它是控制系统的一种基本组成形式,许多高阶系统在一定条件下常近似地用二阶系统来表征。

3.3.1　二阶系统的单位阶跃响应

典型二阶系统结构如图 3.7 所示,系统闭环传递函数为

$$W(s) = \frac{Y(s)}{R(s)} = \frac{\omega_n^2}{s^2 + 2\zeta\omega_n s + \omega_n^2} \qquad (3.24)$$

式中:ω_n 为无阻尼自然角频率;ζ 为阻尼比或称阻尼系数。

显然,任何一个具有类似于图 3.7 结构的二阶系统,它的闭环传递函数都可化为式(3.24)的标准形式。这样,只要分析二阶系统标准形式的动态性能与其参数 ω_n、ζ 间的关系,就能较方便地求得任何二阶系统的动态性能。

由式(3.24),二阶系统的闭环极点,即特征方程式

$$s^2 + 2\zeta\omega_n s + \omega_n^2 = 0$$

的根为

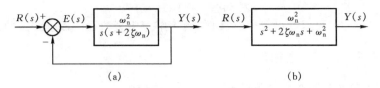

图 3.7　二阶系统结构图

(a)一阶系统的框图；(b)等效框图

$$s_{1,2} = \begin{cases} \pm j\omega_n, & \zeta = 0 \\ -\zeta\omega_n \pm j\omega_n \sqrt{1-\zeta^2}, & 0 < \zeta < 1 \\ -\zeta\omega_n \pm \omega_n \sqrt{\zeta^2-1}, & \zeta \geqslant 1 \end{cases} \qquad (3.25)$$

若 $\zeta \leqslant 0$，系统将不稳定，这里仅讨论 $\zeta > 0$ 的情况，其特征根的分布如图 3.8 所示。随着 ζ 值的不同，其特征根和相应的动态响应也有很大的差异。下面针对不同变化范围内的阻尼比，讨论式(3.24)表示系统的单位阶跃响应。

1. $0 < \zeta < 1$，欠阻尼

此时，系统在左半平面有一对共轭复数极点，如图 3.8 所示。单位阶跃响应为

$$y(t) = 1 - \frac{e^{-\zeta\omega_n t}}{\sqrt{1-\zeta^2}} \sin(\omega_d t + \beta) \qquad (3.26)$$

式中

$$\omega_d = \omega_n \sqrt{1-\zeta^2} \qquad (3.27)$$

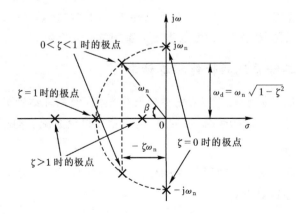

图 3.8　二阶系统的极点分布与阻尼比的关系

为阻尼振荡角频率；$\zeta\omega_n$ 为阻尼常数。ω_d 和 $\zeta\omega_n$ 与系统参数 ω_n 和 ζ 的关系可在图 3.8 上确定。

$$\beta = \arccos\zeta \tag{3.28}$$

从式(3.26)可以看出,$0 < \zeta < 1$ 时,暂态响应为衰减振荡,系统欠阻尼。

3.3.2 $\zeta > 1$,过阻尼

此时,系统有两个负实数极点,单位阶跃响应为

$$y(t) = 1 - \frac{\zeta + \sqrt{\zeta^2 - 1}}{2\sqrt{\zeta^2 - 1}} e^{-(\zeta - \sqrt{\zeta^2 - 1})\omega_n t} + \frac{\zeta - \sqrt{\zeta^2 - 1}}{2\sqrt{\zeta^2 - 1}} e^{-(\zeta + \sqrt{\zeta^2 - 1})\omega_n t} \tag{3.29}$$

上式表明,$y(t)$ 单调上升,但不会超过稳态值,响应是非振荡的,系统过阻尼。两个极点中离 s 平面原点较远的极点对应的暂态分量幅值较小,衰减较快;而另一个极点越来越靠近原点,其幅值越来越大,衰减越来越慢。随着阻尼比的增大,其中一个极点将越来越远离 s 平面原点,其幅值越来越小,衰减越来越快。当阻尼比 $\zeta \gg 1$ 时,式(3.29)右边最后一项可以忽略,二阶系统可以用靠近原点的那个极点所表示的一阶系统来近似。

3.3.3 $\zeta = 1$,临界阻尼

此时,系统有重极点 $s_{1,2} = \pm \omega_n$,单位阶跃响应为

$$y(t) = 1 - (1 + \omega_n t)e^{-\omega_n t} \tag{3.30}$$

从上式可以看出,$y(t)$ 单调上升,无超调量,系统临界阻尼。

图 3.9 中给出了阻尼比取不同数值时系统的单位阶跃响应曲线。可以看出,阻尼比 ζ 决定系统响应的模式。ζ 越小,响应振荡越剧烈;ζ 越大,响应越显呆滞。在式(3.26)、(3.29)、(3.30)中,时间 t 总是和无阻尼自然角频率 ω_n 以乘积形式 $\omega_n t$ 出现的。令 $T = 1/\omega_n$,对于同样大小的阻尼比,T 越大,ω_n 越小,暂态过程持续时间就越长,所以 T 可以看成为系统的时间常数。

3.3.3 二阶系统的性能指标计算

虽然过阻尼和临界阻尼时系统不会发生振荡,但系统达到稳态所需的时间太长。下面针对欠阻尼($0 < \zeta < 1$)的情况,定量地讨论系统的动态性能指标。

1. 峰值时间 t_p

动态响应第一次出现峰值的时间称为峰值时间,用 t_p 表示。将式(3.26)对 t 求导,并令其导数等于 0,可得

$$\tan(\omega_d t_p + \beta) = \frac{\sqrt{1 - \zeta^2}}{\zeta} = \tan\beta \tag{3.31}$$

所以,$\omega_d t_p = 0$,π,$2\pi \cdots$ 时,上式成立。由图 3.9 可知,系统最大的峰值出现在 $\omega_d t_p = \pi$ 处,因而得

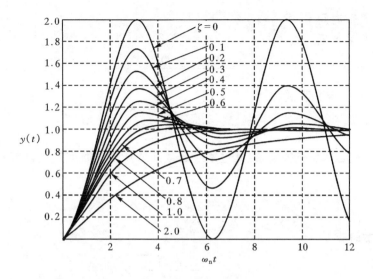

图 3.9 二阶系统的单位阶跃响应

$$t_p = \frac{\pi}{\omega_d} = \frac{\pi}{\omega_n \sqrt{1-\zeta^2}} \tag{3.32}$$

2. 超调量 σ

将 t_p 代入式(3.26)得到 y_{max},再代入式(3.10)得

$$\sigma = e^{-\frac{\pi\zeta}{\sqrt{1-\zeta^2}}} \times 100\% \tag{3.33}$$

上式表明,典型二阶系统的超调量只取决于系统的阻尼比,它们之间的关系可用 $\sigma\%$-ζ 曲线表示,如图 3.10 所示。

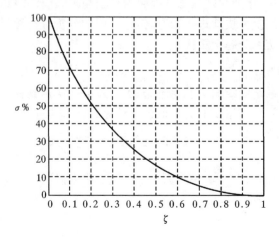

图 3.10 $\sigma\%$-ζ 关系曲线

3. 调节时间 t_s

由(3.11),有

$$\left| \frac{y(t_s - y(\infty))}{y(\infty)} \right| = \Delta \qquad (3.34)$$

注意到 $y(\infty)=1$,将式(3.26)代入得

$$\left| \frac{e^{-\zeta\omega_n t_s}}{\sqrt{1-\zeta^2}} \sin(\omega_d t_s + \beta) \right| = \Delta \qquad (3.35)$$

上式左端是衰减正弦振荡,当其包络线衰减到 Δ 所需的时间就是调节时间。于是有

$$\frac{1}{\sqrt{1-\zeta^2}} e^{-\zeta\omega_n t_s} = \Delta \qquad (3.36)$$

得到调节时间

$$t_s = \frac{-\ln(\Delta\sqrt{1-\zeta^2})}{\zeta\omega_n} \qquad (3.37)$$

针对不同的 Δ,上式可近似为

$$t_s \approx \frac{3}{\zeta\omega_n}, \quad \Delta = 0.05 \qquad (3.38)$$

$$t_s \approx \frac{4}{\zeta\omega_n}, \quad \Delta = 0.02 \qquad (3.39)$$

　　超调量和调节时间是两个主要的动态性能指标,它们都和系统阻尼比有密切关系。对于式(3.24)所表示的典型二阶系统,通常把阻尼比 $\zeta=0.707$ 的情况称为二阶最优模型。对应的动态性能指标为超调量 $\sigma=4.3\%$,调节时间 $t_s=6\,T$ ($\Delta=0.02$),$T=1/\omega_n$。这种二阶最优模型常应用在某些领域里,如简单的电力拖动及过程控制等,作为串联校正的综合目标模型。式(3.38)和式(3.39)说明,增大阻尼比可使系统更快地进入稳态,但从下面的分析可以看到,增大阻尼比会使系统响应的起始部分趋于缓慢。

4. 上升时间 t_r

　　上升时间为系统阶跃响应从稳态值的 10% 第一次达到稳态值的 90% 所需的时间。上升时间可采用下面的近似公式计算:

$$t_r \approx \frac{0.8 + 2.5\zeta}{\omega_n} \qquad (一阶近似)(0 < \zeta < 1) \qquad (3.40)$$

$$t_r \approx \frac{1 - 0.416\,7\zeta + 2.917\zeta^2}{\omega_n} \qquad (二阶近似)(0 < \zeta < 1) \qquad (3.41)$$

5. 延迟时间 t_d

　　延迟时间为系统阶跃响应达到稳态值的 50% 所需的时间,可采用下面的近

似公式计算

$$t_d \approx \frac{1+0.7\zeta}{\omega_n} \qquad (一阶近似)(0 < \zeta < 1) \qquad (3.42)$$

$$t_d \approx \frac{1.1+0.125\zeta+0.469\zeta^2}{\omega_n} \qquad (二阶近似)(0 < \zeta < 1) \qquad (3.43)$$

从上面 4 个公式可以看出,增大阻尼比将会使上升时间和延迟时间延长,系统响应的起始部分趋于缓慢。

例 3.1　单位反馈控制系统的前向通道传递函数为

$$G(s) = \frac{K}{s(Ts+1)}$$

已知 $K = 16 \text{ s}^{-1}$, $T = 0.25 \text{ s}$,求

(1)系统参数 ω_n, ζ;

(2)动态性能指标 σ, $t_s(\Delta = 0.02)$;

(3)采用速度反馈,使反馈通道传递函数 $H(s) = 1 + 0.062\ 5s$,重复(1),(2)。

解　(1)系统闭环传递函数为

$$W(s) = \frac{K}{Ts^2+s+K} = \frac{\dfrac{K}{T}}{s^2+\dfrac{1}{T}s+\dfrac{K}{T}}$$

与典型二阶系统闭环传递函数表达式(3.24)相对照,得

$$\omega_n = \sqrt{\frac{K}{T}} = \sqrt{\frac{16}{0.25}} = 8 \text{ rad/s}$$

$$\zeta = \frac{1}{2\sqrt{KT}} = \frac{1}{2\sqrt{16 \times 0.25}} = 0.25$$

(2)动态性能指标

$$\sigma = e^{-\frac{\pi\zeta}{\sqrt{1-\zeta^2}}} \times 100\% = e^{-\frac{3.14 \times 0.25}{\sqrt{1-0.25^2}}} \times 100\% = 44.5\%$$

$$t_s \approx \frac{4}{\zeta\omega_n} = \frac{4}{0.25 \times 8} = 2.0 \text{ s} \qquad (\Delta = 0.02)$$

(3)采用速度反馈后,$H(s) = 1 + hs$,系统闭环传递函数为

$$W(s) = \frac{Y(s)}{R(s)} = \frac{G(s)}{1+G(s)H(s)}$$

$$= \frac{\dfrac{K}{s(Ts+1)}}{1+\dfrac{K}{s(Ts+1)}(1+hs)} = \frac{K}{Ts^2+(1+Kh)s+K}$$

$$= \frac{\dfrac{K}{T}}{s^2 + (1 + Kh)\dfrac{1}{T}s + \dfrac{K}{T}}$$

将 $h = 0.062\ 5$ 代入,得

$$\zeta = \frac{1 + Kh}{2\omega_n T} = \frac{1 + 16 \times 0.062\ 5}{2 \times 8 \times 0.25} = 0.5$$

$$\sigma = \mathrm{e}^{-\frac{\pi\zeta}{\sqrt{1-\zeta^2}}} \times 100\% = \mathrm{e}^{-\frac{3.14 \times 0.5}{\sqrt{1-0.5^2}}} \times 100\% = 16.3\%$$

$$t_s \approx \frac{4}{\zeta\omega_n} = \frac{4}{0.5 \times 8} = 1.0\ \mathrm{s} \quad (\Delta = 0.02)$$

该例表明,速度反馈不改变系统的自然角频率,但却使系统阻尼比增加,起到了降低超调量和减小调节时间、改善系统动态性能的作用。

3.4　高阶系统的时域分析

设高阶系统闭环传递函数的一般形式为

$$W(s) = \frac{Y(s)}{R(s)} = \frac{b_m s^m + b_{m-1}s^{m-1} + \cdots + b_1 s + b_0}{a_n s^n + a_{n-1}s^{n-1} + \cdots + a_1 s + a_0}, \ n \geqslant m \qquad (3.44)$$

如果上式的分子和分母均可分解成因式,则式(3.44)可改写为如下零、极点形式:

$$\frac{Y(s)}{R(s)} = \frac{K(s + z_1)(s + z_2)\cdots(s + z_m)}{(s + p_1)(s + p_2)\cdots(s + p_n)}, \ n \geqslant m \qquad (3.45)$$

式中: $-z_1, -z_2, \cdots, -z_m$ 为闭环传递函数的零点; $-p_1, -p_2, \cdots, -p_m$ 为闭环传递函数的极点。令系统所有的零、极点互不相同,且其极点有实数极点和复数极点,零点均为实数零点。仍设系统的输入信号为单位阶跃信号,则由式(3-45)得

$$Y(s) = \frac{K\displaystyle\prod_{j=1}^{m}(s + z_j)}{s\displaystyle\prod_{i=1}^{q}(s + p_i)\prod_{k=1}^{r}(s^2 + 2\zeta_k\omega_{nk}s + \omega_{nk}^2)}, \quad n \geqslant m \qquad (3.46)$$

式中: $n = q + 2r$; q 为实极点的个数; r 为复数极点的个数。

将式(3.46)用部分分式展开为

$$Y(s) = \frac{A_0}{s} + \sum_{i=1}^{q}\frac{A_i}{s + p_i} + \sum_{k=1}^{r}\frac{B_k(s + \zeta_k\omega_{nk}) + C_k\omega_{nk}\sqrt{1-\zeta_k^2}}{s^2 + 2\zeta_k\omega_{nk}s + \omega_{nk}^2}$$

对上式进行拉氏反变换,得

$$y(t) = A_0 + \sum_{i=1}^{q}A_i\mathrm{e}^{-p_i t} + \sum_{k=1}^{r}B_k\mathrm{e}^{-\zeta_k\omega_{nk}t}\cos\omega_{nk}\sqrt{1-\zeta_k^2}t$$

$$+ \sum_{k=1}^{r} C_k e^{-\zeta_k \omega_{nk} t} \sin \omega_{nk} \sqrt{1 - \zeta_k^2} t, \quad t \geqslant 0 \tag{3.47}$$

由式(3.47)可知：

(1)高阶系统时域响应的暂态分量通常由一阶惯性环节和二阶振荡环节的响应分量合成。其中输入信号极点所对应的拉氏反变换为系统响应的稳态分量,传递函数极点所对应的拉氏反变换为系统响应的暂态分量。

(2)系统暂态分量的形式由闭环极点的性质决定,而系统调节时间的长短与闭环极点负实部绝对值的大小有关。如果闭环极点远离虚轴,则相应的暂态分量就衰减得快,系统的调节时间也就较短。而闭环零点只影响系统暂态分量幅值的大小和符号。

(3)如果闭环传递函数中有一极点 $-p_k$ 距坐标原点很远,即有

$$|-p_k| \gg |-p_i|, \qquad |-p_k| \gg |-z_j| \tag{3.48}$$

式中: p_k、p_i、z_j 均为正值; $i = 1, 2, \cdots, n; j = 1, 2, \cdots, m$,且 $i \neq k$。则当 $n > m$ 时,极点 $-p_k$ 所对应的暂态分量不仅持续时间很短,而且其对应的幅值也很小,因而它产生的暂态分量可略去不计。这样可对系统传递函数进行降阶处理,系统降阶时应保持其稳态增益不变。式(3.45)可近似为

$$W_1(s) = \frac{K}{p_k} \frac{\displaystyle\prod_{j=1}^{m} (s + z_j)}{\displaystyle\prod_{\substack{i=1 \\ i \neq k}}^{n} (s + p_i)} \tag{3.49}$$

如果闭环传递函数中有一极点 $-p_k$ 与某一零点 $-z_r$ 十分靠近,即有

$$|-p_k + z_r| \ll |-p_i + z_r| \tag{3.50}$$

式中: $i = 1, 2, \cdots, n; j = 1, 2, \cdots, m$,且 $i \neq k, j \neq r$。则极点 $-p_k$ 所对应的暂态分量的幅值很小,因而它在系统响应中所占的比例很小,可忽略不计。这样同样可对系统传递函数进行降阶处理,系统降阶时保持其稳态增益不变。式(3.45)可近似为

$$W_1(s) = \frac{K z_r}{p_k} \frac{\displaystyle\prod_{\substack{j=1 \\ j \neq r}}^{m} (s + z_j)}{\displaystyle\prod_{\substack{i=1 \\ i \neq k}}^{n} (s + p_i)} \tag{3.51}$$

(4)如果所有的闭环极点均具有负实部,则由式(3.47)可知,随着时间的推移,式中所有的暂态分量将不断地衰减,最后该式的右端只剩下由输入控制信号的极点所确定的稳态分量 A_0 项。它表示在过渡过程结束后,系统的被控制量仅与其控制量有关。闭环极点均位于 s 左半平面的系统,称为稳定系统。稳定是系统能正常工作的首要条件,有关这方面的内容,将在本章 3.5 节中作较详细

的阐述。

(5)如果系统中有一个极点(或一对复数极点)与虚轴的距离较近,且其附近没有闭环零点;而其它闭环极点与虚轴的距离都比该极点与虚轴的距离大 5 倍以上,则此系统的响应可近似地视为由这个(或这对)极点所产生。这是因为这种极点所决定的暂态分量不仅持续时间最长,而且其初始幅值也大,也充分体现了它在系统响应中的主导作用,故称其为系统的主导极点。

在设计高阶系统时,人们常利用主导极点这个概念来选择系统的参数,使系统具有预期的一对主导极点,从而把一个高阶系统近似地用一对主导极点所描述的二阶系统去表征。

3.5　线性系统的稳定性分析

稳定是控制系统正常工作的首要条件,也是控制系统的一个重要性能。控制系统稳定性的严格定义和理论阐述是俄国学者李雅普诺夫于 1892 年提出的,它主要用于判别时变系统和非线性系统的稳定性。本节仅从物理概念的角度出发,讨论线性定常系统稳定性的初步概念、稳定性条件和劳斯稳定判据。

3.5.1　稳定性的基本概念

设一线性定常系统原处于某一平衡状态,若它瞬间受到某一扰动作用而偏离了原来的平衡状态。当扰动消失后,如果系统仍能回到原有的平衡状态,则称系统是稳定的;反之则称系统为不稳定的。这表明,稳定性是表征系统在扰动消失后自身的一种恢复能力,因而它是系统的一种固有特性。

通常而言,线性定常系统的稳定性表现为其时域响应的收敛性。当把控制系统的响应分为暂态响应和稳态响应来考虑时,若随着时间的推移其暂态响应会逐渐衰减,系统的响应最终收敛到稳定状态,则称该控制系统是稳定的;而如果暂态响应是发散的,则该系统就是不稳定的。

3.5.2　线性定常系统稳定的充分必要条件

线性系统的特性或状态是由线性微分方程来描述的,而微分方程的解就是系统输出量的时间表达式,它包含两个部分:稳态分量和暂态分量。其中,稳态分量对应微分方程的特解,与外部输入有关;暂态分量对应微分方程的通解,只与系统本身的结构、参数和初始条件有关,而与外部作用无关。研究系统的稳定性,就是研究系统输出量中暂态分量的变化形式。这种变化形式完全取决于系统的特征方程,即齐次微分方程,这个特征方程反映了扰动消除之后输出量的运动情况。

单输入、单输出线性定常系统传递函数的一般形式为

$$W(s) = \frac{Y(s)}{R(s)} = \frac{b_m s^m + b_{m-1} s^{m-1} + \cdots + b_1 s + b_0}{a_n s^n + a_{n-1} s^{n-1} + \cdots + a_1 s + a_0}, \quad n \geqslant m \quad (3.52)$$

系统的特征方程式为

$$a_n s^n + a_{n-1} s^{n-1} + \cdots + a_1 s + a_0 = 0 \quad (3.53)$$

此方程的根称为特征根,它是由系统本身的结构和参数决定的。

从常微分方程理论可知,微分方程解的收敛性完全取决于其相应特征方程的根。如果特征方程的所有根都是负实数或实部为负的复数,则微分方程的解是收敛的;如果特征方程存在正实数根或实部为正的复数,则微分方程的解中就会出现发散项。因此,控制系统稳定与否完全取决于它本身的结构和参数,即取决于系统特征方程式特征根的实部符号,与系统的初始条件和输入无关。

由上述分析可以得到如下结论:线性定常系统稳定的充分必要条件是,特征方程式的所有根均为负实根或实部为负的复根,即特征方程式的根均在复平面(简称 s 平面)的左半平面。由于系统特征方程式的根就是系统的极点,因此也可以说,线性定常系统稳定的充分必要条件是系统的极点均在复平面的左半平面。

对于复平面右半 s 平面没有极点,但虚轴上存在极点的线性定常系统,称之为临界稳定系统,该系统在扰动消除后的响应通常是等幅振荡的。在实际工程中,临界稳定属于不稳定,因为参数的微小变化就会使极点具有正实部,从而导致系统不稳定。特征根在 s 平面上稳定与不稳定的区域如图 3.11 所示。

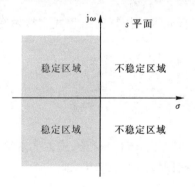

图 3.11　特征根在 s 平面上稳定与不稳定区域

3.5.3　劳斯稳定判据

根据线性定常系统稳定的充分必要条件,可以通过求取系统特征方程式的所有根,并检查所有特征根实部的符号来判定系统是否稳定。但由于一般特征方程式为高次代数方程,因此要求得其特征根必须依赖计算机进行数值计算。

采用劳斯(Routh)稳定判据,可以不用求解特征方程,而只根据特征方程式的系数做简单的代数运算,就可以确定特征方程是否有(以及有几个)正实部的根,从而判定系统是否稳定。以下介绍劳斯稳定判据的具体内容。

设控制系统的特征方程式为

$$D(s) = a_n s^n + a_{n-1} s^{n-1} + \cdots + a_1 s + a_0 = 0 \qquad (3.54)$$

首先,劳斯稳定判据给出控制系统稳定的必要条件是:控制系统特征方程式(3.53)的所有系数符号相同且不为零(不缺项)。

其次,劳斯稳定判据给出控制系统稳定的充分必要条件是:劳斯表中第一列所有元素符号相同。第一列元素符号改变的次数等于实部为正的特征根的个数(不稳定极点个数)。

如果方程式(3.54)所有系数不缺项且符号相同,将多项式的系数排成下面形式的行和列,即为劳斯表(阵列):

$$
\begin{array}{cccccc}
s^n & a_n & a_{n-2} & a_{n-4} & a_{n-6} & \cdots \\
s^{n-1} & a_{n-1} & a_{n-3} & a_{n-5} & a_{n-7} & \cdots \\
s^{n-2} & b_1 & b_2 & b_3 & b_4 & \cdots \\
s^{n-3} & c_1 & c_2 & c_3 & \cdots & \cdots \\
\vdots & \vdots & \vdots & \vdots & \vdots & \\
s^2 & d_1 & d_2 & d_3 & & \\
s^1 & e_1 & e_2 & & & \\
s^0 & f_1(a_0) & & & &
\end{array}
$$

表中第一行和第二行元素可按特征方程式直接填写。从第三行起,各元素由下列公式计算:

$$b_1 = \frac{-\begin{bmatrix} a_n & a_{n-2} \\ a_{n-1} & a_{n-3} \end{bmatrix}}{a_{n-1}}, \quad b_2 = \frac{-\begin{bmatrix} a_n & a_{n-4} \\ a_{n-1} & a_{n-5} \end{bmatrix}}{a_{n-1}}, \quad b_3 = \frac{-\begin{bmatrix} a_n & a_{n-6} \\ a_{n-1} & a_{n-7} \end{bmatrix}}{a_{n-1}}$$

$$(3.55)$$

直到其余的系数 b_i 均为零为止,若构成行列式的元素缺项就用零元素代替。第四行由第二行和第三行按同样的方法产生,即

$$c_1 = \frac{-\begin{bmatrix} a_{n-1} & a_{n-3} \\ b_1 & b_2 \end{bmatrix}}{b_1}, \quad c_2 = \frac{-\begin{bmatrix} a_{n-1} & a_{n-5} \\ b_1 & b_3 \end{bmatrix}}{b_1}, \quad c_3 = \frac{-\begin{bmatrix} a_{n-1} & a_{n-7} \\ b_1 & b_4 \end{bmatrix}}{b_1}, \cdots$$

$$(3.56)$$

依次类推,直到求出第 $n+1$ 行为止。劳斯表(阵列)的形状呈倒三角形,最后一行只有一个元素,且正好是方程最后一项,即式(3.52)中的系数 a_0,这一点也可用来检验劳斯表的计算正确与否。

综上所述,采用劳斯判据判断系统的稳定性时,如果必要条件不满足(即特征方程式系数符号不全相同或缺项),则可确定系统是不稳定的;如果满足必要条件,就需要列出劳斯表,检查表中第一列元素的符号是否相同,如果是,则系统稳定,否则,系统不稳定,并且系统在复平面右半平面极点的个数等于劳斯表中第一列元素符号改变的次数。

例 3.2　控制系统的特征方程式为

$$2s^4 + s^3 + 3s^2 + 5s + 10 = 0$$

试用劳斯判据判断系统的稳定性。

解　特征方程式系数符号相同且不缺项,满足稳定的必要条件。列劳斯表如下:

$$
\begin{array}{cccc}
s^4 & 2 & 3 & 10 \\
s^3 & 1 & 5 & 0 \\
s^2 & \dfrac{-\begin{bmatrix}2 & 3 \\ 1 & 5\end{bmatrix}}{1}=-7 & \dfrac{-\begin{bmatrix}2 & 10 \\ 1 & 0\end{bmatrix}}{1}=10 & \\
s^1 & \dfrac{-\begin{bmatrix}1 & 5 \\ -7 & 10\end{bmatrix}}{-7}=\dfrac{45}{7} & & \\
s^0 & 10 & &
\end{array}
$$

劳斯表的第一列元素符号改变次数为 2,所以系统不稳定,有两个特征根的实部为正,也即系统含两个不稳定的极点。

例 3.3　系统结构如图 3.12 所示,确定使系统稳定的 K 的取值范围。

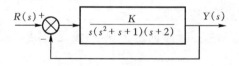

图 3.12　控制系统结构

解　由图 3.12,控制系统的闭环传递函数为

$$W(s)=\frac{Y(s)}{R(s)}=\frac{K}{s(s^2+s+1)(s+2)+K}$$

所以,系统的特征方程式为

$$s^4 + 3s^3 + 3s^2 + 2s + K = 0$$

由系统稳定的必要条件可知,$K>0$。列劳斯表如下:

$$
\begin{array}{cccc}
s^4 & 1 & 3 & K \\
s^3 & 3 & 2 & 0 \\
s^2 & \dfrac{7}{3} & K & \\
s^1 & 2-\dfrac{9K}{7} & 0 & \\
s^0 & K & &
\end{array}
$$

由劳斯判据,系统稳定必须满足

$$K>0,\ 2-\frac{9K}{7}>0$$

因此,使系统稳定的的取值范围为

$$0<K<\frac{14}{9}$$

3.5.4　应用劳斯稳定判据时的两种特例

构造劳斯表(阵列)时,有时会发生如下两种特殊情况:

(1)第一列出现零元素,但该零元素所在行的其它元素不为零;

(2)全行元素为零。

对于第一种情况,可以用任意小的正数 ε 代替第一列中的零元素,继续完成劳斯表。然后,令 ε→0,检查表中第一列元素的符号是否相同来判定系统是否稳定。

例 3.4　系统的特征方程式为

$$s^4+s^3+2s^2+2s+3=0$$

利用劳斯判据判断系统的稳定性。

解　特征方程式系数符号相同且不缺项,满足稳定的必要条件。列劳斯表如下:

$$
\begin{array}{cccc}
s^4 & 1 & 2 & 3 \\
s^3 & 1 & 2 & 0 \\
s^2 & 0 \to \varepsilon & 3 & \\
s^1 & \dfrac{2\varepsilon-3}{\varepsilon} \xrightarrow{\ } -\infty & & \\
s^0 & 3 & &
\end{array}
$$

由于第一列元素符号改变次数为 2,说明有两个特征根实部为正,故系统不稳定。

对于第二种情况,当构造劳斯表时,如果出现全行元素为零,说明特征方程有对称于复平面原点的根。它们可能是大小相等符号相反的一对实根,或一对共轭虚根,或两对实部相反的共轭复根。这种情况下,系统必然不稳定。这时可利用前一行的元素作为系数构造辅助方程 $A(s)=0$。这里需要指出,辅助方程中只会出现 s 的偶次幂,它的根是一部分特征根,也就是说 $A(s)$ 是特征多项式的因子。因此,令 $A(s)=0$ 可解出此时的特征根。将辅助方程对 s 求导,然后用 $\dfrac{\mathrm{d}A(s)}{\mathrm{d}s}$ 的系数替换元素为零的那一行,继续完成劳斯表。

例 3.5 系统的特征方程式为

$$s^5+4s^4+8s^3+8s^2+7s+4=0$$

利用劳斯判据判断系统的稳定性。

解 特征方程式系数符号相同且不缺项,满足稳定的必要条件。列劳斯表如下:

$$
\begin{array}{llll}
s^5 & 1 & 8 & 7 \\
s^4 & 4 & 8 & 4 \\
s^3 & 6 & 6 & \\
s^2 & 4 & 4 & \\
s^1 & 0 & 0 &
\end{array}
$$

s^1 行全行为零,这时可用 s^2 行的元素构造辅助方程

$$A(s)=4s^2+4=0$$

对 $A(s)$ 求导数,得

$$\frac{\mathrm{d}}{\mathrm{d}s}A(s)=8s+0$$

用系数 8 和 0 代替原来 s^1 行的元素,最后有

$$
\begin{array}{lll}
s^2 & 4 & 4 \\
s^1 & 8 & 0 \\
s^0 & 4 &
\end{array}
$$

由于劳斯表的第一列中元素符号没有改变,说明没有实部为正的特征根。但是,由辅助方程可以解得两个共轭虚数特征根 $s_{1,2}=\pm \mathrm{j}$,故系统不稳定。

3.6 线性系统的稳态误差计算

稳态误差是衡量控制系统精度的指标。控制系统的输出应尽量准确地跟随参考输入的变化,同时尽量不受扰动的影响。稳态误差不仅与系统的结构有关,而且与输入信号有关。此外,系统中有些元件的非线性特性(如死区、饱和),以及摩擦、数字控制系统中的量化效应也是产生稳态误差的原因。

控制系统设计时应尽可能减小稳态误差。当稳态误差足够小,可以忽略不

计时,就可以认为系统的稳态误差为零,这种系统称为无差系统;而稳态误差不为零的系统则称为有差系统。

这里强调的是,讨论稳态误差的前提是系统必须稳定。因为一个不稳定的系统不存在稳态,只有当系统稳定时,分析系统的稳态误差和其它性能指标才有意义。

3.6.1　误差与稳态误差

控制系统结构图一般可用图 3.13(a)的形式表示,经过等效变换可以化成图 3.13(b)的形式。系统的误差通常有两种定义方法:按输入端定义和按输出端定义。

(1)按输入端定义的误差:系统参考输入与主反馈信号之差,即作用误差或偏差,如图 3.13(a)所示,式如:

$$E(s) = R(s) - B(s) \tag{3.57}$$

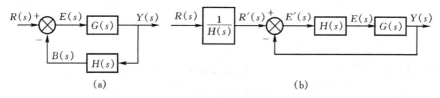

图 3.13　控制系统结构图

或用时域表示为

$$e(t) = r(t) - b(t) \tag{3.58}$$

(2)按输出端定义的误差:系统期望输出与实际输出之差,即输出误差,如图3.13(b)所示。式如

$$E'(s) = R'(s) - Y(s) = \frac{R(s)}{H(s)} - Y(s) \tag{3.59}$$

按输入端定义的作用误差 $E(s)$(即作用误差)通常是可测量的,有一定的物理意义,实际控制系统中也常用,但其误差的理论含义不十分明显。按输出端定义的输出误差 $E'(s)$ 是系统"期望输出"与实际输出之差,比较接近误差的理论意义,但它通常不可测量,只有数学意义。两种误差定义之间存在如下关系:

$$E'(s) = \frac{E(s)}{H(s)} \tag{3.60}$$

可见,一旦求出作用误差 $E(s)$ 即可确定输出误差 $E'(s)$。对单位反馈系统而言,上述两种误差定义是一致的。除特别说明外,本书以后所讨论的误差都是指输入端定义的作用误差。

当系统暂态过程结束,系统进入稳态后的误差就是稳态误差,用 e_{ss} 表示,即

$$e_{ss} = \lim_{t \to \infty} e(t) = \lim_{t \to \infty} [r(t) - b(t)] \tag{3.61}$$

3.6.2　参考输入作用下的稳态误差与系统类型

对于图 3.13(a)所示的典型控制系统结构图,其误差为

$$E(s) = R(s) - B(s) = R(s) - H(s)Y(s) = R(s) - H(s)G(s)E(s)$$

对上式化简得

$$E(s) = \frac{1}{1 + G(s)H(s)} R(s) \tag{3.62}$$

若系统稳定,误差存在,利用拉氏变换的终值定理,可以得到系统对参考输入产生的稳态误差为

$$e_{ss} = \lim_{s \to 0} sE(s) = \lim_{s \to 0} \frac{sR(s)}{1 + G(s)H(s)} \tag{3.63}$$

上式表明,稳态误差的大小与参考输入信号和开环传递函数有关。所以,在稳态误差分析中,可按系统的环路结构特点对控制系统分类。误差分析中,系统的开环传递函数一般写成如下形式:

$$G(s)H(s) = \frac{K(T_1 s + 1)(T_2 s + 1) \cdots (T_m s + 1)}{s^\gamma (T_{\gamma+1} s + 1)(T_{\gamma+2} s + 1) \cdots (T_n s + 1)} \tag{3.64}$$

式中:K 为开环增益;γ 为前向通道中积分环节的个数;m 和 n 为开环传递函数分子、分母的阶数。

注意到,当 $s \to 0$ 时,有

$$\lim_{s \to 0} G(s)H(s) = \lim_{s \to 0} \frac{K}{s^\gamma} \tag{3.65}$$

因此,控制系统可按 γ 的大小分成如下几种类型:$\gamma = 0$,称 0 型系统;$\gamma = 1$,称 I 型系统;$\gamma = 2$,称 II 型系统,依次类推。

3.6.3　稳态误差系数计算

1. 位置误差系数 K_p

系统在单位阶跃输入信号作用下,$R(s) = \dfrac{1}{s}$,系统的稳态误差由式(3.63)为

$$e_{ss} = \lim_{s \to 0} \frac{sR(s)}{1 + G(s)H(s)} = \lim_{s \to 0} \frac{s \dfrac{1}{s}}{1 + G(s)H(s)}$$

$$= \lim_{s \to 0} \frac{1}{1 + G(s)H(s)} = \frac{1}{1 + \lim\limits_{s \to 0} G(s)H(s)} \tag{3.66}$$

令

$$K_P = \lim_{s \to 0} G(s)H(s) \tag{3.67}$$

K_P 称为位置误差系数。于是,稳态误差为

$$e_{ss} = \frac{1}{1 + K_p} \tag{3.68}$$

由式(3.67)、式(3.68),不同类型系统的位置误差系数 K_p 和单位阶跃输入作用下的稳态误差为

$$0型系统 \quad K_p = K, \quad e_{ss} = \frac{1}{1+K}$$
$$I 型系统 \quad K_p = \infty, \quad e_{ss} = 0$$
$$II 型系统 \quad K_p = \infty, \quad e_{ss} = 0$$

2. 速度误差系数 K_v

系统在单位速度(斜坡)输入信号作用下,$R(s) = \dfrac{1}{s^2}$,系统的稳态误差由 (3.63)为

$$e_{ss} = \lim_{s \to 0} \frac{sR(s)}{1 + G(s)H(s)} = \lim_{s \to 0} \frac{s\dfrac{1}{s^2}}{1 + G(s)H(s)} \tag{3.69}$$
$$= \lim_{s \to 0} \frac{1}{s + sG(s)H(s)} = \frac{1}{\lim_{s \to 0} sG(s)H(s)}$$

令

$$K_v = \lim_{s \to 0} sG(s)H(s) \tag{3.70}$$

K_v 称为速度误差系数。因此,稳态误差为

$$e_{ss} = \frac{1}{K_v} \tag{3.71}$$

由式(3.70)、式(3.71),不同类型系统的速度误差系数 K_v 和稳态误差为

$$0 型系统 \quad K_v = 0, \quad e_{ss} = \infty$$
$$I 型系统 \quad K_v = K, \quad e_{ss} = \frac{1}{K}$$
$$II 型系统 \quad K_v = \infty, \quad e_{ss} = 0$$

3. 加速度误差系数 K_a

系统在单位加速度输入信号作用下,$R(s) = \dfrac{1}{s^3}$,系统的稳态误差由式 (3.63)为

$$e_{ss} = \lim_{s \to 0} \frac{sR(s)}{1 + G(s)H(s)} = \lim_{s \to 0} \frac{s\dfrac{1}{s^3}}{1 + G(s)H(s)}$$

$$= \lim_{s \to 0} \frac{1}{s^2 + s^2 G(s)H(s)} = \frac{1}{\lim\limits_{s \to 0} s^2 G(s)H(s)} \tag{3.72}$$

令

$$K_{\mathrm{a}} = \lim_{s \to 0} s^2 G(s)H(s) \tag{3.73}$$

K_{a} 称为加速度误差系数。于是,稳态误差为

$$e_{\mathrm{ss}} = \frac{1}{K_{\mathrm{a}}} \tag{3.74}$$

由式(3.72)、式(3.73)式,不同类型系统的加速度误差系数 K_{a} 和稳态误差为

$$0 \text{ 型系统} \quad K_{\mathrm{a}} = 0, \quad e_{\mathrm{ss}} = \infty$$
$$\mathrm{I} \text{ 型系统} \quad K_{\mathrm{a}} = 0, \quad e_{\mathrm{ss}} = \infty$$
$$\mathrm{II} \text{ 型系统} \quad K_{\mathrm{a}} = K, \quad e_{\mathrm{ss}} = \frac{1}{K}$$

根据以上对 3 种典型输入、3 种类型系统的误差分析表明,开环传递函数中积分环节个数 γ,即系统型数,决定了系统在阶跃、速度及加速度信号输入时系统是否存在稳态误差。因此 γ 又称为无差度,它反映了系统对参考输入信号的跟踪能力。

0 型系统对于阶跃信号输入是有差的;I 型系统由于含有一个积分环节,所以对于阶跃信号输入是无差的,但对速度信号输入是有差的;II 型系统由于含有两个积分环节,对于阶跃信号输入和速度信号输入都是无差的,但对于加速度信号输入是有差的。

对于不同输入信号和系统类型的系统,稳态误差系数和稳态误差如表 3.1 所示。分析表 3.1 可知,减小和消除给定输入信号作用引起的稳态误差的有效方法有:提高系统的开环放大倍数和提高系统的类型数,但这两种方法都会影响甚至破坏系统的稳定性,因而将受到应用的限制。

表 3.1　给定输入信号作用下的稳态误差系数和稳态误差

系统类型	稳态误差系数			稳态误差		
	K_{p}	K_{v}	K_{a}	$r(t)=1(t)$	$r(t)=t$	$r(t)=t^2/2$
0 型	K	0	0	$\dfrac{1}{1+K}$	∞	∞
I 型	∞	K	0	0	$\dfrac{1}{K}$	∞
II 型	∞	∞	K	0	0	$\dfrac{1}{K}$

3.6.4 扰动作用下的稳态误差

以上讨论了系统在参考输入作用下的稳态误差。实际上,控制系统除受到参考输入作用外,还会受到来自系统内部和外部各种扰动的影响。例如负载转矩的变化、放大器零点漂移、电网电压的波动和环境温度的变化等,这些都会引起系统的稳态误差。这种误差称为扰动误差,它的大小反应了系统抗扰动能力的强弱。对于扰动稳态误差的计算,可以采用上述对参考输入的方法。但是,由于参考输入和扰动输入作用于系统的不同位置,因而系统就有可能会产生在某种形式的参考输入作用下,其稳态误差为零;而在同一形式的扰动作用下,系统的稳态误差未必为零。因此就有必要研究由扰动作用引起的稳态误差和系统结构的关系。

对于图 3.14(a)所示的系统,图中 $R(s)$ 为系统的参考输入,$D(s)$ 为系统的扰动作用。

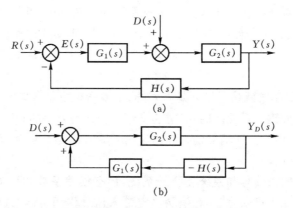

图 3.14　扰动作用下的控制系统

为了计算由扰动 $D(s)$ 引起的系统稳态误差,令 $R(s)=0$,系统结构转变为图 3.14(b),则由 $D(s)$ 引起系统的输出 $Y_D(s)$ 为

$$Y_D(s) = \frac{G_2(s)}{1+G_1(s)G_2(s)H(s)}D(s) \tag{3.75}$$

对于图 3.14(a),则相应的稳态误差 $E_D(s)$ 为

$$E_D(s) = R(s)-Y_D(s)H(s) = -\frac{G_2(s)H(s)}{1+G_1(s)G_2(s)H(s)}D(s) \tag{3.76}$$

根据终值定理可以求得在扰动作用下稳态误差为

$$e_{ssd} = \lim_{s \to 0}sE_D(s) = -\lim_{s \to 0}\frac{sG_2(s)H(s)}{1+G_1(s)G_2(s)H(s)}D(s) \tag{3.77}$$

下面通过一个例子来说明系统在参考输入和扰动输入作用下稳态误差的计

算。

例 3.6　控制系统如图 3.14 所示，$G_1(s) = \dfrac{100}{s+1}$，$G_2(s) = \dfrac{1}{s}$，$H(s) = 1$。已知 $r(t) = 5t1(t)$，$d(t) = 3 \times 1(t)$。分别求关于参考输入和扰动输入作用下稳态误差。

解　先求关于参考输入 $r(t)$ 的稳态误差 e_{ssr}，令扰动 $d(t) = 0$。系统前向通道传函为 $G_1(s)G_2(s)$ 有一个积分环节，属 I 型系统，其速度误差系数为

$$K_v = \lim_{s \to 0} s G_1(s) G_2(s) H(s) = \lim_{s \to 0} s \frac{100}{s(s+1)} = 100 \ \text{s}^{-1}$$

所以

$$e_{ssr} = \frac{5}{K_v} = 0.05$$

再令 $r(t) = 0$，求扰动 $d(t)$ 产生的稳态误差，由 (3.76) 得

$$e_{ssd} = -\lim_{s \to 0} \frac{s \dfrac{1}{s}}{1 + \dfrac{100}{s+1} \cdot \dfrac{1}{s}} \cdot \frac{3}{s} = -0.03$$

3.7　基于 MATLAB 的线性系统时域分析

本节介绍采用 MATLAB 对线性系统时域分析的几种方法。

线性定常系统传递函数的一般形式为

$$W(s) = \frac{Y(s)}{R(s)} = \frac{b_m s^m + b_{m-1} s^{m-1} + \cdots + b_1 s + b_0}{a_n s^n + a_{n-1} s^{n-1} + \cdots + a_1 s + a_0}, \quad n \geqslant m \quad (3.78)$$

用 MATLAB 对系统进行时域分析时，将传递函数的分子、分母多项式的系数按上式分别写成两个数组：

$$\text{num} = [b_m \ b_{m-1} \cdots \ b_1 \ b_0]$$
$$\text{den} = [a_n \ a_{n-1} \cdots \ a_1 \ a_0]$$

系数从 s 最高次项到最低次项（常数项）排列，不能缺项，缺项系数用零补上。当各项系数已知时，根据系统给定的输入信号，调用相关的 MATLAB 命令，即可求出系统的输出响应及相关性能。

3.7.1　用 MATLAB 对系统进行动态性能分析

通过 MATLAB 提供的函数 step( ) 和 impulse( )，可以方便地求出各种系统在阶跃函数和脉冲函数作用下的输出动态响应。

例 3.7　用 MATLAB 求系统

(1) $G(s) = \dfrac{1}{3s+1}$,　　　(2) $G(s) = \dfrac{36}{s^2+5s+36}$

在单位阶跃函数作用下的响应曲线。

解　获得上述两系统在单位阶跃函数作用下响应曲线的程序如下。

对系统(1)：

```
% example_3-7-1
  figure(1)
  num1=[1];den1[3 1];
  step(num1,den1)
  grid on
```

得到的响应曲线如图 3.15(a)所示。

对系统(2)：

```
% example_3-7-2
  figure(2)
  num2=[36];den2[1 5 36];
  step(num2,den2)
  grid on
```

得到的响应曲线如图 3.15(b)所示。

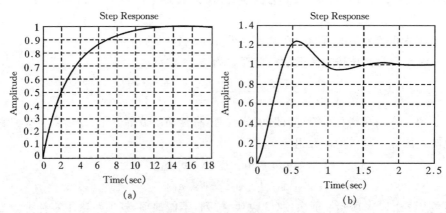

图 3.15　例 3.7 的仿真结果

例 3.8　用 MATLAB 求例 3.7 两系统的单位脉冲函数作用下的响应曲线。

解　本题的程序实现与例 3.7 类似，只需将例 3.7 中的阶跃函数 step( )用脉冲函数 impulse( )代替。所获得的响应曲线分别如图 3.16(a)、(b)所示。

应当指出，函数 step( )和 impulse( )的用法具有不同的参数形式和输出形

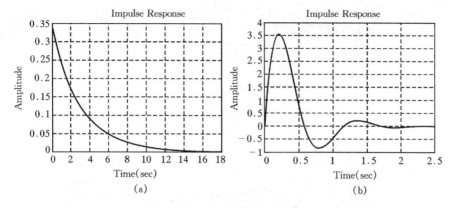

图 3.16　例 3.8 的仿真结果

式,具体情况可通过 MATLAB 的 Help 文件查阅。另外,MATLAB 还提供了在任意输入信号作用下,获取系统输出响应的函数 lsim( ),关于其用法可参阅 MATLAB 软件的联机帮助。

　　求控制系统的阶跃响应也可用 MATLAB 中的 Simulink 来实现。下面通过一个例子来说明。

　　例 3.9　已知一负反馈系统,$G(s) = \dfrac{8}{s^2 + 3s + 4}$,$H(s) = 4$,求其单位阶跃响应。

　　解　按系统要求搭建的 Simulink 文件如图 3.17(a)所示,相应的传递函数及连接关系已在图中示出。图中 Step 为单位阶跃输入信号,Scope 为观测输出的示波器。单位阶跃响应曲线如图 3.17(b)所示。

3.7.2　用 MATLAB 对系统进行稳定性分析

　　可以用 MATLAB 求系统特征方程的根来分析系统的稳定性。下面通过例子来说明。

　　例 3.10　设系统是由前向通道传递函数 $G(s)$ 和反馈通道传递函数 $H(s)$ 组成的负反馈控制系统,其中

$$G(s) = \frac{1}{s^2 + 2s + 3}, \qquad H(s) = \frac{1}{s + 1}$$

试判定系统的稳定性。

　　解　MATLAB 采用函数 tf( )构成传递函数,函数 feedback( )求反馈回路的闭环传递函数,函数 roots( )求特征多项式的特征根,函数 eig( )求闭环传递函数的特征根。MATLAB 通过对系统特征根的求取来判断系统的稳定性,其程序如下:

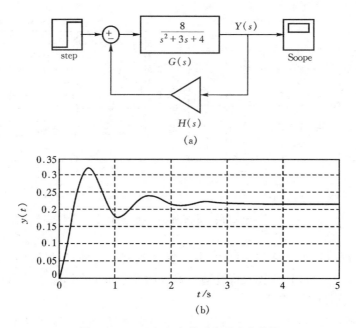

图 3.17　Simulink 文件及阶跃响应曲线

```
% example 3 - 23
G=tf(1,[1 2 3]);H=tf(1,[1 1]);
W=feedback(G,H);
p=eig(W)
```

计算结果为：

p＝－0.7733＋1.4677i；－0.7733－1.4677i；－1.4534

由于不存在实部为正的特征根,因此系统稳定。

例 3.11　已知系统的闭环特征多项式为

$$D(s)=s^4+2s^3+2s^2+4s+1$$

试判断系统的稳定性。

解　求系统特征根的程序如下：

```
% example3 - 24
den=[1 2 2 4 1];
p=roots(den)
```

计算结果为：

p＝ －1.9070;0.0933＋1.3660i;0.0933－1.3660i;－0.2797

可见,系统有两个实部为正的特征根,因此系统不稳定。

3.8　连续设计示例: 硬盘读写系统的时域分析

磁盘驱动器系统的设计过程可以表明如何对参数进行折衷和优化, 全面满足系统性能要求。磁盘驱动器必须保证磁头的精确位置, 并减小参数变化和外部振动对磁头定位造成的影响。对驱动器产生的干扰包括物理振动、磁盘转轴轴承的磨损和摆动, 以及元器件的老化引起的参数变化等。本节将讨论磁盘驱动器对于干扰和参数变化的响应特性, 讨论调整放大器增益 K_a 时, 系统对阶跃指令的动态响应和稳态误差, 以及如何优化和折衷选取放大器增益 K_a。

3.8.1　硬盘驱动器的动态响应特性

本小节的内容对应于图 1.15 所示设计流程的第 6 步和第 7 步。

考虑图 3.18 所示的系统, 该闭环控制系统将可调增益放大器用作控制器。根据 2.10 给定的参数, 可得到图 3.19 所示的传递函数。首先确定当扰动 $D(s)=0$, 输入为单位阶跃信号 $R(s)=1/s$ 时, 系统的稳态误差。当 $H(s)=1$ 时, 系统开环传递函数为

$$G(s)H(s)=K_aG_1(s)G_2(s)H(s)=\frac{5000K_a}{s(s+20)(s+1000)}$$

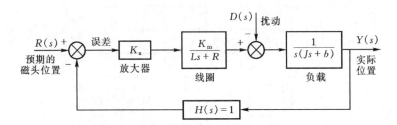

图 3.18　磁盘驱动器磁头控制系统

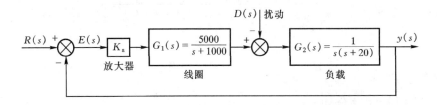

图 3.19　具有典型参数的磁盘驱动器磁头控制系统

此式为 I 型系统, 对单位阶跃输入信号的稳态跟踪误差为零。这个结论不会随着系统参数的改变而改变。

下面来讨论调整放大器增益 K_a 时系统的动态响应特性。当 $D(s)=0$ 时系统的闭环传递函数为

$$W(s) = \frac{Y(s)}{R(s)} = \frac{K_a G_1(s) G_2(s) H(s)}{1 + K_a G_1(s) G_2(s) H(s)}$$

$$= \frac{5000 K_a}{s^3 + 1020 s^2 + 20000 s + 5000 K_a} \qquad (3.79)$$

编制相应的 MATLAB 文件,可得到 $K_a=10$ 和 $K_a=80$ 时系统的响应分别如图 3.20(a)、(b)所示。

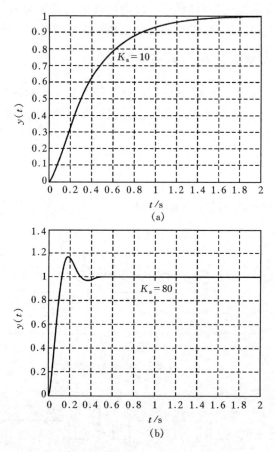

图 3.20　$K_a=10$ 和 $K_a=80$ 时系统响应

MATLAB 文件如下:

```
Ka=10;或 80
num=5000 * Ka;
den=[1 1020 20000 num];
```

```
step(num,den,2)
grid on
```

以下讨论当 $R(s)=0$，扰动 $D(s)=1/s$ 时对系统的影响。当 $K_a=80$ 时系统对 $D(s)$ 的闭环传递函数为

$$W_d(s)=\frac{Y(s)}{D(s)}=-\frac{G_2(s)}{1+K_aG_1(s)G_2(s)}$$

$$=-\frac{s+1000}{s^3+1020s^2+20000s+5000K_a} \tag{3.80}$$

编制相应的 MATLAB 文件，可得到如图 3.21 所示的系统响应曲线。一般设计均希望将干扰的影响减小到最低的水平。为了进一步减小干扰的影响，需要增大 K_a 超过 80，但此时系统对阶跃指令的响应会出现不能接受的振荡和超调。

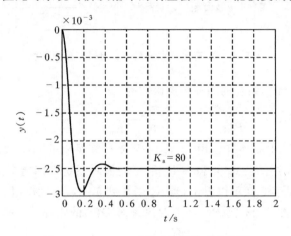

图 3.21　$K_a=80$ 系统对扰动的响应曲线

3.8.2　放大器增益 K_a 的优化设计

本小节讨论放大器增益 K_a 的优化设计，以使系统响应满足既快速又不振荡的要求。

优化设计时，按图 1.15 所示设计流程的第 3 步，先确定预期的系统性能，然后调整放大器的增益 K_a，以便获得尽可能好的性能。优化设计的目标是使系统对阶跃输入 $r(t)$ 有最快的响应，同时(1)限制超调量和响应的固有振荡；(2)减小干扰对磁头输入位置的影响。这些指标要求在表 3.2 中给出。

考虑电机和机械臂的二阶模型，忽略线圈感应的影响，可以得到如图 3.22 所示闭环系统。

表 3.2 动态响应的性能要求

性能指标	预期值
超调量	$<5\%$
调节时间	<250 ms
对单位阶跃干扰的最大响应值	$<5\times10^{-3}$

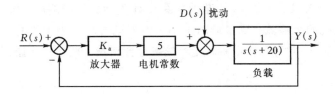

图 3.22 具有电机和负载的二阶模型控制系统

当 $D(s)=0$ 时,系统的闭环传递函数为

$$W(s) = \frac{Y(s)}{R(s)} = \frac{5K_a}{s^2 + 20s + 5K_a} = \frac{\omega_n^2}{s^2 + 2\zeta\omega_n s + \omega_n^2} \tag{3.81}$$

于是有 $\omega_n^2 = 5K_a, 2\zeta\omega_n = 20$。用 MATLAB 来计算系统的响应,如图 3.23 所示。采用 3.3 节所介绍的公式,可得到 K_a 取不同值时系统性能指标的计算结果,如表 3.3 所示。从表 3.3 可以看出,当 K_a 增加到 60 时,干扰作用的影响已减少了一半。此外,按图 3.22,当 $R(s)=0$ 时系统对 $D(s)$ 的闭环传递函数为

$$W_d(s) = \frac{Y(s)}{D(s)} = \frac{1}{s^2 + 20s + 5K_a} \tag{3.82}$$

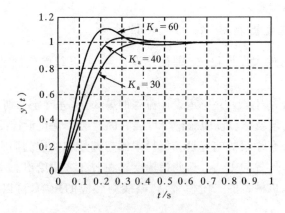

图 3.23 系统对单位阶跃输入的响应

不同 K_a 取值在单位阶跃干扰输入作用下的输出如图 3.24 所示。显然，要想达到设计目的，就必须选择一个合适的增益，这里折衷选取 $K_a = 40$。注意，它并不能满足所有的性能指标。下一小节将继续按图 1.15 的设计流程展开讨论，并返回到设计流程的第 4 步，尝试改变控制系统的结构。

表 3.3　不同 K_a 取值时系统性能指标的计算结果

K_a	20	30	40	50	60
超调量	0	1.2%	4.3%	10.8%	16.3%
调节时间	0.55	0.40	0.40	0.40	0.40
阻尼比	1	0.82	0.707	0.58	0.50
单位干扰的最大响应值	-10×10^{-3}	-6.6×10^{-3}	-5.2×10^{-3}	-3.7×10^{-3}	-2.9×10^{-3}

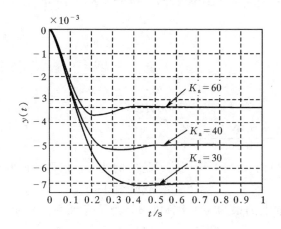

图 3.24　系统对单位阶跃干扰作用的响应

3.8.3　设计参数改变时的系统稳定性分析

本小节将继续按图 1.15 的设计流程讨论，并返回到设计流程的第 4 步，尝试改变控制系统的结构，来满足所有的性能指标。

考虑如图 3.25 所示的系统，除增加了一个速度传感器反馈外，与图 3.18 所讨论的是同一系统。先考虑开关打开的、$D(s) = 0$ 情况，这时闭环传递函数为

$$W(s) = \frac{Y(s)}{R(s)} = \frac{K_a G_1(s) G_2(s)}{1 + K_a G_1(s) G_2(s)} \tag{3.83}$$

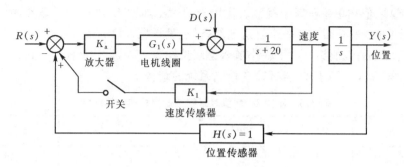

图 3.25　带速度反馈的磁盘读写系统

其中,$G_1(s) = \dfrac{5000}{s+1000}$,$G_2(s) = \dfrac{1}{s(s+20)}$。于是特征方程为

$$s(s+20)(s+1000) + 5000K_a = 0$$

化简为

$$s^3 + 1020s^2 + 20000s + 5000K_a = 0$$

建立劳斯表:

$$
\begin{array}{lll}
s^3 & 1 & 20000 \\
s^2 & 1020 & 5000K_a \\
s^1 & b_1 & \\
s^0 & 5000K_a &
\end{array}
$$

其中,$b_1 = \dfrac{20000 \times 1020 - 5000K_a}{1020}$。

当 $K_a = 4080$ 时,$b_1 = 0$,出现临界稳定的情况。借助辅助方程,即

$$1020s^2 + 5000 \times 4080 = 0$$

可知系统在虚轴上的根为 $s = \pm j141.4$。为了保证系统稳定,应该要求 $K_a <$ 4080。

现将图 3.25 中的开关合上,加入速度反馈,并作一个等价变换后的系统结构如图 3.26 所示。当 $D(s) = 0$ 时,系统的闭环传递函数为

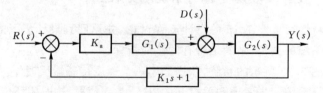

图 3.26　当速度反馈加入后的等价系统

$$W(s) = \frac{Y(s)}{R(s)} = \frac{K_a G_1(s) G_2(s)}{1 + K_a G_1(s) G_2(s)(K_1 s + 1)} \tag{3.84}$$

于是特征方程为

$$s(s+20)(s+1000)+5000K_a(K_1s+1)=0$$

化简为

$$s^3+1020s^2+(20000+5000K_aK_1)s+5000K_a=0$$

建立劳斯表：

$$
\begin{array}{lll}
s^3 & 1 & 20000+5000K_aK_1 \\
s^2 & 1020 & 5000K_a \\
s^1 & b_1 & \\
s^0 & 5000K_a &
\end{array}
$$

其中，$b_1=\dfrac{(20000+5000K_aK_1)-5000K_a}{1020}$。

　　为了保证系统的稳定性，在 $K_a>1$ 的条件下，所取的参数 K_a、K_1 应使得 $b_1>0$。当取 $K_1=0.05$，$K_a=100$ 时，利用 MATLAB 求得的系统响应如图 3.27 所示，响应的调节时间（2%准则）近似为 260 ms，超调量为零。表 3.3 总结了系统的性能指标，从中可以看出，以上设计近似满足性能指标要求。如要严格达到调节时间不大于 250 ms 的指标要求，则需要重新考虑 K_1 的取值。

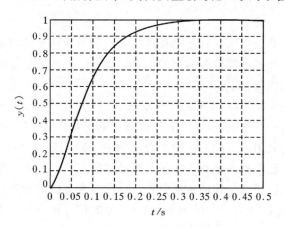

图 3.27　带速度反馈的磁盘读写系统的响应

表 3.3　磁盘驱动器系统性能

性能指标	预期值	实际值
超调量	<5%	0%
调节时间	<250 ms	260 ms
单位阶跃干扰的最大响应值	<5×10⁻³	2×10⁻³

求取系统响应的 MATLAB 程序如下：

```
Ka＝100;K1＝0.05;
ng1＝5000;dg1＝[1 1000];
ng2＝1;dg2＝[1 20 0];
nc＝[K1 1];dc＝1;
[n,d]＝series(Ka＊ng1,dg1,ng2,dg2);
g＝tf(n,d);h＝tf(nc,dc);
w＝feedback(g,h);
[num,den]＝tfdata(w);
t＝[0:0.001:0.5];
y＝step(num,den,t);
plot(t,y),grid
xlabel('t(s)'),ylabel('y(t)')
```

有关函数的使用可查阅 MATLAB 的帮助文件。

3.9　小结

时域分析是通过直接求解系统在典型输入信号作用下的时域响应来分析系统性能的。通常是以系统阶跃响应的超调量、调节时间和稳态误差等性能指标来评价系统性能优劣。

二阶系统在欠阻尼时的响应虽有振荡,但只要阻尼比取值适当(如 0.7 左右),则系统既有响应的快速性,又有过渡过程的平稳性,因而在控制工程中常把二阶系统设计为欠阻尼。如果高阶系统中含有一对闭环主导极点,则该系统的动态响应就可以近似地用这对主导极点所描述的二阶系统来表征。

稳定是系统能正常工作的首要条件。线性定常系统的稳定性是系统的一种固有特性,它仅取决于系统的结构和参数,与外施信号的种类和大小无关。稳定判据只能回答特征方程式的根在 s 平面上的分布情况,而不能确定根的具体数值。

稳态误差是系统控制精度的度量,也是系统的一个重要性能指标。系统的稳态误差既与其结构和参数有关,也与控制信号的种类、大小和作用点有关。

系统的稳态精度与动态性能在对系统的类型和开环增益的要求上是相矛盾的。解决这一矛盾的方法,除了在系统中设置校正装置外,还可以用前馈补偿等方法来提高系统的稳态精度。

习　题

3.1　设温度计为一阶惯性环节,把温度计放入被测物体内要求在 1 min 时指示响应的 98%,求温度计的时间常数。

3.2　系统在零初始条件下的脉冲响应函数如图 3.28 所示,求它的传递函数。

3.3　系统单位阶跃响应如图 3.29 所示。试用典型二阶系统传递函数为系统建模,并计算调节时间。

3.4　系统如图 3.30 所示,试求:

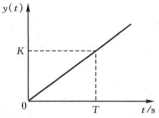

图 3.28　系统响应函数图

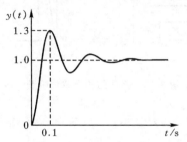

图 3.29　单位阶跃响应曲线

(1)图 3.30(a)所示系统的阻尼比、超调量、调节时间、上升时间和延迟时间;

(2) 要使图 3.30(b)所示系统的阻尼比 $\zeta=0.707$, h 应取何值?并计算(1)中所要求的性能指标。

(3)讨论速度反馈的作用及其对系统稳态误差和性能的影响。

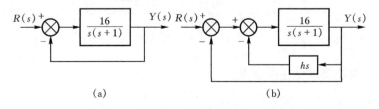

(a)　　　　　　　　　　　(b)

图 3.30　系统结构图

3.5　如图 3.31 所示的系统,单位阶跃响应的超调量 $\sigma=20\%$,峰值时间 $t_p=0.1$ s,试确定 K_1、K_2 的数值,并计算调整时间 t_s(±2%误差)。

3.6　如图 3.32(a)所示的系统,其单位阶跃响应如图 3.32(b)所示。试确

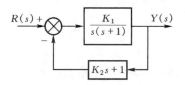

图 3.31　控制系统结构图

定系统参数 K_1、K_2 和 a。

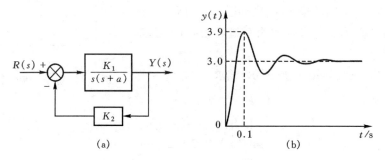

(a)　　　　　　　　　　(b)

图 3.32　系统结构及单位阶跃响应

3.7　系统结构图 3.33 所示,已知系统单位阶跃响应的超调量 $\sigma\% = 16.3\%$,峰值时间 $t_p = 1$ s。

(1)求系统的开环传递函数 $G(s)$;

(2)求系统的闭环传递函数 $W(s)$;

(3)确定系统的参数 K 及 τ。

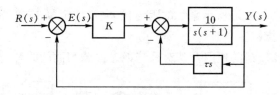

图 3.33　系统结构图

3.8　系统闭环传递函数为

$$W(s) = \frac{90(s+1.4)}{(s+3)(s+1.5)(s^2+s+4)}$$

试求其二阶近似,并检验其稳态增益是否保持不变。

3.9　不作劳斯表,直接观察判断下列闭环传递函数表示的系统的稳定性。

(1) $W(s) = \dfrac{10(s+5)}{s^3+4s^2+s}$　　　　(2) $W(s) = \dfrac{s-1}{(s+1)(s^2+4)}$

(3) $W(s) = \dfrac{K}{s^3 + 3s^2 + 4}$　　　　(4) $W(s) = \dfrac{10(s-1)}{(s+1)(s^2+2s+2)}$

(5) $W(s) = \dfrac{10}{s^3 - 2s^2 + s + 1}$

3.10　判断下列系统的稳定性,它们的特征方程是:

(1) $s^3 + 20s^2 + 9s + 100 = 0$

(2) $s^4 + 2s^3 + s^2 + 4s + 2 = 0$

(3) $s^4 + 2s^3 + 6s^+ 8s + 8 = 0$

(4) $s^5 + 2s^4 + 24s^3 + 128s^2 - 25s + 1 = 0$

(5) $s^6 + 3s^5 + 5s^4 + 9s^3 + 8s^2 + 6s + 4 = 0$

3.11　已知控制系统如图 3.34 所示,试求系统稳定时 k、λ 满足的关系。

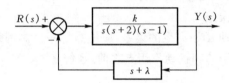

图 3.34　控制系统结构图

3.12　系统方框图如图 3.35 所示。

(1) K 取何值时系统是稳定的;

(2)若要使闭环特征方程式的根全部位于 $s = -1$ 垂线的左方,K 又该取何值。

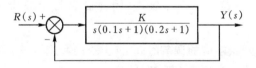

图 3.35　系统方框图

3.13　单位负反馈系统的开环传递函数为 $G(s) = \dfrac{1}{a_3 s^3 + a_2 s^2 + a_1 s + a_0}$,用劳斯判据求系统稳定的条件。

3.14　单位负反馈系统的开环传递函数为

$$G(s) = \frac{K(s+1)}{s(Ts+1)(2s+1)}$$

试在满足 $T>0$,$K>1$ 的条件下,确定使系统稳定的 T 和 K 的取值范围,并以 T 和 K 为坐标画出使系统稳定的参数区域图。

3.15　系统开环传递函数分别为

(1) $G(s)H(s) = \dfrac{150}{(s+1)(s+10)(s+20)}$;

(2) $G(s)H(s) = \dfrac{10(s+1)}{s^2(s+5)(s+6)}$;

(3) $G(s)H(s) = \dfrac{10(s+1)(s+2)}{s^3(s+5)(s+6)}$

试确定以上系统的

(1)类型、无差度和开环增益;

(2)误差系数 K_p、K_v、K_a。

3.16　在题 3.1 中,若将温度计放入澡盆内,盆内水的温度按 $10\ ℃/\min$ 的速度线性变化,求温度计的误差。

3.17　系统如图 3.36 所示,已知 $r(t) = 4+6t$,$d(t) = -1(t)$,试求:

(1)系统的稳态误差。

(2)要想减小扰动 $d(t)$ 产生的误差,应提高哪一个比例系数?

(3)若将积分因子移到扰动作用点之前,系统稳态误差如何变化?

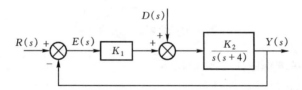

图 3.36　系统结构图

3.18　已知一单位负反馈系统,其闭环极点为 $(-1+j\sqrt{15})/2$、$(-1-j\sqrt{15})/2$,试求:

(1)系统单位阶跃响应的调节时间 $t_s(\pm 2\%)$ 和超调量 $\sigma\%$;

(2)单位斜坡输入时的稳态误差 e_{ss}。

3.19　系统结构图 3.37 所示,求局部反馈加入前、后系统的位置误差系数 K_p、速度误差系数 K_v、加速度误差系数 K_a。

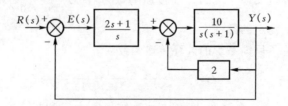

图 3.37　系统结构图

3.20　单位负反馈系统的开环传递函数为

$$G(s) = \frac{25}{s(s+5)}$$

(1)求位置误差系数 K_p、速度误差系数 K_v 和加速度误差系数 K_a。

(2)求参考输入 $r(t) = 1 + 3t + 0.5t^2$ 时的稳态误差 e_{ss};

3.21　典型二阶系统,当输入单位阶跃信号时,$\sigma\% = 16\%$,$t_s = 2s(\Delta = 0.05)$,试求系统在单位速度信号输入的稳态误差。

3.22　利用 MATLAB 验证题 3.3 的单位阶跃响应结果,并求其单位脉冲响应和单位速度响应。

3.23　利用 MATLAB 求题 3.10 的特征根,验证其稳定性。

第 4 章　线性系统的根轨迹法

通过上一章的讨论可以知道,闭环系统的稳定性,完全由它的闭环极点(即特征方程的特征根)在 s 平面上的分布情况来决定,系统的动态性能也与闭环极点在 s 平面上的位置密切相关。因此,在分析研究控制系统的性能时,确定闭环极点在 s 平面上的位置就显得特别重要。尤其在设计控制系统时,希望通过调整开环极点、零点使闭环极点、零点处在 s 平面上所期望的位置。而闭环极点的位置与系统参数有关,当系统的参数已经确定时,欲知闭环极点在 s 平面上的位置,就要求解闭环系统的特征方程。当特征方程阶次较高,尤其系统参数变化时,需要多次求解特征方程,计算相当麻烦,而且还看不出系统参数变化对闭环极点分布影响的趋势,这对分析、设计控制系统是很不方便的。

1948 年伊凡思(W. R. Evans)提出一种求取闭环系统特征方程的特征根的图解法,称为根轨迹法。利用这一方法,可以根据已知开环系统极点、零点分布的基础上,当一个或某些系统参数的变化时,确定闭环极点随参数变动的轨迹,进而研究闭环系统极点分布变化的规律。应用根轨迹法,只需进行简单计算就可得知系统一个或某些系统参数变化对闭环极点的影响趋势。这种定性分析在研究系统性能和提出改善系统性能的合理途径方面具有重要意义。根轨迹法简单实用,既适用于线性定常连续系统,也适用于线性定常离散系统,因而它在控制工程中得到了广泛应用,已成为经典控制理论的基本分析方法之一。

本章将介绍根轨迹的基本概念,绘制根轨迹的规则,以及如何使用 MATLAB 工具绘制系统的根轨迹,最后讨论根轨迹法在分析系统性能方面的应用。

4.1　根轨迹法的基本概念

4.1.1　什么是根轨迹

所谓根轨迹,是指当系统的某个参数(如开环增益 K)由零连续变化到无穷大时,闭环特征方程的特征根在 s 平面上形成的若干条曲线。下面结合图 4.1 所示的二阶系统的例子,介绍有关根轨迹的基本概念。

由图 4.1 可得系统的开环传递函数为

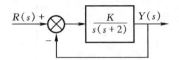

图 4.1　控制系统框图

$$G(s) = \frac{K}{s(s+2)} \qquad (4.1)$$

两个开环极点为 $p_1 = 0, p_2 = -2$,并且没有开环零点。将这两个开环极点绘于图 4.2 上,并用"×"表示。系统的闭环传递函数为

$$W(s) = \frac{G(s)}{1+G(s)} = \frac{K}{s(s+2)+K} \qquad (4.2)$$

闭环系统的特征方程为

$$s^1 + 2s + K = 0 \qquad (4.3)$$

所以,闭环系统的特征根(闭环极点)为

$$s_1 = -1 + \sqrt{1-K}, \quad s_2 = -1 - \sqrt{1-K} \qquad (4.4)$$

两个特征根的值随增益 K 值的不同而变化,s_1、s_2 与 K 值的对应关系如表 4.1 所示。从表中可以看出,当增益 K 变化时,s_1 与 s_2 也随之变化,将这些变动的特征根点绘于图 4.2 上并连成曲线,就得到以 K 为参变量的根轨迹。

表 4.1　系统特征根与增益 K 值的关系

K	0	0.5	1	2	3	⋯	∞
s_1	0	−0.29	−1	−1+j	−1+j1.41	⋯	−1+j∞
s_2	−2	−1.71	−1	−1−j	−1−j1.41	⋯	−1−j∞

图 4.2 中箭头的方向表示当 K 从零变化到无穷大时特征根移动的方向,这称为根轨迹的走向。从图中可以看出:

(1)当 $K=0$ 时,特征根 s_1、s_2 与开环极点 p_1、p_2 重合,即开环极点与闭环极点重合;

(2)当 $0<K<1$ 时,特征根 s_1、s_2 均为 $(-2, 0)$ 区间内的负实根。K 值在此范围内,系统的阶跃响应曲线相当于 $\zeta>1$ 的过阻尼情况。

(3)当 $K=1$ 时,特征根 $s_1 = s_2 = -1$,即两闭环极点重合,其阶跃响应曲线相当于 $\zeta=1$ 的临界阻尼情况。

(4)当 $1<K<\infty$ 时,特征根 $s_1 = -1+j\sqrt{K-1}$,$s_2 = -1-j\sqrt{K-1}$,即两闭环极点互为共轭;其阶跃响应曲线相当于 $0<\zeta<1$ 的欠阻尼情况。

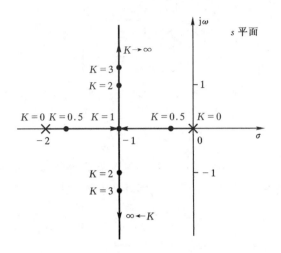

图 4.2　二阶系统的根轨迹

(5)当 $K \to \infty$ 时,特征根 s_1、s_2 将沿着直线 $\sigma = -1$ 趋于无穷远处。

4.1.2　根轨迹与系统性能

由图 4.2,通过分析系统的根轨迹图可以清楚地看出闭环系统极点随系统某个参数变化的关系,由此可以判断系统的稳定范围以及分析系统动态性能。如从图 4.2 可以看出:无论 K 取大于零的任何值,由图 4.1 所表示的控制系统闭环极点均位于 s 平面的左半平面,因而闭环系统是稳定的。而 $K=1$ 是此二阶系统由过阻尼状态过渡到欠阻尼状态的分界点。

需要指出的是,绘制根轨迹时选择的可变参数可以是系统的任何参量,但实际中最常用的是系统的开环增益。

利用根轨迹图可以看出系统参数变化对闭环系统极点的影响,再根据闭环极点位置与阶跃响应的关系,可以利用它直观地分析系统参数与它的稳态和动态响应的关系。

4.2　根轨迹的基本条件

设单闭环控制系统的一般结构如图 4.3 所示。系统的闭环传递函数为

$$W(s) = \frac{G(s)}{1 + G(s)H(s)} \qquad (4.5)$$

特征方程式为

$$1 + G(s)H(s) = 0 \qquad (4.6)$$

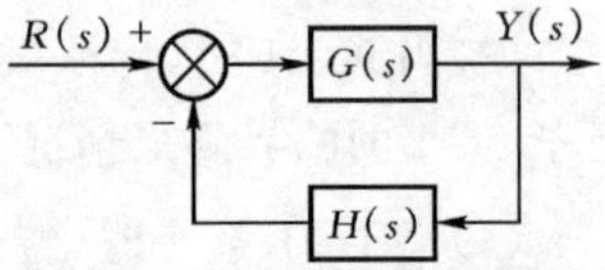

图 4.3　典型闭环控制系统

式中 $G(s)H(s)$ 为系统的开环传递函数。根轨迹上的每个点都是特征方程的根,都必须满足式(4.6),或者说,凡 s 平面上满足式(4.6)的点均在根轨迹上,根轨迹就是这些点的集合。所以,式(4.6)称为根轨迹的基本方程。它还可以写成

$$G(s)H(s) = -1 \qquad (4.7)$$

为了便于求得闭环极点和开环零、极点的关系,通常将开环传递函数写成开环零极点的形式,即

$$G(s)H(s) = \frac{K \prod\limits_{j=1}^{m}(s+z_j)}{\prod\limits_{i=1}^{m}(s+p_i)}, \quad n \geqslant m \qquad (4.8)$$

式中:K 为系统开环增益,这里也称根轨迹增益;$-z_j$ 为开环零点;$-p_i$ 为开环极点。将式(4.8)代入(4.7),可得根轨迹基本方程的另外一种形式,即

$$\frac{K \prod\limits_{j=1}^{m}(s+z_j)}{\prod\limits_{i=1}^{n}(s+p_i)} = -1 \qquad (4.9)$$

满足此方程的 s 为系统的闭环极点(特征根),而 $-z_j$、$-p_i$ 为系统的开环零点和开环极点,所以式(4.9)表示了系统闭环极点与系统开环零极点之间的关系。基于这种关系,就可以根据系统开环零极点的分布求出系统闭环极点的位置。式(4.9)是复数方程,复数可用它的幅值和相角表示,这样就可得到根轨迹的幅值条件和相角条件,式如

$$\frac{K \prod\limits_{j=1}^{m}|s+z_j|}{\prod\limits_{i=1}^{n}|s+p_i|} = 1 \qquad (4.10)$$

$$\sum_{j=1}^{m}\theta_{zj} - \sum_{i=1}^{n}\theta_{pi} = \pm(2k+1)180°, \quad k = 0, 1, 2, \cdots \qquad (4.11)$$

式中:$\theta_{zj} = \angle(s+z_j)$;$\theta_{pi} = \angle(s+p_i)$。

　　根轨迹的幅值条件式(4.10)与根轨迹增益 K 有关,而相角条件式(4.11)与根轨迹增益 K 无关。若将确定的某个特征根 s,把它代入式(4.10)中,总可以求得相应于该点的 K 值。也就是说,s 平面上某一点,只要满足根轨迹的相角条件,总可以使它满足幅值条件。因此,绘制根轨迹时,只依据根轨迹的相角条件,而幅值条件则主要用来确定各点相应的 K 值大小。

　　下面来说明,如何用作图的方法判断 s 平面上某一点是否符合根轨迹的相角条件。设系统的开环零极点分布如图 4.4 所示,取 s 为试验点,从开环零点 $-z_1$,开环极点 $-p_1$、$-p_2$、$-p_3$ 指向 s 点的向量,即为 $(s+z_1)$、$(s+p_1)$、$(s+$

p_2)、$(s+p_3)$,这些向量与正实轴的夹角(以逆时针方向为正)为 θ_{z1}、θ_{p1}、θ_{p2}、θ_{p3},若这些相角满足式(4.11),有

$$\theta_{z1} - (\theta_{p1} + \theta_{p2} + \theta_{p3}) = \pm (2k+1)180°, \quad k = 0, 1, 2, \cdots$$

则可确定该试验点为根轨迹上的一个点。再由下式求与该点相应的根轨迹增益 K 值:

$$K = \frac{|s+p_1||s+p_2|s+p_3||}{|s+z_1|}$$

在 s 平面上用试探法逐点绘制根轨迹是很麻烦的,下一节将系统地介绍绘制根轨迹的基本规则。

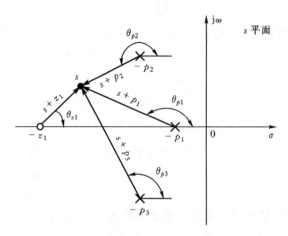

图 4.4　确定根轨迹上的点

例 4.1　图 4.1 所描述的系统的根轨迹如图 4.2 所示,试检验所满足的根轨迹的相角条件,求根轨迹上的点 $s_1 = -1.5 + j0$ 和点 $s_2 = -1 + j1.5$ 所对应的 K 值。

解　如图 4.5 所示,实轴上极点 $-z_1$ 和 $-z_2$ 之间是根轨迹。因为极点 $-z_1$ 和 $-z_2$ 之间的任何试验点如 s_1,其相角为

$$0° - (180° + 0°) = -180°$$

满足根轨迹的相角条件。

s 平面上 $\sigma = -1$ 这条直线也是根轨迹,因为这条直线上的任何一点如 s_2,其相角为

$$0° - (\theta_{p1} + \theta_{p2}) = -180°$$

同样满足根轨迹的相角条件。

对于点 s_1,根轨迹增益为

$$K_1 = |s_1||s_2+2| = |-1.5+j0||-1.5+j0+2| = 0.75$$

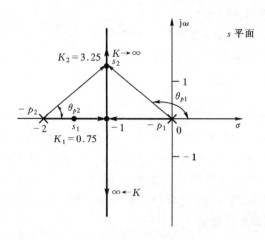

图 4.5   系统根轨迹

对于点 s_2，根轨迹增益为

$$K_2 = |s_2||s_2 + 2| = |-1 + j1.5||-1 + j1.5 + 2| = 3.25$$

4.3   绘制根轨迹的基本规则

在 s 平面上用试探法逐点绘制根轨迹是很麻烦的，也不便应用。实际应用中通过分析可以找出绘制根轨迹的一些基本规则，掌握了这些规则，就可以方便地画出根轨迹的大致形状，并可为精确绘制根轨迹指明方向。基本规则可归纳为如下 9 条。

规则 1   绘制根轨迹的形式

由控制系统的闭环传递函数得到根轨迹的基本方程（即特征方程）式为

$$1 + G(s)H(s) = 0 \tag{4.12}$$

对于图 4.3 所示的典型控制系统结构，$G(s)H(s)$ 为系统的开环传递函数。将所关心的变化参数，即参变量 K 化为乘积因子的形式

$$1 + KP(s) = 0 \tag{4.13}$$

进一步将另一乘积因子 $P(s)$ 转化为零点、极点形式，即

$$1 + \frac{K\prod_{j=1}^{m}(s + z_j)}{\prod_{i=1}^{n}(s + p_i)} = 0 \tag{4.14}$$

以下规则就是按式(4.14)所示的形式进行讨论的，其它形式的传递函数及变量 K 就要转化为式(4.14)所示的根轨迹的基本方程。这里主要强调一下所

研究根轨迹的方程形式。

规则 2　　根轨迹的分支数及起点和终点

系统的闭环特征方程式(4.14)可化为

$$\prod_{i=1}^{n}(s+p_i)+K\prod_{j=1}^{m}(s+z_j)=0 \qquad (4.15)$$

当参变量 K 由 $0\rightarrow\infty$ 变化时,特征方程式中的任何一个根由起点连续地向其终点变化的轨迹称为根轨迹的一个分支。由于开环传递函数分母 s 的最高阶次总是等于或大于其分子 s 的最高阶次,即 $n\geqslant m$,因而闭环特征方程式 s 的最高阶次必等于开环传递函数的极点数 n。由此得出,系统根轨迹的总数为 n 条。

根轨迹的起点就是 $K=0$ 时特征方程根的位置。由式(4.15)可知,当 $K=0$ 时,该方程便蜕化为开环特征方程,即

$$\prod_{i=1}^{n}(s+p_i)=0 \qquad (4.16)$$

上式表明,根轨迹的起点 $s=-p_i(i=1,2,..,n)$ 就是系统开环传递函数的极点。

当 $K\rightarrow\infty$ 时,特征方程根的极限位置就是根轨迹的终点。由式(4.14)根轨迹的基本方程可写为

$$\frac{\prod_{j=1}^{m}(s+z_j)}{\prod_{i=1}^{n}(s+p_i)}=-\frac{1}{K} \qquad (4.17)$$

当 $K\rightarrow\infty$ 时,上式的右端趋于 0;而对于左端,有两种情况可以满足式(4.17)的方程。当 $K\rightarrow\infty$ 时,式(4.17)的分子等于 0 能满足根轨迹的基本方程,即有

$$\prod_{j=1}^{m}(s+z_j) \qquad (4.18)$$

上式表明,开环传递函数的零点 $s=-z_j(j=1,2,\cdots,m)$ 是 m 条根轨迹分支的终点。当 $K\rightarrow\infty$,$n\geqslant m$ 时,$s\rightarrow\infty e^{j\varphi}$ 也能满足式(4.17)的根轨迹方程。也就是说,当 $n\geqslant m$ 时,根轨迹其余的 $(n-m)$ 条根轨迹分支的终点在无限远处。如果把根轨迹在无限远处的终点称为无限零点,则根轨迹的终点有 m 个有限零点,$(n-m)$ 个无限零点。

综上所述,对于一个 n 阶系统,当参变量 K 从零到无穷大变化时,根轨迹有 n 条分支,它们分别从 n 个开环极点出发,其中有 m 条根轨迹分支终止在 m 个有限开环零点上,其余 $(n-m)$ 条根轨迹分支终止在 $(n-m)$ 个无限零点上。

特别注意的是,在绘制根轨迹时,不要将终止在无限零点上的根轨迹分支漏掉。

规则 3 根轨迹在实轴上的分布

根轨迹在实轴上总是分布在两个相邻的开环实零、极点之间,且该线段右边开环实零、极点的总数为奇数。也就是说,在实轴上任取一试验点 s_t,若该点右方实轴上开环极点和零点数之和为奇数,则该点 s_t 是根轨迹上的一个点,该点所在的线段就是一条根轨迹。

下面用相角条件来说明这个规则。设系统的开环零、极点的分布如图 4.5 所示。在实轴上任取一试验点 s_t,连接所有的开环零点和极点。由图可以看出,位于 s_t 点右方实轴上的每一个开环极点和零点指向该点的矢量,它们的相角为 π(也可表示为 $-\pi$);而位于 s_t 点左方实轴上的每一个开环极点和零点指向该点的矢量,由于其与实轴的指向一致,因而它们的相角均为 0。一对共轭极点(或共轭零点)指向试验点 s_t 的矢量的相角为 2π,因而它不会影响实轴上根轨迹的确定。所以,实轴上根轨迹的确定完全取决于试验点 s_t 右方实轴上开环极点和零点数之和的数目。由根轨迹的相角条件式(4.10)得

$$\sum_{j=1}^{m} \angle(s_t + z_j) - \sum_{i=1}^{n} \angle(s_t + p_i) = (m_t + n_t)\pi = \pm(2k+1)180°$$

$$k = 0, 1, 2, \cdots \tag{4.19}$$

式中:m_t 为试验点 s_t 右方实轴上的开环零点数;n 为试验点 s_t 右方实轴上的开环极点数。由此式可知,只要当 $(m_t + n_t)$ 为奇数,此试验点 s_t 就满足根轨迹的相角条件,表示该点是根轨迹上的一个点。

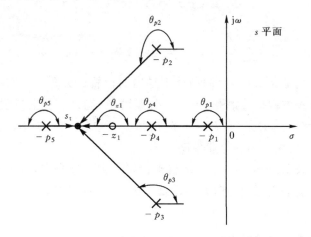

图 4.6 实轴上根轨迹的分布

规则 4 根轨迹的对称性

由于实际系统的参数都是实数,因此特征方程式的系数也均为实数,相应的特征根或为实数,或为共轭复数,或两者兼而有之。因此,根轨迹必然对称于 s

平面的实轴。利用这一性质,在绘制根轨迹图时,只需画出上半 s 平面的根轨迹,而下半 s 平面的根轨迹可根据对称性原理得出。

规则 5　根轨迹的渐近线

基于规则 2,当系统 $n \geq m$ 时,应有 $(n-m)$ 条根轨迹分支在 $K \to \infty$ 时沿一些直线趋向无限零点,这些直线称为根轨迹的渐近线。根据这些渐近线,可以确定根轨迹分支在趋向无限远处时的走向。根轨迹的渐近线的方位是由渐近线与实轴的倾角及交点来确定的。

1. 渐近线的倾角

设试验点 s_t 在 s 平面的无限远处:$s_t \to \infty e^{j\varphi}$,当 $s \to s_t$ 时由于各个开环有限零点和极点之间的距离相对于它们到 s_t 点的距离很小,对于式(4.7),各 $(s+z_j)$、$(s+p_i)$ 之间的差别很小,它们几乎重合在一起。因而,可以将从各个不同的开环零极点指向 s_t 点的向量用从同一点 $(-\sigma_a)$ 处指向 s_t 点的向量来代替,即用 $(s+\sigma_a)$ 来代替 $(s+z_j)$、$(s+p_i)$,这样式(4.8)就可化为如下形式

$$G(s)H(s) = \frac{K}{(s+\sigma_a)^{n-m}} \tag{4.20}$$

将上式代入式(4.7)根轨迹的基本方程,得

$$(s+\sigma_a)^{n-m} = -K = K e^{\pm j(2k+1)\pi}, \qquad k = 0, 1, 2, \cdots \tag{4.21}$$

即

$$s + \sigma_a = K^{\frac{1}{n-m}} e^{j\theta_k} \tag{4.22}$$

式中

$$\theta_k = \frac{\pm(2k+1)\pi}{n-m}, \quad k = 0, 1, 2, \cdots, (n-m-1) \tag{4.23}$$

式(4.22)就是在 $s \to \infty e^{j\varphi}$ 的条件下导出的根轨迹方程,也就是根轨迹渐近线的方程。这些方程描述的是 $(n-m)$ 条直线,θ_k 就是这些渐近线与实轴的倾角,渐近线共有 $(n-m)$ 条,当 k 从 0 增大时,θ_k 可取 $(n-m)$ 个不同的值,再进一步增大 k 时,θ_k 将重复出现上述各值。

式(4.23)表示由 $(n-m)$ 个开环极点出发的根轨迹分支,当 $K \to \infty$ 时,将按此式所示的角度的渐近线趋向无限远处。显然,渐近线的数目等于趋向无限远处根轨迹的分支数,即为 $(n-m)$。

2. 渐近线与实轴的交点

由式(4.22),当 $K = 0$ 时,有

$$s = -\sigma_a \tag{4.24}$$

这说明当 $K = 0$ 时,$(n-m)$ 条根轨迹的渐近线将交于 $(-\sigma_a)$ 一点。

将式(4.20)的分母进一步展开有

$$G(s)H(s) = \frac{K}{s^{n-m} + (n-m)\sigma_a s^{n-m-1} + \cdots} \tag{4.25}$$

另一方面,将式(4.8)所示开环传递函数的零极点形式展开为多项式形式为

$$G(s)H(s) = \frac{K(s^m + \sum\limits_{j=1}^{m} z_j s^{m-1} + \cdots + \prod\limits_{j=1}^{m} z_j)}{s^n + \sum\limits_{i=1}^{n} p_i s^{n-1} + \cdots + \prod\limits_{i=1}^{n} p_i}$$

上式用分子括弧内的数除以分母,得

$$G(s)H(s) = \frac{K}{s^{n-m} + (\sum\limits_{i=1}^{n} p_i - \sum\limits_{j=1}^{m} z_j) s^{n-m-1} + \cdots} \tag{4.26}$$

当 $s \to \infty e^{j\varphi}$ 时,式(4.26)可近似表示为

$$G(s)H(s) \approx \frac{K}{s^{n-m} + (\sum\limits_{i=1}^{n} p_i - \sum\limits_{j=1}^{m} z_j) s^{n-m-1}} \tag{4.27}$$

比较式(4.27)与式(4.25)得

$$-\sigma_a = -\frac{\sum\limits_{i=1}^{n} p_i - \sum\limits_{j=1}^{m} z_j}{n-m} \tag{4.28}$$

　　由于开环零点和极点为复数时,总是以共轭复数出现,当式(4.28)的分子上各项相加时,共轭复数的虚部互相抵消,所以 σ_a 必为实数,即各条渐近线的交点位于实轴上。

　　综上所述,当系统 $n \geqslant m$ 时,根轨迹的渐近线共有 $(n-m)$ 条,各条根轨迹的渐近线与实轴的倾角为

$$\theta_k = \frac{\pm(2k+1)\pi}{n-m}, \quad k=0, 1, 2, \cdots, (n-m-1)$$

根轨迹的渐近线交于实轴上一点,交点坐标为

$$-\sigma_a = -\frac{\sum\limits_{i=1}^{n} p_i - \sum\limits_{j=1}^{m} z_j}{n-m}$$

　　画根轨迹的渐近线时,一般先求实轴上的交点坐标,再由该点出发,画 $(n-m)$ 条将 2π 角等分的射线。

　　应当指出,式(4.20)及(4.27)是在 $s \to \infty e^{j\varphi}$ 的条件下推导的,因此,只有当 $s \to \infty e^{j\varphi}$ 时,根轨迹才逼近这些渐近线,而当 s 较小时,根轨迹与渐近线并不重合。

　　例 4.2　设一单位负反馈控制系统如图 4.7 所示,试绘制该系统的根轨迹。

　　解　由规则 1,给出的控制系统满足绘制根轨迹的形式要求。

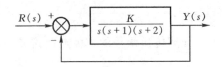

图 4.7　控制系统框图

由规则 2,有 3 条根轨迹的分支,起点为开环极点,如图 4.8 所示。由于没有开环零点,根轨迹没有有限零点,仅有无限零点,3 条根轨迹的分支均沿着渐近线趋向无限远处。

由规则 3,实轴上的 0～−1 和 −2～−∞ 间的线段为根轨迹,根轨迹在实轴上的分布如图 4.8 所示。

由规则 4,有两条轨迹对称于实轴。

由规则 5,根轨迹的渐近线与正实轴的夹角分别为

$$\theta_k = \frac{(2k+1)\pi}{3-0} = \frac{\pi}{3},\ \pi,\ \frac{5\pi}{3}, \qquad k = 0, 1, 2$$

这里公式取的是正号。若公式取负号,根轨迹渐近线与正实轴的夹角位置是相同的。渐近线与实轴的交点为

$$-\sigma_a = -\frac{(0+1+2)-0}{3-0} = -1$$

据此,作出根轨迹的渐近线,如图 4.8 虚线所示。系统完整的根轨迹如图 4.8 中的粗实线所示。

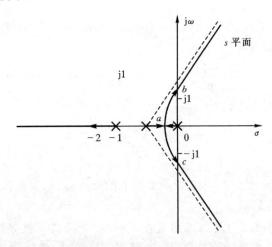

图 4.8　系统根轨迹图

由图 4.8 可以看出,根轨迹的一条分支是从 $s=-2$ 点出发,沿着负实轴移动,最后终止于 −∞ 远处。另两条分支分别从 $s=0,-1$ 出发,随着 K 的增大,

彼此沿着实轴相向移动,因而它们必然会在实轴上相会合,这个会合点称为根轨迹的分离点。不难看出,在分离点处,特征方程式有双重实根。当增益 K 进一步增大时,根轨迹分支从实轴上分离而走向复平面,并沿着相角 $\frac{\pi}{3}$、$\frac{5\pi}{3}$ 的两条渐近线的指向对称于实轴趋于无限远。

规则 6　根轨迹的分离点和会合点

两条以上根轨迹分支的交点称为根轨迹的分离点或会合点。当根轨迹分支在实轴上相交后走向复平面时,该相交点称为根轨迹分离点,如图 4.9(a)所示的 s_1 点;反之,当根轨迹分支由复平面走向实轴时,它们在实轴上的交点称为根轨迹会合点,如图 4.9(b)所示的 s_2 点。常见的分离点和会合点一般位于实轴上,但也有可能出现在共轭复数对中。典型分离点和会合点的根轨迹图如图 4.9(c)所示

根轨迹的分离点和会合点实质上都是特征方程式的重根,因而可用求解特征方程式重根的方法确定它们在 s 平面上的位置。

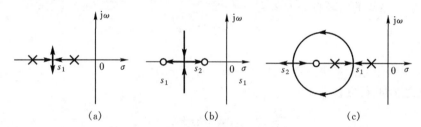

图 4.9　根轨迹的分离点和会合点

把开环传递函数改写为

$$G(s)H(s) = \frac{KB(s)}{A(s)} \tag{4.29}$$

由代数方程解的性质可知,特征方程出现重根的条件是 s 必须满足下列方程:

$$F(s) = A(s) + KB(s) = 0 \tag{4.30}$$

$$F'(s) = A'(s) + KB'(s) = 0 \tag{4.31}$$

消去上述两式中的 K,得

$$A(s)B'(s) - A'(s)B(s) = 0 \tag{4.32}$$

解式(4.32)就可以确定根轨迹的分离点或会合点的坐标及相应的 K 值。

根轨迹分离点或会合点的坐标也可用方程 $dK/ds = 0$ 来求取,对此说明如下。式(4.30)也是根轨迹的基本方程,由此式得

$$K = -\frac{A(s)}{B(s)} \tag{4.33}$$

对上式求导,得

$$\frac{\mathrm{d}K}{\mathrm{d}s} = \frac{A(s)B'(s) - A'(s)B(s)}{[B(s)]^2} \tag{4.34}$$

由于在根轨迹的分离点或会合点处，上式右方的分子应等于零，于是有

$$\frac{\mathrm{d}K}{\mathrm{d}s} = 0 \tag{4.35}$$

综上所述，将开环传递函数写成式(4.29)的形式，就可用方程(4.32)求出根轨迹的分离点或会合点；或可由根轨迹的基本方程得到式(4.33)，再用式(4.35)也可求出根轨迹的分离点或会合点。

应当指出的是，特征方程出现重根只是形成根轨迹分离点或会合点的必要条件，但不是充分条件。只有位于根轨迹上的那些重根才是实际的分离点或会合点。

另外，求分离点或会合点坐标时，有时需要求解高阶代数方程，在阶次较高时可用试探法进行求解。

例 4.3　求图 4.7 所示控制系统根轨迹的分离点。

解　系统的闭环特征方程为

$$s(s+1)(s+2) + K = 0$$

则

$$K = -s(s+1)(s+2)$$

对上式求导，得方程

$$\frac{\mathrm{d}K}{\mathrm{d}s} = -(3s^2 + 6s + 2) = 0$$

解方程得 $s_1 = -0.423$，$s_2 = -1.577$。根据根轨迹在实轴上的分布可知，$s_1 = -0.423$ 是根轨迹的实际分离点，如图 4.7 所示中的 a 点，相应的 $K = 0.385$。而 $s_2 = -1.577$ 不是根轨迹上的点，应当舍去。

规则 7　根轨迹的出射角和入射角

根轨迹离开开环复数极点处的切线与实轴正方向的夹角，称为根轨迹的出射角。根轨迹进入开环复数零点处的切线与实轴正方向的夹角，称为根轨迹的入射角。计算根轨迹的出射角和入射角的目的在于了解开环复数极点或零点附近根轨迹的变化趋势和走向，便于绘制根轨迹。

计算根轨迹的出射角和入射角可由根轨迹的相角条件来确定。

根轨迹在第 a 个开环复数极点 $-p_a$ 处的出射角为

$$\theta_{p_a} = \mp(2k+1)\pi + \sum_{j=1}^{m}\theta_{z_j} - \sum_{\substack{i=1 \\ i \neq a}}^{n}\theta_{p_i} \tag{4.36}$$

式中

$$\theta_{p_i} = \angle(-p_a + p_i), \quad i = 1, 2, \cdots, n \ (i \neq a)$$

$$\theta_{z_j} = \angle(-p_a + z_j), \quad j = 1, 2, \cdots, m$$

根轨迹在第 b 个开环复数零点 $-z_b$ 处的入射角为

$$\theta_{z_b} = \pm(2k+1)\pi + \sum_{i=1}^{n}\theta_{p_i} - \sum_{\substack{j=1\\j\neq b}}^{m}\theta_{z_j} \tag{4.37}$$

式中

$$\theta_{p_i} = \angle(-z_b + p_i), \quad i = 1, 2, \cdots, n$$

$$\theta_{z_j} = \angle(-z_b + z_j), \quad j = 1, 2, \cdots, m \ (j \neq b)$$

例 4.4　控制系统的特征方程为

$$1 + \frac{Ks(s+4)}{s^2 + 2s + 2} = 0$$

求根轨迹在实轴上的会合点和复数极点的出射角。

解　系统的开环零点为：$z_1 = 0$、$z_2 = -4$，开环极点为：$p_1 = -1+\mathrm{j}$、$p_2 = -1 - \mathrm{j}$

由特征方程得

$$K = -\frac{s^2 + 2s + 2}{s(s+4)}$$

$$\frac{\mathrm{d}K}{\mathrm{d}s} = -\frac{(2s+2)(s^2+4s) - (s^2+2s+2)(2s+4)}{s^2(s+4)^2} = \frac{-2s^3 + 4s + 8}{s^2(s+4)^2} = 0$$

有

$$-2s^2 + 4s + 8 = 0$$

解得 $s_1 = 1 - \sqrt{5} = -1.236$（在根轨迹上，是会合点），$s_2 = 1 + \sqrt{5} = 3.236$（不在根轨迹上，不是会合点，舍去）。

由(4.34)式，极点 p_1 的出射角为

$$\theta_{p_1} = -\pi + \theta_{z_1} + \theta_{z_2} - \theta_{p_2} = -\pi + \frac{3}{4}\pi + 0.322 - \frac{1}{2}\pi = -2.034 \quad (\mathrm{rad})$$

极点 p_2 的出射角与 p_1 的出射角是关于实轴对称的，应为 2.034 rad。

该控制系统的根轨迹如图 4.10 所示。

规则 8　根轨迹与虚轴的交点

根轨迹若穿过虚轴进入 s 右半平面，系统将不稳定。而且靠近虚轴的闭环极点对系统动态性能影响较大，所以在靠近原点和虚轴附近的根轨迹是比较关心的，应画得比较精确。同时为了判断系统的稳定范围，需要确定根轨迹与虚轴的交点。

根轨迹与虚轴的交点可以由以下两种方法确定：

(1)用劳斯判据，求临界稳定的 K 值和根轨迹与虚轴的交点；

(2)令特征方程的 $s = \mathrm{j}\omega$，并令方程左边实部和虚部分别等于零，就可求出 ω

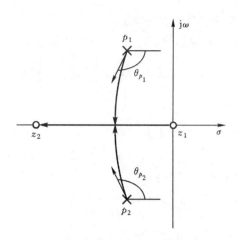

图 4.10　控制系统的根轨迹

和 K 值。

　　这两种方法均需求解代数方程,其中用劳斯判据时往往可以得到阶次较低的辅助方程,因而计算较简单方便一些。

　　例 4.5　求图 4.7 所示控制系统根轨迹与虚轴的交点。

　　解　由例 4.2 可知根轨迹有两条分支在增益 K 增大时穿过虚轴向无限远处延伸。这里先采用劳斯判据来求根轨迹与虚轴的交点。

　　系统的特征方程为

$$s^3 + 3s^2 + 2s + K = 0$$

　　列劳斯表:

$$
\begin{array}{ccc}
s^3 & 1 & 2 \\
s^2 & 3 & K \\
s^1 & -\dfrac{K-6}{3} & \\
s^0 & K &
\end{array}
$$

临界稳定时

$$\frac{6-K}{K} = 0$$

得临界增益 $K=6$,再代入辅助方程

$$3s^2 + 6 = 0$$

解得与虚轴的交点: $s = \pm\mathrm{j}1.414$,如图 4.8 所示的 b 点和 c 点。

　　这里再采用解方程的方法来求根轨迹与虚轴的交点。以 $s=\mathrm{j}\omega$ 代入特征方程,得

$$-3\omega^2 + K + \mathrm{j}\omega(2-\omega^2) = 0$$

令上式左边实部和虚部分别等于零,有

$$-3\omega^2 + K = 0$$

$$\omega(2 - \omega^2) = 0$$

联立求解上述两式,得 $\omega = \pm 1.414$, $K = 6$。两种方法的结果是相同的。

规则 9　特征方程的根之和与根之积

把式(4.8)所示的零、极点形式的开环传递函数可以展开为多项式形式为

$$G(s)H(s) = \frac{K(s^m + \sum\limits_{j=1}^{m} z_j s^{m-1} + \cdots + \prod\limits_{j=1}^{m} z_j)}{s^n + \sum\limits_{i=1}^{n} p_i s^{n-1} + \cdots + \prod\limits_{i=1}^{n} p_i}$$

当 $n - m \geqslant 2$ 时,由式(4.7)系统的闭环特征方程式可写为

$$s^n + \sum_{i=1}^{n} p_i s^{n-1} + \cdots + (\prod_{i=1}^{n} p_i + K \prod_{j=1}^{m} z_j) = 0 \tag{4.38}$$

设式(4.38)的特征根为 $-p_{ci}(i = 1, 2, \cdots, n)$,则上式可改写为

$$\prod_{i=1}^{n} (s + p_{ci}) = s^n + \sum_{i=1}^{n} p_{ci} s^{n-1} + \cdots + \prod_{i=1}^{n} p_{ci} = 0 \tag{4.39}$$

对比式(4.38)与(4.39)得

$$\sum_{i=1}^{n} p_{ci} = \sum_{i=1}^{n} p_i$$

$$\sum_{i=1}^{n} (-p_{ci}) = \sum_{i=1}^{n} (-p_i) \tag{4.40}$$

以及

$$\prod_{i=1}^{n} (-p_{ci}) = \prod_{i=1}^{n} (-p_i) + K \prod_{j=1}^{m} (-z_j) \tag{4.41}$$

式(4.40)揭示了根轨迹的一个重要性质:当 K 由 $0 \to \infty$ 变化时,虽然 n 个闭环特征根会随之变化,但它们之和却恒等于 n 个开环极点之和。如果一部分根轨迹分支随着 K 的增大而向左移动,则另一部分根轨迹分支必将随着 K 的增大而向右移动,以保持开环极点之和不变。利用这一性质可以估计根轨迹分支的变化趋势。

利用上述规则,可以较方便地绘制出根轨迹的大致形状。若要精确绘制系统的根轨迹可采用计算机仿真软件绘制。

为了便于查找及应用,现将这 9 条基本规则归纳于表 4.2 中。典型传递函数的根轨迹如表 4.3 所示。

表 4.2 绘制根轨迹的基本规则

序号	名称	规则
1	绘制根轨迹的方程形式	参变量 K 化为乘积因子的形式来构成根轨迹方程
2	根轨迹的分支数及起点和终点	分支数等于开环极点数，根轨迹从 n 个开环极点出发，终止于 m 个有限开环零点和 $(n-m)$ 个无限零点上
3	根轨迹在实轴上的分布	分布在两个相邻的开环实零极点之间，且该线段右边开环实零极点的总数为奇数
4	根轨迹的对称性	根轨迹对称于实轴
5	根轨迹的渐近线	条数：$n-m$ 倾角：$\theta_k = \dfrac{\pm(2k+1)\pi}{n-m} \quad K=0,1,2,\cdots,(n-m-1)$ 交点：$-\sigma_a = -\dfrac{\sum\limits_{i=1}^{i=1} p_i - \sum\limits_{j=1}^{m} z_j}{n-m}$
6	根轨迹的分离点和会合点	$A(s)B'(s) - A'(s)B(s) = 0$，或 $\dfrac{\mathrm{d}K}{\mathrm{d}s} = 0$ 的根
7	根轨迹的出射角和入射角	$\theta_{p_a} = \mp(2k+1)\pi + \sum\limits_{j=1}^{m}\theta_{z_j} - \sum\limits_{\substack{i=1\\i\neq a}}^{n}\theta_{p_i}$, $\theta_{z_b} = \pm(2k+1)\pi + \sum\limits_{i=1}^{n}\theta_{p_i} - \sum\limits_{\substack{j=1\\j\neq b}}^{m}\theta_{z_j}$
8	根轨迹与虚轴的交点	1. 用劳斯判据，求临界稳定时的特征值 2. 令特征方程 $s=-\mathrm{j}\omega$，让实其部和虚部分别等于零，求 ω
9	根之和与根之积	$\sum\limits_{i=1}^{n}(-p_{ci}) = \sum\limits_{i=1}^{n}(-p_i)$，$\prod\limits_{i=1}^{n}(-p_{ci})$ $= \prod\limits_{i=1}^{n}(-p_i) + K\prod\limits_{j=1}^{m}(-z_j)$

表 4.3　典型传递函数的根轨迹图

传递函数 $G(s)$	根轨迹
1. $\dfrac{K}{s\tau_1+1}$	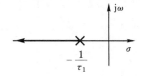
2. $\dfrac{K}{(s\tau_1+1)(s\tau_2+1)}$	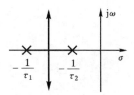
3. $\dfrac{K}{(s\tau_1+1)(s\tau_2+1)(s\tau_3+1)}$	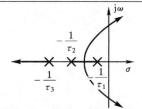
4. $\dfrac{K}{s}$	
5. $\dfrac{K}{s(s\tau_1+1)}$	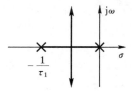
6. $\dfrac{K}{s(s\tau_1+1)(s\tau_2+1)}$	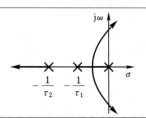

传递函数 $G(s)$	根轨迹
7. $\dfrac{K(s\tau_a+1)}{s(s\tau_1+1)(s\tau_2+1)}$	
8. $\dfrac{K}{s^2}$	
9. $\dfrac{K}{s^2(s\tau_1+1)}$	
10. $\dfrac{K(s\tau_a+1)}{s^2(s\tau_1+1)}$ $\tau_a > \tau_1$	
11. $\dfrac{K}{s^3}$	
12. $\dfrac{K(s\tau_a+1)}{s^3}$	

4.4　参量根轨迹的绘制

以上所述的根轨迹都是以开环增益 K 作为可变参量,这在实际系统中是最常见的。但是,有时候需要研究除开环增益 K 以外的其它可变参量(如时间常数、反馈系数,开环零、极点等)对系统性能的影响,就需要绘制以其它参量为可变参数的根轨迹,这种根轨迹称为参量根轨迹或广义根轨迹。本节将简要介绍参量根轨迹的绘制方法。

4.4.1　一个可变参量根轨迹的绘制

假定系统的可变参量是某一时间常数 T,由于它位于开环传递函数分子或分母的因式中,因而就不能简单地用开环增益 K 为参变量的方法去直接绘制系统的根轨迹,而是需要按照根轨迹基本绘制规则中的规则 1,对根轨迹方程形式进行必要处理。根据系统闭环特征方程,把闭环特征方程式中不含有参量 T 的各项去除该方程,使原方程变为

$$1 + TG_1(s)H_1(s) = 0 \qquad (4.42)$$

式中 $TG_1(s)H_1(s)$ 为系统的等效开环传递函数。所处的位置与以前所述的开环传递函数中 K 所处的位置相当,这样就可按绘制以 K 为参变量同样的方法来绘制以 T 为参量的根轨迹。此方程进一步转化为零点、极点形式,即

$$1 + \frac{T\prod_{j=1}^{m}(s+z_j)}{\prod_{i=1}^{n}(s+p_i)} \qquad (4.43)$$

这样就可以按上一节介绍的根轨迹基本绘制规则 2~9 绘出系统的根轨迹。以下通过一个例子来说明。

例 4.6　单位反馈控制系统的开环传递函数为

$$G(s)H(s) = \frac{K(Ts+1)}{s(s+2)}$$

试绘制当 $K=10$,参数 T 变化时的根轨迹。

解　系统的闭环特征方程为

$$s^2 + 2s + 10Ts + 10 = 0$$

对上式,以不含 T 的各项 $(s^2+2s+10)$ 除闭环特征方程,得

$$1 + \frac{10Ts}{s^2+2s+10} = 0$$

由上式可知系统等效开环传递函数可化为

$$G_1(s)H_1(s) = \frac{10Ts}{s^2+2s+10} = \frac{10Ts}{(s+1+3j)(s+1-3j)}$$

由于 T 在 $G_1(s)H_1(s)$ 中所处的位置与 K 在 $G(s)H(s)$ 中所处的位置相当,这样就可按绘制以 K 为参变量同样的方法来绘制以 T 为变量的根轨迹。系统的零点 $z_1=0$,极点 $p_1=-1-3j$,$p_2=-1-3j$,根轨迹如图 4.11 所示。

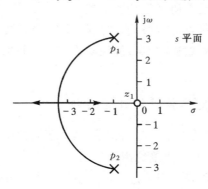

图 4.11   根轨迹图

4.4.2   多参量根轨迹的绘制

在某些场合,需要研究几个参量同时变化对系统性能的影响。例如在设计一个校正装置的传递函数含有几个零、极点时,就需要研究这些零、极点取不同值时对系统性能的影响。这时就需要绘制几个参量同时变化时根轨迹,这样所作出的根轨迹将是一组曲线,称为根轨迹簇。以下通过一个例子来说明根轨迹簇的绘制方法。

例 4.7   单位反馈控制系统如图 4.12 所示,试绘制以 K 和 a 为参变量的根轨迹簇。

解   系统的闭环特征方程为

$$s^2+as+K=0$$

先作 $a=0$,K 变化时的根轨迹。这时上式变为

$$s^2+K=0$$

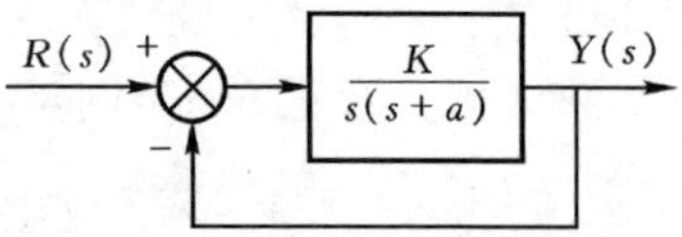

即

$$1+\frac{K}{s^2}=0$$

这时的等效开环传递函数为

$$G_1(s)H_1(s) = \frac{K}{s^2}$$

图 4.12   单位反馈控制系统

这样当 $a=0$,以 K 为参变量时的根轨迹如图 4.13(a)所示。

再作 K 取不同值,以 a 为参变量的根轨迹。由闭环特征方程得

$$1+\frac{as}{s^2+K}=0$$

这时的等效开环传递函数为

$$G_2(s)H_2(s)=\frac{as}{s^2+K}$$

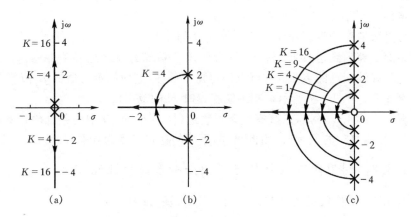

图 4.13　根轨迹图

(a) $a=0$, $0 \leqslant K \leqslant \infty$ (b) $K=4$, $0 \leqslant a \leqslant \infty$;(c) 根轨迹簇

当 $K=4$ 时,a 为参变量的根轨迹如图 4.13(b)所示。值得注意的是,这个根轨迹的起点是图 4.13(a)的根轨迹上 $K=4$ 的点,即 $\pm 2j$,终点在原点及无穷远处。当 K 取不同值时,a 变化时的根轨迹如图 4.13(c)所示。同样,依据系统的闭环特征方程,也可作出 a 取不同的固定值,K 从 $0 \sim \infty$ 变化时的根轨迹簇。若将 K 取固定值,根轨迹簇就变成了根轨迹,如 $K=4$ 时,图 4.13(c)就变成了图 4.13(b),这时就是仅以 a 为可变参数时的参量根轨迹。

4.5　用根轨迹法分析控制系统性能

利用根轨迹,可以定性分析当系统某一参数变化时系统的稳定性及动态性能的变化趋势,也可根据性能要求确定系统的参数。本节将讨论如何利用根轨迹分析系统的稳定性、估算系统性能,同时分析附加开环零、极点对根轨迹及系统性能的影响。

在给定该参数值时可以确定相应的闭环极点,再加上系统闭环零点,可以得到相应零、极点形式的闭环传递函数。

4.5.1　利用根轨迹分析系统的稳定性

用根轨迹图分析控制系统的稳定性，比仅仅知道一组闭环极点要全面得多。如，当 K 在 $(0，\infty)$ 间取值时，如果 n 条根轨迹全部位于 s 平面的左半平面，就意味着不管 K 取任何值闭环系统均是稳定的。反之，只要有一条根轨迹全部位于 s 平面的右半平面，就意味着不管 K 取何值闭环系统都是不可能稳定的。在这种情况下，如果开环零、极点是系统固有的，要使系统稳定就必须设计调节装置，人为增加开环零、极点来改变系统的结构。

大多数情况是没有任何一条根轨迹全部位于 s 平面的右半平面，但有一条或多条穿越虚轴到达右半 s 平面，这说明闭环系统的稳定是有条件的。知道了根轨迹与虚轴交点的 K 值，就可以确定稳定条件，进而确定合适的 K 值范围。

例 4.8　求图 4.7 所示控制系统稳定时 K 的范围。

解　由例 4.5 可知，系统有 3 条根轨迹（见图 4.8），其中两条根轨迹穿越虚轴，与虚轴相交时的 $K=6$。由此可知，系统的稳定范围为：$0<K<6$。

4.5.2　利用闭环主导极点近似分析系统的性能

例 4.9　单位负反馈控制系统的开环传递函数为

$$G(s)H(s)=\frac{K}{s(s+1)(s+2)}$$

试用根轨迹法确定系统在欠阻尼下稳定的开环增益 K 的范围，并计算阻尼系数 $\zeta=0.5$ 时 K 的值以及相应的闭环极点，估算此时系统的动态性能指标。

解　由例 4.2、例 4.3、例 4.4 可知，系统的根轨迹如图 4.14 所示，其中分离点 a 的坐标为 -0.423，对应的 $K=0.385$；根轨迹与虚轴相交时的 $K=6$。经过 a 后，随着增益 K 的增加，系统将出现共轭复根，因此，系统在欠阻尼下稳定的开环增益 K 的范围为 $0.385<K<6$。

为了确定满足阻尼系数 $\zeta=0.5$ 条件时系统的 3 个闭环极点，首先作出 $\zeta=0.5$ 的等阻尼线 OA，它与负实轴夹角为

$$\beta=\arccos\zeta=60°$$

如图 4.14 所示。等阻尼线 OA 与根轨迹的交点即为相应的闭环极点，设相应两个共轭复数闭环极点分别为

$$\lambda_1=-\zeta\omega_n+j\omega_n\sqrt{1-\zeta^2}=-0.5\omega_n+j0.866\omega_n$$

$$\lambda_2=-\zeta\omega_n-j\omega_n\sqrt{1-\zeta^2}=-0.5\omega_n-j0.866\omega_n$$

式中 ω_n 为系统的无阻尼自然角频率。设系统第三个实根为 λ_3，则闭环特征方程式可表示为

$$(s-\lambda_1)(s-\lambda_2)(s-\lambda_3)=s^3+(\omega_n-\lambda_3)s^2+(\omega_n^2-\lambda_3\omega_n)s-\lambda_3\omega_n^2=0$$

$$(4.44)$$

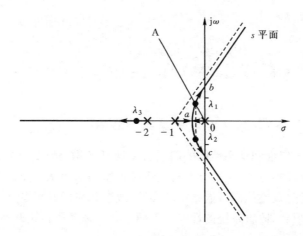

图 4.14　系统根轨迹图

而系统的开环传递函数可得系统的闭环特征方程为

$$s^3 + 3s^2 + 2s + K = 0 \qquad (4.45)$$

比较式(4.44)与(4.45)的系数有

$$\begin{cases} \omega_n - \lambda_3 = 3 \\ \omega_n^2 - \lambda_3 \omega_n = 2 \\ -\lambda_3 \omega_n^2 = K \end{cases}$$

解得

$$\begin{cases} \omega_n = 0.667 \\ \lambda_3 = -2.33 \\ K = 1.04 \end{cases}$$

故 $\zeta = 0.5$ 相应的闭环极点为

$$\lambda_1 = -0.33 + j0.58, \quad \lambda_2 = -0.33 - j0.58, \quad \lambda_3 = -2.33$$

在所求得的 3 个闭环极点中,λ_3 至虚轴的距离与 λ_1(或 λ_2)至虚轴的距离之比为

$$\frac{2.33}{0.33} \approx 7(\text{倍})$$

可见,λ_1,λ_2 是系统的主导闭环极点。于是,可由 λ_1,λ_2 所构成的二阶系统来估算原三阶系统动态性能指标。原系统稳态闭环增益为 1,因此相应的二阶系统闭环传递函数为

$$W'(s) = \frac{0.33^2 + 0.58^2}{(s + 0.33 - j0.58)(s + 0.33 + j0.58)} = \frac{0.667^2}{s^2 + 0.667s + 0.667^2}$$

则系统超调量为

$$\sigma\% = e^{-0.5 \times 3.14/\sqrt{1 - 0.5^2}} = 16.3\%$$

调节时间(±2%)为

$$t_s = \frac{4}{\zeta \omega_n} = \frac{4}{0.5 \times 0.667} = 12 \text{ s}$$

这些性能指标也可通过 MATLAB 仿真软件直接获得,下一节将介绍这方面的内容。

4.5.3 开环零、极点对系统性能的影响

影响系统稳定性和动态性能的因素有系统开环增益和开环零点、开环极点的位置,因为开环零点、极点的分布决定系统根轨迹的形状。如果系统的性能不尽人意,可以通过调整控制器的结构和参数,改变相应的开环零点、极点的位置,调整根轨迹的形状,改善系统的性能。下面结合具体例子讨论开环零点、开环极点对系统性能的影响。

例 4.10　三个单位负反馈控制系统的开环传递函数分别为

(1) $G(s)H(s) = \dfrac{K}{(s+1)(s+2)}$

(2) $G(s)H(s) = \dfrac{K(s+3)}{(s+1)(s+2)}$

(3) $G(s)H(s) = \dfrac{K}{(s+1)(s+2)(s+3)}$

试绘制三个系统的根轨迹,并分析比较它们之间的关系。

解　该例题是以系统(1)为参照,在此基础上,系统(2)和(3)分别增加了开环零点和开环零点。三个系统的根轨迹分别如图 4.15(a)、4.15(b)、4.15(c)所示。

从 3 个系统的根轨迹图可以看出,当 $K>0$ 时,图 4.15(a)、4.15(b)所代表的系统始终是稳定的,但图 4.15(b)所代表的系统可以选择到一对比图 4.15(a)更远的闭环极点,这说明增加合适的位于虚轴左侧的开环零点,可以使系统的根轨迹向左偏移,即可以增加稳定裕度又可以提高系统快速性,改善了系统的动态性能。

图 4.15(c)相对于图 4.15(a)增加了位于虚轴左侧的开环极点,这时系统只有在 $K<60$ 时才是稳定的,与图 4.15(a)相比说明:给开环系统增加位于虚轴左侧的开环极点,将使系统的根轨迹向右偏移,一般会使系统的稳定性降低,不利于改善系统的动态性能,而且开环负实极点离虚轴越近,这种作用越显著。

4.6　用 MATLAB 绘制控制系统的根轨迹

根据前面介绍的绘制根轨迹的基本规则可以近似地画出系统的根轨迹图,

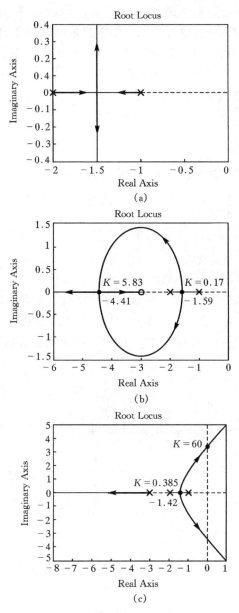

图 4.15　3 个系统的根轨迹图

对于比较复杂的系统,手工绘制根轨迹是一项非常复杂的工作。采用 MAT-LAB 可以快速、精确、方便地绘制出系统的根轨迹图,但不能因此就仅仅依赖 MATLAB 而忽略手工绘制根轨迹的必要性。通过手工绘制根轨迹可以深刻认识根轨迹的基本概念,是全面理解和应用根轨迹分析方法的重要途径。

利用 MATLAB 绘制根轨迹的基本命令是 rlocus( )。命令 sgrid 和 zgrid 分别是在连续和离散系统根轨迹图上绘制等阻尼系数和等自然角频率的栅格，其它有关命令及其应用可查阅 MATLAB 的帮助文件（help）。用 MATLAB 绘制根轨迹同样要注意所研究的传递函数形式。

例 4.11 已知连续系统的开环传递函数为

$$G(s)H(s) = \frac{K(2s^2 + 5s + 1)}{s^2 + 2s + 3}$$

试绘制系统的根轨迹。

解 在 MATLAB 命令窗口输入的命令如下：

```
num=[2 5 1];
den=[1 2 3];
rlocus(num,den);
```

也可直接如下一个命令：

```
rlocus([2 51],[1 2 3]);
```

得到系统的根轨迹如图 4.16 所示。在计算机上两条不同颜色的迹线代表两条根轨迹，图中的"○"代表开环零点，"╳"代表开环极点。将鼠标置于根轨迹上任意位置，点击右键，就得到图中的结果，表示的意义如下：

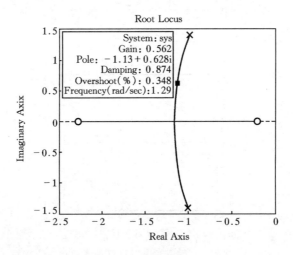

图 4.16 系统根轨迹

系统名称：sys

该点增益＝0.562

该闭环极点的位置：（-1.13+0.628j）

该点的阻尼系数：0.874

单位阶跃的超调量：0.348％

无阻尼自由振荡角频率：1.29 rad/s

这些表明了该点根轨迹所对应的系统性能。

例 4.12　系统的开环传递函数为

$$G(s)H(s) = \frac{K(4s^2 + 3s + 1)}{s(3s^2 + 5s + 1)}$$

试绘制系统的根轨迹，确定当系统的阻尼系数 $\zeta = 0.7$ 时系统闭环极点的位置，并分析系统的性能。

解　在 MATLAB 命令窗口输入的命令如下：

```
num=[4 3 1];
den=[3 5 1 0];
sgrid;
rlocus(num,den);
[k,p]=rlocfind(num,den)
```

执行上述命令后，获得的根轨迹如图 4.17 所示。上面命令最后一行使根轨迹图上出现一个十字可移动光标。将光标的交点对准根轨迹与等阻尼系数线相交处（可将此图局部放大来操作），可以求出该点的极点坐标值和对应的系统增益 K，分别保留在数组 p 和 k 中，结果为

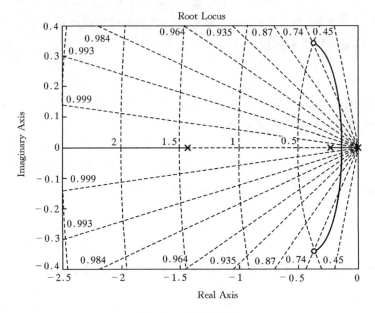

图 4.17　系统根轨迹

$$k = 0.2806$$

$$p = -1.7145$$

$$-0.1631 + 0.1672j$$

$$-0.1631 - 0.1672j$$

可见,当系统开环增益 $K = 0.2806$,闭环系统的三个极点分别为一个实数极点,一对共轭复数极点。实极点距虚轴的距离是复数极点的 10 倍以上,且复数极点附近无闭环零点,因此系统的动态性能主要由这对主导极点的二阶系统决定,此时的 $\zeta = 0.7$。

在根轨迹图上直接获的系统的主要性能指标为:单位阶跃的超调量:4.6%,无阻尼自由振荡角频率:0.234 rad/s,进一步可计算得到系统的调节时间为 24.4 s(2%误差)。

4.7　连续设计示例: 硬盘读写系统的根轨迹法

上一章介绍了磁盘读写系统的一种新的构成形式,引入了速度反馈回路。这里采用 PID(比例、积分和微分)控制器来代替原来的放大器,以便得到系统所期望的系统动态响应。为此重新考虑图 1.15 给出的设计流程的第 4 步,建立新的数学模型(第 5 步)并选择合适的控制器(第 6 步),最后对参数进行优化设计并分析系统的性能(第 7 步)。本节将用根轨迹法来分析设计控制器的参数。

PID 控制器的传递函数为

$$G_c(s) = K_P + \frac{K_I}{s} + K_D s \tag{4.46}$$

因为控制对象模型 $G_2(s)$ 中已经包含了积分环节,所以取 $K_I = 0$。这样就可以选择 PD 控制器,其传递函数为

$$G_C(s) = K_P + K_D s \tag{4.47}$$

本例的设计目标是确定 K_P 和 K_D 的取值,以使系统满足设计参数要求。控制系统的框图如图 4.18 所示。系统的闭环传递函数为

$$W(s) = \frac{Y(s)}{R(s)} = \frac{G_c(s)G_1(s)G_2(s)}{1 + G_c(s)G_1(s)G_2(s)H(s)} \tag{4.48}$$

式中 $H(s) = 1$。

为了得到参数变化时的根轨迹,将 $G_c(s)G_1(s)G_2(s)$ 写成

$$G_c G_1 G_2 H(s) = \frac{5000(K_P + K_D s)}{s(s + 20)(s + 1000)} = \frac{5000 K_D(s + z)}{s(s + 20)(s + 1000)} \tag{4.49}$$

式中 $z = K_P / K_D$。于是可以先用 K_P 来选择开环零点 z 的位置,再画出 K_D 变化时的根轨迹。借鉴 3.8 节的结果,取 $z = 1$,于是(4.49)式变为

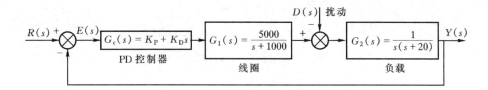

图 4.18　带 PD 控制器的磁盘读写控制系统

$$G_{c}G_{1}G_{2}H(s) = \frac{5000K_{D}(s+1)}{s(s+20)(s+1000)} \tag{4.50}$$

式(4.49)的极点比零点多 2 个,因而根轨迹有两条渐近线,如图 4.19 所示。渐近线与实轴的交角为 $\theta_{k}=\pm90°$,渐近线中心为

$$\sigma_{a} = \frac{-20-1000+1}{2} = -509.5$$

于是可以得出如图 4.19 所示的近似根轨迹图。设计时,可以利用 MAT-LAB 来确定与不同的特征根对应的 K_{D} 值,如在图 4.19 中就标出了与 $K_{D}=100$ 对应的特征根。利用 MATLAB,还可以得到系统的实际响应值。系统的阶跃响应曲线如图 4.20 所示,其分析计算结果列于表 4.4 中,从表中可以看出,所设计的系统满足了所有的设计规格要求。所给出的 20 ms 调节时间是系统"实际"达到终值所需的时间,换句话说,

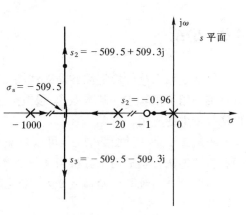

图 4.19　近似根轨迹图

系统能迅速达到终值的 96.4%,然后才慢慢地与终值吻合。

表 4.4　磁盘驱动器系统的设计规格要求和实际性能指标

性能指标	预期值	实际值
超调量	$<5\%$	0.5%
调节时间	<250 ms	20 ms
单位阶跃干扰的最大响应值	$<5\times10^{-3}$	2×10^{-3}

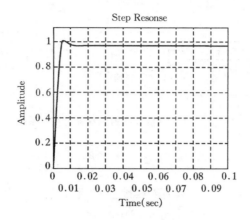

图 4.20　系统的阶跃响应

4.8　小结

　　闭环控制系统的稳定性和动态性能与闭环特征方程根的位置密切相关。本章详细介绍了根轨迹的基本概念、根轨迹的绘制方法以及根轨迹法在控制系统性能分析中的应用。

　　根轨迹法是一种图解方法，可以避免繁重的计算工作，工程上使用比较方便。根轨迹法特别适用于分析当某一个参数变化时，系统性能的变化趋势。

　　根轨迹是系统某个参量从 $0 \to \infty$ 变化时闭环特征根相应在 s 平面上移动描绘出的轨迹。

　　根轨迹法的基本思路是：在已知系统开环零、极点分布的情况下，依据绘制根轨迹的基本法则绘出系统的根轨迹；分析系统性能随参数的变化趋势；在根轨迹上可确定出满足系统性能要求的闭环极点位置；可利用闭环主导极点的概念，对控制系统性能进行定性分析和定量估算。

　　绘制根轨迹是用根轨迹法分析系统的基础。牢固掌握并熟练应用绘制根轨迹的基本规则，就可绘制出根轨迹的大致形状。借助于 MATLAB，控制系统的根轨迹分析变得更加灵活、方便、高效。

　　在控制系统中适当增加一些开环零、极点，就可以改变根轨迹的形状，从而达到改善系统性能的目的。一般来情况下，增加开环零点可以使根轨迹左移，有利于改善系统的相对稳定性和动态性能；相反地，单纯加入开环极点，则根轨迹右移，不利于系统的相对稳定性和动态性能。

习　题

4.1　已知系统开环零、极点的分布如图 4.21 所示,试概略地绘制系统的根轨迹图。

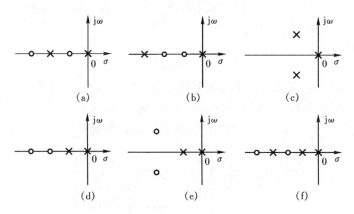

图 4.21　开环零、极点的分布图

4.2　已知单位负反馈系统的开环传递函数,试绘制出其概略根轨迹图。

(1) $G(s)H(s) = \dfrac{K(s+5)}{s(s+2)(s+3)}$;

(2) $G(s)H(s) = \dfrac{K(s+1)}{s(2s+1)}$;

(3) $G(s)H(s) = \dfrac{K}{s(s^2+8s+20)}$;

(4) $G(s)H(s) = \dfrac{K}{s(s+1)(s+2)(s+5)}$;

(5) $G(s)H(s) = \dfrac{K}{s(s+2)(s^2+4s+5)}$;

(6) $G(s)H(s) = \dfrac{K(s+2)}{s(s+3)(s^2+2s+2)}$。

4.3　单位负反馈系统的开环传递函数为

$$G(s)H(s) = \frac{K}{s(s^2+2s+5)}$$

绘制出其概略根轨迹图,并求:(1)渐近线倾角 θ_k 及与实轴交点的坐标 σ_a;(2)复数极点处的出射角;(3)根轨迹与虚轴的交点及相应的 K 值。

4.4　单位负反馈系统的开环传递函数为

$$G(s)H(s) = \frac{K(s+2)}{s(s+1)}$$

求根轨迹分离点和汇合点的坐标,绘制出其概略根轨迹图。

4.5　系统的开环传递函数为

$$G(s)H(s)=\frac{K}{s(s+3)(s^2+2s+2)}$$

绘制出其概略根轨迹图。(1)求渐近线倾角 θ_k 及与实轴交点的坐标 σ_a;(2)确定复数极点处的出射角;(3)确定根轨迹与虚轴的交点及相应的 K 值。

4.6　已知单位负反馈系统的开环传递函数为

$$G(s)H(s)=\frac{K}{s(0.05s^2+0.4s+1)}$$

试绘制 K 由 $0\to\infty$ 变化时系统的根轨迹,并确定系统的稳定范围。

4.7　已知一双闭环控制系统如图 4.22 所示,试绘制 K 由 $0\to\infty$ 变化时系统的根轨迹图,并确定根轨迹的出射角及其与虚轴的交点。

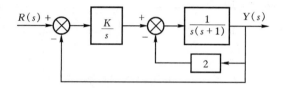

图 4.22　双闭环控制系统

4.8　单位负反馈系统的开环传递函数为

$$G(s)H(s)=\frac{K(s+1)}{s(s-1)}$$

(1)画出以为参变量的根轨迹,并证明复平面部分的根轨迹是以 $(-1,0)$ 为圆心,半径为 $\sqrt{2}$ 圆的一部分;

(2)根据所作的根轨迹图,确定系统稳定的 K 值范围;

(3)由根轨迹图,求系统的调整时间为 4 s 时的 K 值和相应的闭环极点。

4.9　某单位负反馈系统的开环传递函数为

$$G(s)H(s)=\frac{K}{s(s+2)(s+4)}$$

(1)绘制 K 由 $0\to\infty$ 变化时系统的根轨迹,并确定根轨迹分离点的坐标;

(2)确定系统呈阻尼振荡动态响应的 K 值范围;

(3)求系统产生持续等幅振荡时的 K 值和振荡频率;

(4)求主导复数极点具有阻尼系数为 0.5 时的 K 值。

4.10　单位负反馈系统的开环传递函数为

$$G(s)H(s)=\frac{K(s+2)}{s(s+1)(s+3)}$$

(1)绘制 K 由 $0\rightarrow\infty$ 变化时系统的根轨迹;

(2)求 $\zeta=0.5$ 时的一对闭环极点和相应的 K 值。

4.11　控制系统的框图如图 4.23 所示。试绘制以 τ 为参变量的根轨迹图 $(0<\tau<\infty)$。

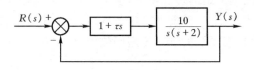

图 4.23　控制系统框图

4.12　某随动控制系统的开环传递函数为

$$G(s)H(s)=\frac{\frac{1}{4}(s+\alpha)}{s^2(s+1)}$$

试绘制以 α 为参变量的根轨迹 $(0<\alpha<\infty)$。

4.13　已知单位负反馈系统的开环传递函数为

$$G(s)H(s)=\frac{4(s^2+1)}{s(s+T)}$$

试绘制以 T 为参变量的根轨迹 $(0<T<\infty)$。

4.14　实系数特征方程为

$$s^3+5s^2+(6+a)s+a=0$$

要使其特征根均为实数,试确定的 a 取值范围。

4.15　设控制系统如图 4.24 所示。(1)为使闭环极点 $s=-1\pm j\sqrt{3}$,试确定增益 K 和速度反馈系数 K_h 的值;(2)根据所求的 K_h 值,画出以 K 为参变量的根轨迹。

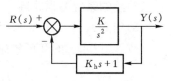

图 4.24　控制系统框图

4.16　控制系统的框图如图 4.25 所示。(1)当 $G_c(s)=K$ 时,由所绘制的根轨迹证明系统总是不稳定的;(2)当 $G_c(s)=\dfrac{K(s+2)}{s+20}$ 时,绘制系统的根轨迹,并确定系统稳定的 K 值范围。

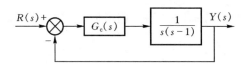

图 4.25　控制系统框图

4.17 设反馈控制系统中

$$G(s) = \frac{K}{s^2(s+2)(s+5)}, \quad H(s) = 1$$

(1)绘出系统的根轨迹图,判断闭环系统的稳定性;

(2)如果改变反馈通道的传递函数,使 $H(s) = 2s+1$,判断 $H(s)$ 改变后的系统的稳定性,研究由于 $H(s)$ 改变所产生的效应。

4.18 单位负反馈系统的开环传递函数为

$$G(s)H(s) = \frac{K}{s^2(s+1)}$$

(1)画出其概略根轨迹图,并分析能否取合适的 K 值使闭环系统稳定;

(2)用根轨迹图证明,如果在负实轴上增加一个开环零点 $z_1 = -\frac{1}{2}$,可使该系统稳定。

4.19 单位负反馈系统的开环传递函数为

$$G(s)H(s) = \frac{K}{s(s+0.5)(s^2+0.6s+10)}$$

(1)画出其概略根轨迹图,并确定根轨迹与虚轴的交点;

(2)用 MATLAB 绘制该系统的根轨迹图。

4.20 单位负反馈系统的开环传递函数为

$$G(s)H(s) = \frac{K(s+1)}{s(s-1)(s+4)}$$

(1)确定系统稳定的 K 值范围;

(2)绘制系统的根轨迹;

(3)用 MATLAB 编程,画出系统的根轨迹,并验证结论。

4.21 设系统的开环传递函数为

$$G(s)H(s) = \frac{K(s+3)}{(s+4)(s^2+2s+2)}$$

试用 MATLAB 编程,分别画出正、负反馈时系统的根轨迹图,并比较这两个图形有什么不同,可以得出什么结论。

4.22 单位负反馈系统的开环传递函数为

$$G(s)H(s) = \frac{K}{(s+3)(s^2+2s+2)}$$

要求闭环系统的最大超调 $\sigma\% \leqslant 25\%$,调节时间 $t_s \leqslant 10$ s,试借助于 MATLAB 选择合适的 K 值。

第 5 章 线性系统的频率法分析

5.1 频率特性的基本概念

控制系统中的信号可以表示为不同频率正弦信号的合成。控制系统的频率特性反映正弦信号作用下系统响应的性能。应用频率特性研究线性系统的经典方法称为频域分析法。

用频率法分析系统性能时,不必求解系统的微分方程,而是作出系统频率特性的图形。然后通过频域与时域之间的对应关系来分析系统的性能。

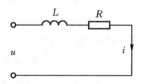

图 5.1 RL 串联电路

频率特性和传递函数类似,也是系统的一种数学模型,它不仅可以反映系统的性能,而且还可以反映系统的参数和结构与系统性能的关系。下面举一个简单的例子。图 5.1 所示为 RL 串联的惯性环节。

设输入为正弦交流电压 $u = U\sin\omega t$,输出为电路中电流 i。我们知道,稳态时线性电路输出量与输入量之间有以下关系:同频、变幅、移相。由于 u 和 i 均为同频正弦量,可以用复数形式表示

$$\dot{U} = U\mathrm{e}^{\mathrm{j}\omega t}$$

电路复阻抗为

$$Z = R + \mathrm{j}\omega L$$

电路中电流为

$$\dot{I} = \frac{\dot{U}}{Z} = \frac{\dot{U}}{R + \mathrm{j}\omega L} = \frac{U}{\sqrt{R^2 + (\omega L)^2}}\mathrm{e}^{\mathrm{j}(\omega t + \varphi)}$$

式中

$$\varphi = -\arctan\frac{\omega L}{R}$$

输出量 $\dot{I}$ 与输入量 $\dot{U}$ 之比为

$$\frac{\dot{I}}{\dot{U}} = \frac{1}{R + \mathrm{j}\omega L} = \frac{1}{\sqrt{R^2 + (\omega L)^2}}\mathrm{e}^{\mathrm{j}\varphi}$$

这个比值为一个复数量,其幅值和相角都随频率而变化,它表示这电路在不同频率下传递正弦信号的性能,称为这电路的频率特性,记为 $G(\mathrm{j}\omega)$。

　　系统对正弦输入信号的稳态响应称为频率响应,而频率特性是稳态正弦输出量复数符号与相应的输入量复数符号之比,因此系统的频率响应可表示为

$$\dot{I} = G(j\omega)\dot{U}$$

在此电路中

$$G(j\omega) = \frac{1}{\sqrt{R^2 + (\omega L)^2}} e^{j\varphi} = A(\omega) e^{j\varphi(\omega)}$$

式中

$$A(\omega) = \frac{1}{\sqrt{R^2 + (\omega L)^2}} = \frac{\dfrac{1}{R}}{\sqrt{1 + (\omega T)^2}}$$

$$T = L/R$$

　　$G(j\omega)$ 的幅值 $A(\omega)$ 是稳态正弦输出量与相应输入量幅值之比,它随频率的变化关系称为电路的幅频特性,如图 5.2(a)所示。它表示电路对不同频率正弦信号的稳态衰减(或放大)能力。可以看出,对低频信号,$A(\omega)$ 较大,而频率愈高;$A(\omega)$ 愈小,衰减愈多,即高频信号通过电路的能力低,这种特性,叫"低通滤波器特性"。大多数自控系统都有这种特性。$G(j\omega)$ 的相角 $\varphi(\omega)$ 是输出量与输入量的相位差,也随频率不同而变,φ 随 ω 变化的关系称为电路的相频特性,如图 5.2(b)所示。它表示电路对不同频率稳态正弦信号的移相能力。从图 5.2(b)可以看出,频率为 0 的直流分量可以无延迟地通过该电路。频率愈高,输出量比输入量的相位延迟得愈多。这种相位延迟作用,往往会对系统的稳定性和瞬态性能带来不利的影响。

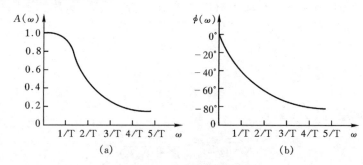

图 5.2　RL 电路的频率特性
(a)幅频特性;(b)相频特性

　　上述频率特性的定义既可以适用于稳定系统,也可适用于不稳定系统。稳定系统的频率特性可以用实验方法确定,即在系统的输入端施加不同频率的正弦信号,然后测量系统输出稳态响应,再根据幅值比和相位差作出系统的频率特性曲线。频率特性也是系统数学模型的一种表达形式。

对于不稳定系统,输出响应稳态分量中含有由系统传递函数的不稳定极点产生的呈发散或振荡的分量,所以不稳定系统的频率特性不能通过实验方法确定。

线性定常系统的传递函数为零初始条件下,输出和输入的拉氏变换之比

$$G(s) = \frac{C(s)}{R(s)}$$

上式的反变换式为

$$g(t) = \frac{1}{2\pi} \int_{\sigma-j\infty}^{\sigma+j\infty} G(s) e^{st} \, ds$$

式中 σ 位于 $G(s)$ 的收敛域。若系统稳定,则 σ 可以取为零。如果 $g(t)$ 的傅氏变换存在,可令 $s = j\omega$,则有

$$g(t) = \frac{1}{2\pi} \int_{-\infty}^{\infty} G(j\omega) e^{j\omega t} \, d\omega$$

$$= \frac{1}{2\pi} \int_{-\infty}^{\infty} \frac{C(j\omega)}{R(j\omega)} e^{j\omega t} \, d\omega$$

因而

$$G(j\omega) = \frac{C(j\omega)}{R(j\omega)} = G(s) \Big|_{s=j\omega} \tag{5.1}$$

由此可知,稳定系统的频率特性等于输出和输入的傅氏变换之比,而这正是频率特性的物理意义。频率特性与微分方程和传递函数一样,也表征了系统的运动规律,成为系统频域分析的理论依据。系统三种描述方法的关系可用图5.3说明。

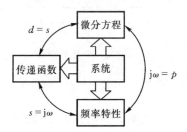

图 5.3　频率特性、传递函数和微分方程三种系统描述之间的关系

5.2　典型环节的频率特性

5.2.1　概述

环节(或系统)的频率特性,常用三种图形表示:

（1）对数坐标图，或伯德（Bode）图；

（2）极坐标图，或奈魁斯特（Nyquist）图；

（3）对数幅相图。

这三种图仅是表示形式不同，本质上都是一样的。

1. 对数坐标图或伯德图（Bode）图

对数坐标图由对数幅频特性和对数相频特性两张图组成。对数幅频特性是 $G(j\omega)$ 的对数值 $20\log A(\omega)$ 和频率 ω 的关系曲线。为了作图方便，通常将它画在半对数纸上，频率采用对数分度，对数幅值采用线性分度，如图 5.4 所示。图中纵坐标为 $L(\omega)=20\log A(\omega)$，称为增益，单位为 dB（分贝），$A(\omega)$ 每增大 10 倍，$L(\omega)$ 增加 20 dB。由于画的是 $L(\omega)$，已经过对数转换，所以纵坐标只需线性刻度。横坐标为角频率 ω（单位为 1/s），采用对数刻度，ω 每增大 10 倍，横坐标就增加一个单位长度，横坐标上的单位长度表示了频率增大 10 倍的距离，所以称为"10 倍频程"（dec）。相频特性的横坐标与对数幅频特性的横坐标相同，也是对数刻度。纵坐标为相角 $\varphi(\omega)$（单位为度或弧度），不取对数，故采用线性刻度。

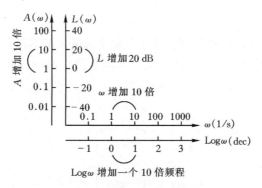

图 5.4　对数幅频特性的坐标

在画对数频率特性时，必须掌握对数刻度的概念。尽管在 ω 坐标轴上标明的数值是 ω 值，但坐标轴上的距离却是按 $\log\omega$ 的大小刻度的。例如 ω_1 和 ω_2 点之间的距离为 $\log\omega_2-\log\omega_1$，而不是 $\omega_2-\omega_1$。

当系统由许多环节串联组成时，系统的频率特性为环节频率特性的乘积

$$G(j\omega)=G_1(j\omega)G_2(j\omega)\cdots G_n(j\omega)$$

式中　　　　　　$G_1(j\omega)=A_1(\omega)e^{j\varphi_1(\omega)}$

$$G_2(j\omega)=A_2(\omega)e^{j\varphi_2(\omega)}$$

$$G_n(j\omega)=A_n(\omega)e^{j\varphi_n(\omega)}$$

$$G(j\omega)=A(\omega)e^{j\varphi(\omega)}$$

在绘制系统的对数幅频特性时有

$$A(\omega) = A_1(\omega)A_2(\omega) \cdots A_n(\omega)$$

$$L(\omega) = 20\log A(\omega)$$

$$= 20\log A_1(\omega) + 20\log A_2(\omega) + \cdots + 20\log A_n(\omega)$$

$$= L_1(\omega) + L_2(\omega) + \cdots + L_n(\omega) \tag{5.2}$$

$$\varphi(\omega) = \varphi_1(\omega) + \varphi_2(\omega) + \cdots + \varphi_n(\omega) \tag{5.3}$$

由式(5.2)、式(5.3)看出,当绘制由各个环节串联的系统的对数坐标图时,只需将各环节的对数坐标图进行加减即可。以后还可看到用分段直线来近似代替准确的对数幅频特性,因而采用半对数纸作对数坐标图是比较简便的。

由图 5.4 的横坐标可以看出,由于采用了对数刻度,将低频段相对展宽了(低频段的频率特性对研究系统性能是较重要的),而将高频段相对压缩了,因此对数坐标图既可以展宽视野,又便于研究低频段的特性。

2. 极坐标图或幅相频率特性(Nyquist 图)

设系统的频率特性

$$G(j\omega) = A(\omega)e^{j\varphi(\omega)}$$

可以用向量来表示某一频率 ω_i 下的 $G(j\omega_i)$,向量相对于极坐标轴的转角为 $\varphi(j\omega_i)$,取逆钟向为相角的正方向。如图 5.5(a)所示。通常将极坐标重合在直角坐标中,如图上 5.5(b)所示。极点取直角坐标的原点,极坐标轴取直角坐标轴的实轴。这样向量 $G(j\omega_i)$ 在实轴上的投影 $P(j\omega_i)$ 为 $G(j\omega_i)$ 的实部,在虚轴的投影 $Q(j\omega_i)$ 为它的虚部。

$A(\omega)$ 和 $\varphi(\omega)$ 均是频率 ω 的函数,当 ω 变化时,$G(j\omega_i)$ 的幅值和相角均随之变化,因而表示它的向量也随之变化。当 ω 从 0 变到 ∞ 时,这些向量的端点将描绘出一条曲线,这条曲线叫 $G(j\omega_i)$ 的极坐标图,或奈魁斯特曲线,如图 5.5(c)的虚线所示。在极坐标图上往往用箭头表示频率增大的方向。

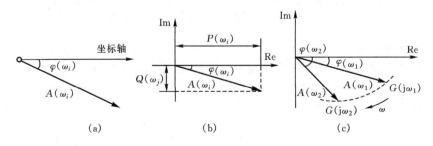

图 5.5　极坐标图

由于对数坐标图易于绘制,所以往往先画出对数坐标图,通过转换再画出极坐标图。

3. 对数幅相图或尼柯尔斯(Nichols)曲线

对数幅相图是以角频率 ω 为参数绘制的,它将对数幅频特性和相频特性组合成一张图,纵坐标表示对数幅值(dB),横坐标表示相应的相角(°)。

5.2.2　典型环节的频率特性绘制及分析

系统由一些典型环节组成,可以归纳为六种:积分环节、惯性环节、振荡环节、微分环节、延迟环节、比例环节。

(1)积分环节的频率特性

积分环节的传递函数为

$$G(s)=1/s$$

它的频率特性为

$$G(\mathrm{j}\omega) = \frac{1}{\mathrm{j}\omega} =-\mathrm{j}\,\frac{1}{\omega} = \frac{1}{\omega}\mathrm{e}^{-\mathrm{j}\frac{\pi}{2}}$$

$$A(\omega) = \frac{1}{\omega}$$

$$\varphi(\omega) =-\frac{\pi}{2}$$

积分环节的幅值与 ω 成反比,相角恒为 $-90°$。

它的对数幅频特性为

$$L(\omega) = 20\log A(\omega) =- 20\log\omega \tag{5.4}$$

画出对数幅频特性如图 5.7(a)所示。它是一条直线。因为

$$-20\log 10\omega =-20\log\omega-20$$

即频率每增大 10 倍,特性下降 20 dB,所以积分环节的对数幅频特性斜率为 -20 dB/dec

当 $\omega=1$ 时,$L(\omega)=0$,故它与 0 dB 线的交点为 $\omega=1$。

相频特性为一水平线

$$\varphi(\omega) =- 90° \tag{5.5}$$

如图 5.6(b)所示。

积分环节的极坐标图为一与负虚轴重合的直线,如图 5.7 所示。

(2)惯性环节的频率特性

惯性环节的传递函数为

$$G(s)=\frac{1}{1+Ts}$$

它的频率特性为

$$G(\mathrm{j}\omega) = \frac{1}{1+\mathrm{j}\omega T} = \frac{1}{1+\omega^2 T^2} -\mathrm{j}\,\frac{\omega T}{1+\omega^2 T^2} = \frac{1}{\sqrt{1+\omega^2 T^2}}\mathrm{e}^{\mathrm{j}\varphi(\omega)} \tag{5.6}$$

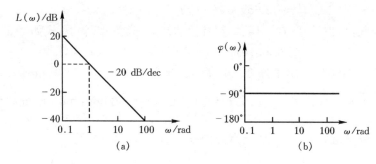

图 5.6　积分环节的对数坐标图

式中

$$\varphi(\omega) = -\arctan\omega T \qquad (5.7)$$

它的对数幅频特性为

$$L(\omega) = 20\log A(\omega) = -20\log \sqrt{1+(\omega T)^2} \qquad (5.8)$$

为简化作图,可以分段用渐近线近似代替
对数幅频特性

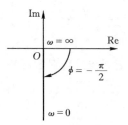

图 5.7　积分环节的极坐标图

① 低频段 $\left(\omega T \ll 1 \text{ 或 } \omega \ll \dfrac{1}{T}\right)$

$$L(\omega) = 20\log A(\omega) = -20\log \sqrt{1+(\omega T)^2} \approx -20\log 1 = 0 \text{ dB}$$

因此,在低频段惯性环节的对数幅频特性渐近线是一条 0 dB 的水平线,称低频
渐近线,如图 5.8 所示。

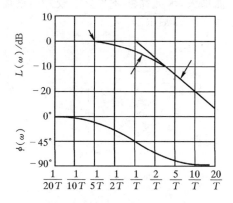

图 5.8　惯性环节的对数坐标图

② 高频段 $\left(\omega T \gg 1 \text{ 或 } \omega \gg \dfrac{1}{T}\right)$

$$L(\omega) = -20\log\sqrt{1+(\omega T)^2} \approx -20\log\omega T \quad \text{dB} \qquad (5.9)$$

因此在高频段,惯性环节的对数幅频特性的渐近线为一条斜线,式如

$$-20\log10\omega T = (-20\log\omega T - 20) \quad \text{dB}$$

即 ω 每增大 10 倍,$L(\omega)$ 下降 20 dB,所以,此渐近线的斜率为 -20dB/dec,此渐近线称高频渐近线。当 $\omega = \dfrac{1}{T}(\omega T = 1)$ 时,$L(\omega) = -20\log1 = 0$ dB,此时低频渐近线和高频渐近线交于一点,交点处频率为 $\omega = \dfrac{1}{T}$,称转角频率。

绘制近似的对数幅频特性很方便,只需求出转角频率 $\omega = \dfrac{1}{T}$,在 $\omega < \dfrac{1}{T}$ 处,作 0 dB 的水平线,在 $\omega > \dfrac{1}{T}$ 处,过横坐标轴上 $\omega = \dfrac{1}{T}$ 点作一条斜率为 -20 dB/dec 的直线。如图 5.8 所示。

用渐近线代替对数幅特性会带来误差,但并不大,最大误差发生在转角频率处,此点误差为:$-20\log\sqrt{1+(\omega T)^2} - (-20\log\omega T) = -20\log\sqrt{2} - 0 = -3.03$ dB

对数幅频特性和相频特性中,ω、T 都是以乘积 ωT 的形式出现,只要 ωT 值相同,幅值和相角就相同,所以对于不同时间常数的惯性环节,它们在相同 ωT 值的幅值和相角都是相同的,若 T 变化 n 倍,则 ω 必变化 $1/n$ 倍,而在对数坐标轴上,ω 变化 $1/n$ 倍,相当于移过 $-\log n$ 的距离,所以,当转角频率变化时,对数频率特性及相频特性左右移动,但形状不变。

从对数频率特性可知,当正弦信号通过惯性环节后,其幅值衰减倍数和相位迟后量均随频率增高而加大,因此惯性环节只能较好地复现缓变的输入信号。

惯性环节的极坐标图是一个半圆(图 5.9)。

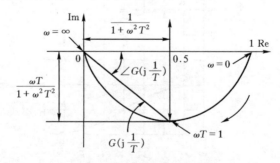

图 5.9　惯性环节的极坐标图

由式(5.6)可知

$$P(\omega) = \frac{1}{1 + \omega^2 T^2}$$

$$Q(\omega) = \frac{-\omega T}{1 + \omega^2 T^2}$$

$$\left[P(\omega) - \frac{1}{2}\right]^2 + Q^2(\omega) = \left(\frac{1}{2}\right)^2$$

所以半圆的圆心在 $P = \frac{1}{2}$,$Q = 0$ 处,半径为 $\frac{1}{2}$。

(3)振荡环节的频率特性

振荡环节的传递函数为

$$G(s) = \frac{1}{T^2 s^2 + 2\zeta T s + 1}, \qquad 1 > \zeta \geqslant 0$$

相应的频率特性为

$$G(j\omega) = \frac{1}{1 + 2\zeta(j\omega T) + (j\omega T)^2} = A(\omega)e^{j\varphi(\omega)}$$

幅频特性为

$$A(\omega) = \frac{1}{\sqrt{(1 - \omega^2 T^2)^2 + (2\zeta\omega T)^2}} \tag{5.10}$$

相频特性为

$$\varphi(\omega) = -\arctan\left(\frac{2\zeta\omega T}{1 - \omega^2 T^2}\right) \tag{5.11}$$

对数幅频特性为

$$L(\omega) = 20\log A(\omega) = -20\log\sqrt{(1 - \omega^2 T^2)^2 + (2\zeta\omega T)^2} \tag{5.12}$$

① 低频段 $\omega T \ll 1 \left(\text{或 } \omega \ll \frac{1}{T}\right)$

$$L(\omega) \approx -20\log 1 = 0 \text{ dB}$$

所以,低频渐近线为一条 0 dB 的水平线。

② 高频段 $\omega T \gg 1 \left(\text{或 } \omega \gg \frac{1}{T}\right)$

这时可将式(5.10)中根号内 ωT 的低次项及 1 略去。

$$L(\omega) \approx -20\log\omega^2 T^2 = -40\log\omega T$$

当频率增大 10 倍时

$$L(\omega) = -40\log 10\omega T = (-40\log\omega T - 40) \text{ dB}$$

所以高频渐近线的斜率为 -40 dB/dec。当 $\omega = \frac{1}{T}$(即 $\omega T = 1$)时,$L(\omega) = 0$,即低

频渐近线和高频渐近线的转角频率为 $\omega = \frac{1}{T}$。

用渐近线代替精确对数幅频特性时也会带来误差,误差的大小和 ζ 值有关, ζ 很小时,误差较大。如图 5.10 所示。当 ζ 较小时,对数幅频特性有一高峰,称谐振峰。出现谐振峰的频率 ω_r 称为谐振频率。

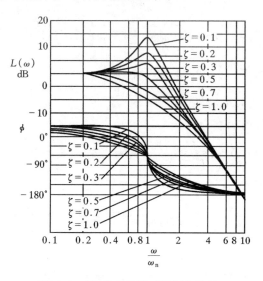

图 5.10 振荡环节的对数频率特性

将

$$A(\omega) = \frac{1}{\sqrt{(1-\omega^2 T^2)^2 + (2\zeta\omega T)^2}}$$

对 ω 求导,并令导数为 0,即

$$\left.\frac{\mathrm{d}A(\omega)}{\mathrm{d}\omega}\right|_{\omega=\omega_r} = \frac{4T^4\omega^3 + 4\omega T^2(2\delta^2-1)}{2\sqrt{[(1+T^2\omega^2)^2 + (2\zeta\omega T)^2]^3}}\bigg|_{\omega=\omega_r} = 0$$

得

$$\omega_r = \frac{1}{T}\sqrt{1-2\zeta^2}, \quad (0 \leqslant \zeta < 0.707) \tag{5.13}$$

将式(5.13)代入式(5.10)可求得谐振峰值 M_r

$$M_r = A(\omega)_{\max} = \frac{1}{2\zeta\sqrt{1-\zeta^2}}, \quad 0 \leqslant \zeta \leqslant 0.707 \tag{5.14}$$

式(5.10)的分母可写成

$$\sqrt{1 + \omega^4 T^4 + \omega^2 T^2(4\zeta^2 - 2)}$$

当 $4\zeta^2 - 2 > 0$ 即 $\zeta > 0.707$ 后,随着频率的增高,式(5.10)的分母是增大,即 $A(\omega)$ 是单调减小的。所以 $\zeta > 0.707$ 后,对数幅频特性不出现谐振峰。

当 $\zeta \to 0$ 时,由式(5.14)可知,$M_r \to \infty$。此时时域中的阶跃响应是等幅振荡的,环节处于临界稳定状态。

当环节在 ω_r 处出现谐振峰时,表示环节对频率 ω_r 为附近的谐波分量的放大能力特别强,输入信号中频率在 ω_r 附近的谐波分量被放得很大,在输出信号中这些谐波分量特别突出,因此环节的阶跃响应有以 ω_r 附近的频率振荡的倾向。

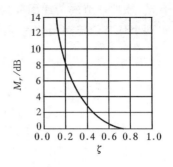

图 5.11　振荡环节的 M_r 与 ζ 的关系曲线

振荡环节的相频特性为

$$\varphi(\omega) = -\arctan \frac{2\zeta\omega T}{1 - \omega^2 T^2}$$

φ 是 ω 和 ζ 的函数,但不论为何值,总有

$$\omega = 0, \ \varphi = 0$$

$$\omega = \frac{1}{T}, \ \varphi = -90°$$

$$\omega = \infty, \ \varphi = -180°$$

由图 5.10 可知,相频特性对于 $\omega = \frac{1}{T}$,$\varphi = -90°$ 的点是斜对称的。

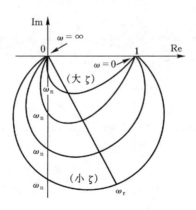

图 5.12　振荡环节的极坐标图

由式(5.10)、(5.11),可以求得各个 ω 值时的 $A(\omega)$ 和 $\varphi(\omega)$ 值。图 5.12 为振荡环节的极坐标图。极坐标图的形状与阻尼比 ζ 有关,与 T 无关。曲线上离原点最远的点 $\omega = \omega_r$,$A(\omega) = M_r$。

(4)微分环节的频率特性

纯微分环节、比例微分环节、二阶微分环节都属于微分环节。将这些环节和积分环节、惯性环节的传递函数列表 5.1,可以看出其传递函数互为倒数。

设两个环节的传递函数为 $G_1(s)$、$G_2(s)$,且有

$$G_1(s) = \frac{1}{G_2(s)}$$

两个环节的频率特性为

$$G_1(\mathrm{j}\omega) = A_1(\omega)\mathrm{e}^{\mathrm{j}\varphi_1(\omega)}$$
$$G_2(\mathrm{j}\omega) = A_2(\omega)\mathrm{e}^{\mathrm{j}\varphi_2(\omega)}$$

表 5.1 一些环节的传递函数

纯微分环节	s	积分环节	$1/s$
比例微分环节	$Ts+1$	惯性环节	$1/(Ts+1)$
二阶微分环节	$T^2s^2+2\zeta s+1$ $T>0, 0\leqslant\zeta<1$	振荡环节	$1/(T^2s^2+2\zeta s+1)$ $T>0, 0\leqslant\zeta<1$

显然

$$A_1(\omega) = \frac{1}{A_2(\omega)}$$
$$L_1(\omega) = -L_2(\omega)$$
$$\varphi_1(\omega) = -\varphi_2(\omega)$$

所以只要把积分环节、惯性环节、振荡环节的对数频率特性曲线上下倒过来,就得微分环节的对数频率特性,如图 5.13 所示。

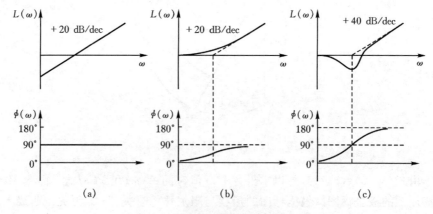

图 5.13 微分环节的对数频率特性

(a)纯微分环节;(b)比例微分环节;(c)二阶微分环节

可见微分环节具有高通滤波器特性,对高频干扰较敏感,实际使用时应注意这一点。

这三种微分环节的极坐标图可由其频率特性式分析得出,纯微分环节的频率特性为正 $j\omega$。所以极坐标图为正虚轴。比例微分环节的频率特性为 $G(j\omega)=1+j\omega T$,所以极坐标图是实部为 1 且平行于正虚轴的直线,二阶微分环节的频率特性为 $G(j\omega)=(1-T^2\omega^2)+j2\zeta\omega T$。当 $\omega=0$ 时,$G(j\omega)=1$,随 ω 增大,实部减小,虚部增大。据以上分析可画出三种微分环节的极坐标图如图 5.14 所示。

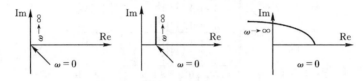

图 5.14　微分环节的对数频率特性

(5)延迟环节的频率特性

延迟环节的传递函数为

$$G(s)=e^{-Ts}$$

它的频率特性为

$$G(j\omega)=e^{-j\omega T}$$

其幅值为

$$A(\omega)=1,\quad L(\omega)=0 \tag{5.15}$$

相角为

$$\varphi(\omega)=-\omega T(\mathrm{rad})=-57.3\omega T\ (°) \tag{5.16}$$

延迟环节的对数相频特性如图 5.15 所示。

延迟环节的极坐标图是一个单位圆,如图 5.16 所示。在低频段 $\omega\ll\dfrac{1}{T}$ 时,可以用惯性环节近似延迟环节,其极坐标图如虚线所示,在低频段与单位圆很相近,高频段两特性差别很大。

(6)比例环节的频率特性

比例环节的传递函数及频率特性为

$$G(s)=K$$
$$G(j\omega)=K$$
$$A(\omega)=|K|$$
$$L(\omega)=20\log|K|$$
$$\varphi(\omega)=0°\ (K>0)$$
$$\varphi(\omega)=-180°(K<0)$$

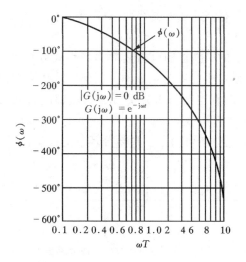

图 5.15　延迟环节 ω 的相角特性

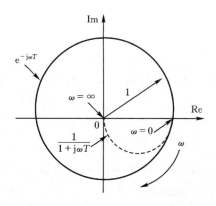

图 5.16　延迟环节的极坐标图

其对数幅频特性为一水平线，$K>1$，在 0 dB 线以上，$K<1$，在 0 dB 线以下。相频特性与横坐标轴重合。

5.3　系统开环频率特性的绘制

5.3.1　系统开环对数频率特性的绘制

系统开环传递函数作典型环节分解后，可先作出各典型环节的对数频率特性曲线，然后采用叠加方法即可方便地绘制系统开环对数频率特性曲线。鉴于系统开环对数幅频渐近特性在控制系统的分析和设计中具有十分重要的作用，以下着重介绍开环对数幅频渐近特性曲线的绘制方法。举例说明如下：

例 5.1　设单位反馈控制系统如图 5.17 所示

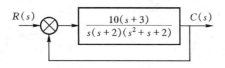

$$R(s) \quad \xrightarrow{\quad} \quad \boxed{\dfrac{10(s+3)}{s(s+2)(s^2+s+2)}} \quad \xrightarrow{\quad C(s)}$$

图 5.17　单位反馈系统

试绘制系统开环对数坐标图。

解　系统开环频率特性为

$$G(j\omega) = \frac{10(3+j\omega)}{(j\omega)(2+j\omega)\big[2+j\omega+(j\omega)^2\big]}$$

$$= \frac{7.5\left(1+j\dfrac{\omega}{3}\right)}{(j\omega)\left(1+\dfrac{j\omega}{2}\right)\left[1+\dfrac{j\omega}{2}+\dfrac{(j\omega)^2}{2}\right]}$$

由上式可以看出，系统由 5 个典型环节组成。

（1）比例环节　$G_1(j\omega)=7.5$

（2）积分环节　$G_2(j\omega)=\dfrac{1}{j\omega}$

（3）比例微分环节　$G_3(j\omega)=1+j\dfrac{\omega}{3}$

（4）惯性环节　$G_4(j\omega)=\dfrac{1}{1+\dfrac{j\omega}{2}}$

（5）振荡环节　$G_5(j\omega)=\dfrac{1}{1+\dfrac{j\omega}{2}+\dfrac{(j\omega)^2}{2}}$

按以下特征可以画出各环节的对数坐标图

①　比例环节。

$$L_1(\omega)=20\log 7.5=17.5\ \text{dB}$$

对数幅频特性，为 17.5 dB 的水平线，相频特性为 0°的水平线，如图 5.18 中①所示。

②　积分环节。对数幅频特性是一条与 0 dB 线交于 $\omega=1$，斜率为 -20 分贝/10 倍频程的直线，相频特性为 $-90°$的水平线，如图 5.18 中②所示。

③　比例微分环节。转角频率 $\omega_3=3/s$，对数幅频特性在 $\omega<\omega_3$ 时为 0 dB 的水平线，在 $\omega>\omega_3$ 时为斜率 $+20$ dB/dec 的直线。相频特性在到 0°～90°范围内

变化,是对+45°的点斜对称的曲线。如图 5.18 中③所示。

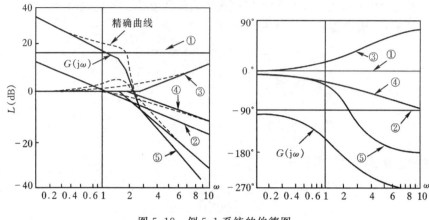

图 5.18 例 5.1 系统的伯德图

④ 惯性环节。转角频率 $\omega_2 = 2/s$,对数幅频特性在 $\omega < \omega_2$ 时为 0 dB 的水平线,在 $\omega > \omega_2$ 为斜率为 -20 dB/dec 的直线。相频特性在 0°～-90°范围内变化,是对 -45°的点斜对称的曲线,如图 5.18 中④所示。

⑤ 振荡环节。转角频率 $\omega_1 = \sqrt{2}/s$,阻尼比 $\zeta = \dfrac{\sqrt{2}}{4} = 0.35$,对数幅频特性渐近线在 $\omega < \omega_1$ 时为 0 dB 的水平线,在 $\omega > \omega_1$ 时为 -40 dB/dec 的直线。相频特性在 0°～-180°到范围内变化,是对 -90°的点斜对称的曲线,如图 5.18 中⑤所示。

将以上对数幅频特性的渐近线叠加,就得系统开环对数幅频特性,如图5.18中 $G(\mathrm{j}\omega)$ 所示,图中虚线为进行修正后的精确曲线。从 $G(\mathrm{j}\omega)$ 曲线看出,在 $\omega < \omega_1$ 时,对数幅频特性渐近线的斜率为 -20 dB/dec,在 $\omega_1 < \omega < \omega_2$ 时,渐近线斜率变成 -60 dB/dec,在 $\omega_2 < \omega < \omega_3$ 时,变成 -80 dB/dec,在 $\omega > \omega_3$ 时,又变成 -60 dB/dec。

将各环节的相频特性逐点相加,就得到开环系统的相频特性。

从以上作图可以看出,系统开环幅频特性有以下特点:

(1)低频段的斜率为 $-20N$ dB/dec,(N 为串联的积分环节数)。

(2)低频渐近线(斜率为 $-20N$ dB/dec 的直线)在 $\omega = 1$ 时,$L = 20\lg K$,K 为系统的开环增益。

(3)在转角频率处,渐近线的斜率要发生变化,每经过一个惯性环节的转角频率,斜率变化 -20 dB/dec,每经过一个振荡环节的转角频率,斜率变化 -40 dB/dec,每经过一个比例微分环节的转角频率,斜率变化 $+20$ dB/dec,每经过一个二阶微分环节的转角频率,斜率变化 $+40$ dB/dec。

由以上特点,可以直接画出开环系统的对数幅频特性,步骤如下:

(1) 算出各环节的转角频率及 20 logK 的 dB 值。

(2) 过 $\omega=1, L=20\log K$ 这一点,作斜率为 $-20N$ dB/dec 的直线。

(3) 从低频段开始,每经过一个转角频率,按环节性质改变一次渐近线的斜率。

(4) 若要画精确曲线,则在各转角频率附近利用误差曲线进行修正。

系统的相频特性可以用各环节相频特性叠加的方法绘制,但工程上往往用分析法计算各系统相频特性上几个点,然后连成曲线。

5.3.2　系统开环幅相曲线绘制

根据系统开环频率特性的表达式,可以通过取点、计算和作图绘制系统开环幅相曲线。这里着重介绍结合工程需要,绘制概略开环幅相曲线的方法。

概略开环幅相曲线反映开环频率特性的三个重要因素。

(1)开环幅相曲线的起点($\omega=0_+$)和终点($\omega=\infty$)

(2)开环幅相曲线与实轴的交点

设 $\omega=\omega_x$ 时,$G(j\omega_x)H(j\omega_x)$ 的虚部为

$$\text{Im}[G(j\omega_x)H(j\omega_x)] = 0 \qquad (5.17)$$

或

$$\varphi(\omega_x) = \angle G(j\omega_x)H(j\omega_x) = k\pi, \quad k = 0, \pm 1, \pm 2, \cdots \qquad (5.18)$$

(3)开环幅相曲线的变化范围(象限、单调性)

开环系统典型环节分解和典型环节幅相曲线的特点是绘制概略开环幅相曲线的基础,下面结合具体的系统加以介绍。

例 5.2　某 0 型单位反馈系统

$$G(s) = \frac{K}{(T_1s+1)(T_2s+1)}, \quad K, T_1, T_2 > 0$$

试概略绘制系统开环幅相曲线。

解　由于惯性环节的角度变化为 $0° \sim -90°$,故该系统开环幅相曲线

　　起点:$A(0)=K$, $\varphi(0)=0°$

　　终点:$A(\infty)=0$, $\varphi(\infty)=2\times(-90°)=-180°$

系统开环频率特性

$$G(j\omega) = \frac{K[1 - T_1T_2\omega^2 - j(T_1+T_2)\omega]}{(1+T_1^2\omega^2)(1+T_2^2\omega^2)}$$

令 $\text{Im}G(j\omega_x)=0$,得 $\omega_x=0$,即系统开环幅相曲线除在 $\omega=0$ 处外与实轴无交点。

由于惯性环节单调地从 $0°$ 变化 $-90°$,故该系统幅相曲线的变化范围为第 Ⅳ 和第 Ⅲ 象限,系统概略开环幅相曲线如图 5.19 实线所示。若取 $K<0$,由于非最

小相位比例环节的相角恒为 $-180°$，故此时系统概略开环幅相曲线由原曲线绕原点顺时针旋转 $-180°$ 而得，如图 5.19 中虚线所示。

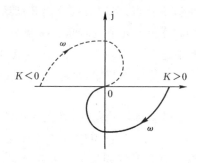

例 5.3 设系统开环传递函数为

$$G(s)H(s) = \frac{K}{s(T_1 s + 1)(T_2 s + 1)},$$

$$K, T_1, T_2 > 0$$

试绘制系统概略开环幅相曲线。

图 5.19 例 5.2 系统概略开环幅相曲线

解 系统开环频率特性

$$G(j\omega)H(j\omega) = \frac{K(1 - jT_1\omega)(1 - jT_2\omega)(-j)}{\omega(1 + T_1^2\omega^2)(1 + T_2^2\omega^2)}$$

$$= \frac{K[-(T_1 + T_2)\omega + j(-1 + T_1 T_2\omega^2)]}{\omega(1 + T_1^2\omega^2)(1 + T_2^2\omega^2)}$$

幅值变化：$A(0_+) = \infty$，$A(\infty) = 0$

相角变化：$\angle \dfrac{1}{j\omega}$，　$-90° \sim -90°$

$$\angle \frac{1}{1 + jT_1\omega}, \quad 0° \sim -90°$$

$$\angle \frac{1}{1 + jT_2\omega}, \quad 0° \sim -90°$$

$$\angle K, \qquad\quad 0° \sim 0°$$

$$\angle \varphi(\omega), \qquad -90° \sim -270°$$

起点处：$\mathrm{Re}[G(j0_+)H(j0_+)] = -K(T_1 + T_2)$

$$\mathrm{Im}[G(j0_+)H(j0_+)] = -\infty$$

与实轴的交点：令 $\mathrm{Im}[G(j\omega)H(j\omega)] = 0$，得 $\omega_x = \dfrac{1}{\sqrt{T_1 T_2}}$，于是

$$G(j\omega_x)H(j\omega_x) = \mathrm{Re}[G(j\omega_x)H(j\omega_x)] = -\frac{KT_1 T_2}{T_1 + T_2}$$

由此作系统开环幅相曲线如图 5.20 中曲线①所示。图中虚线为开环幅相曲线的低频渐近线。由于开环幅相曲线用于系统分析时不需要准确知道渐近线的位置，故一般根据 $\varphi(0_+)$ 取渐近线为坐标轴，图中曲线②为相应的开环概略幅相曲线。

本例中系统型次即开环传递函数中积分环节个数 ν，若分别取 $\nu = 2, 3$ 和 4，则根据积分环节的

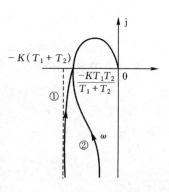

图 5.20 例 5.3 系统概略开环幅相曲线

相角,可将图 5.20 曲线分别绕原点旋转 $-90°$,
$-180°$ 和 $-270°$ 即可得相应的开环概略幅相曲线,
如图 5.21 所示。

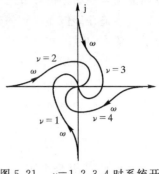

例 5.4　已知系统开环传递函数为

$$G(s)H(s)=\frac{K(-\tau s+1)}{s(Ts+1)},$$

$$K,\ \tau,\ T>0$$

试概略绘制系统开环幅相曲线。

解　系统开环频率特性为

图 5.21　$\nu=1,2,3,4$ 时系统开
环概略幅相曲线

$$G(j\omega)H(j\omega)=\frac{K[-(T+\tau)\omega-j(1-T\tau\omega^2)]}{\omega(1+T^2\omega^2)}$$

开环幅相曲线的起点：$A(0_+)=\infty$,　$\varphi(0_+)=-90°$

终点：$A(\infty)=0$,　$\varphi(\infty)=-270°$

与实轴的交点：令虚部为零,解得

$$\begin{cases}\omega_x=\dfrac{1}{\sqrt{T\tau}}\\[2mm]G(j\omega_x)H(j\omega_x)=-K\tau\end{cases}$$

因为 $\varphi(\omega)$ 从 $-90°$ 单调减至 $-270°$,故幅相曲线在第Ⅲ
与第Ⅱ象限间变化。

开环概略幅相曲线如图 5.22 所示。

在例 5.4 中,系统含有非最小相位一阶微分环节,
称开环传递函数含有非最小相位环节的系统为非最小
相位系统,而开环传递函数全部由最小相位环节构成的
系统称为最小相位系统。比较例 5.3、例 5.4 和例 5.5
可知,非最小相位环节的存在在控制系统分析中必须加
以重视。

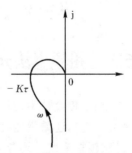

图 5.22　例 5.4 系统概
略幅相曲线

根据以上例子,可以总结绘制开环概略幅相曲线的
规律如下：

(1)开环幅相曲线的起点,取决于比例环节 K 和系统积分或微分环节的个
数 ν(系统型别)

$\nu<0$,起点为原点

$\nu=0$ 起点为实轴上的点 K 处(K 为系统开环增益,注意 K 有正负之分)

$\nu>0$,设 $\nu=4k+i(k=0,1,2,\cdots;i=1,2,3,4)$,则 $K>0$ 时为 $i\times(-90°)$ 的无穷远处,$K<0$ 时为 $i\times(-90°)-180°$ 的无穷远处。

(2)开环幅相曲线的终点,取决于开环传递函数分子、分母多项式中最小相位环节和非最小相位环节的阶次和。

　　设系统开环传递函数的分子、分母多项式的阶次分别为 m 和 n，记除 K 外，分子多项式中最小相位环节的阶次和为 m_1，非最小相位环节的阶次和为 m_2，分母多项式中最小相位环节的阶次为 n_1，非最小相位环节的阶次和为 n_2，则有

$$m = m_1 + m_2$$

$$n = n_1 + n_2$$

$$\varphi(\infty) = \begin{cases} [(m_1 - m_2) - (n_1 - n_2)] \times 90°, & K > 0 \\ [(m_1 - m_2) - (n_1 - n_2)] \times 90° - 180°, & K < 0 \end{cases} \quad (5.19)$$

特殊地，当开环系统为最小相位系统时，若

$$n = m, \quad G(j\infty)H(j\infty) = K^* \quad (5.20)$$

$$n > m, \quad G(j\infty)H(j\infty) = 0\angle(n - m) \times (-90°) \quad (5.21)$$

其中 K^* 为系统开环根轨迹增益。对最小相位系统来说，幅频特性和相频特性之间存在着唯一的对应关系。也就是说，如果确定了系统的幅频特性，则系统的相频特性也就唯一确定了，反之亦然。因此在研究最小相位系统时，或只考虑增益的信息，或只考虑相位的信息，从而使总量得到简化。对最小相位系统，若已知其幅频特性 $M(\omega_1)$，则可根据伯德方程确定在 ω_1 时的相角。伯德方程为

$$\phi(\omega_1) = \frac{2\omega_1}{\pi} \int_0^\infty \frac{\ln M(\omega) - \ln M(\omega_1)}{\omega^2 - \omega_1^2} d\omega, \quad (0 \leqslant \omega_1 < \infty) \quad (5.22)$$

5.4　用频率法分析系统稳定性

　　在工程设计中，总希望稳定判据不仅能判断系统的绝对稳定性（即判断系统是否稳定），还希望能确定出系统的稳定程度，对于不稳定系统，希望能指出如何改进（包括改变系统参数或改变系统的结构）使其稳定。用频率特性判稳的奈魁斯特判据就具有上述优点。除此以外，它还能用来研究延迟系统的稳定性。

　　奈魁斯特稳定判据可以根据系统的开环频率特性判断闭环系统的稳定性，因而使用比较方便。

　　奈魁斯特稳定判据的数学基础是复变函数理论中的幅角定理（或映射定理）。

5.4.1　映射定理

　　设有一单值有理复变函数 $F(s)$，它在 s 平面上的指定域内，除有限个点外，在其它各点上均解析，则对于 s 平面上指定域内的每一个解析点，在 $F(s)$ 平面上必有一个点与之对应。

　　例如在图 5.23(a)，在 s 平面上任选一条封闭曲线 C_s，C_s 上所有的点均在

$F(s)$的解析域内,如果确定了 s 平面上的点 s_1,则在 $F(s)$平面上就确定了一个点 $F(s_1)$。或者说,s 平面上的 s_1 点通过函数 $F(s)$映射到 F 平面上的 $F(s_1)$点。

当从 s_1 点出发,按任意选定的方向(例如顺时钟方向)沿 C_3 运动一周后再回到 s_1 点,那么在 $F(s)$平面上与 C_s 上各个 s_i 点,也从 $F(s_1)$ 点出发,经过 $F(s_2)$,$F(s_3)$,…后,又回到 $F(s_1)$点,如图 5.23(b)所示。这些点在 F 平面上画出的轨迹也是一条封闭曲线 C_F,C_F 的运动方向则是由 $F(s)$函数的性质所决定。

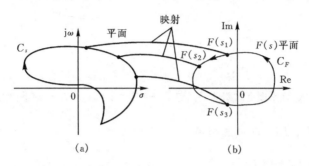

图 5.23 在 s 平面上的封闭曲线 C_s 通过函数 $F(s)$映射到 F 平面上的曲线 C_F

映射定理可叙述如下

设 $F(s)$为一单值有理复变函数,在 s 平面上任取一条封闭曲线 C_s,使 C_s 的内部 $F(s)$除可能有有限个极点外,其余各点均是解析的,且 $F(s)$沿 C_s 解析并不等于零,设 P 及 Z 分别表示 $F(s)$在 C_s 内的极点数和零点数。当 s 沿顺钟向运动一周时,s 点映射到 F 平面上相应点的轨迹 C_F,C_F 顺时钟向包围原点的次数为

$$N = Z - P \tag{5.23}$$

必须指出,若 N 为负值,则表示 C_F 是沿逆时钟向运动的。

对映射定理可说明如下

1. C_s 只包围 $F(s)$一个零点的情况

设

$$F(s) = \frac{K(s+Z_1)(s+Z_2)}{(s+P_1)(s+P_2)(s+P_3)}$$

式中:$F(s)$的零点为 $-Z_1$、$-Z_2$;$F(s)$的极点为 $-P_1$、$-P_2$、$-P_3$,其中 $-Z_1$ 位于封闭曲线 C_s 以内,其余零极点均在 C_s 以外,如图 5.24(a)所示。

当 s 按顺时钟方向沿 C_s 运动一周时,向量$(s+Z_1)$的幅角的增量 $\Delta\angle(s+Z_1) = -2\pi$(向量 $s+Z_1$ 绕 $-Z_1$ 顺钟向转了一周,幅角是取逆钟向为正方向的),从其余零极点为 $-Z_2$,$-P_1$,…,$-P_3$ 指向 s 点的向量$(s+Z_2)$,$(s+P_1)$,…,$(s+P_3)$的幅角增量均为 0°。当 s 点沿 C_s 运动一周,相应的 $F(s)$点在 F 方向沿 C_F 运动。向量 $F(s)$绕原点转动,如图 5.24(b)所示。$F(s)$向量的幅角的增量与

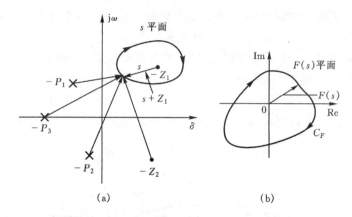

图 5.24　(a) s 平面上封闭曲线只包围一个零点;(b) C_s 在 $F(s)$ 平面上的映射

函数 $F(s)$ 有关。$F(s)$ 向量的相角为

$$\angle F(s) = \sum_{j=1}^{m} \angle(s + Z_j) - \sum_{i=1}^{n} \angle(s + P_j) \qquad (5.24)$$

当 s 按顺钟向沿 C_s 运动一周时,向量 $F(s)$ 幅角的增量为

$$\angle F(s) = \sum_{j=1}^{m} \Delta\angle(s + Z_j) - \sum_{i=1}^{n} \Delta\angle(s + P_j)$$

在本例中,$m = 2$, $n = 3$, $P = 0$, $Z = 1$

$\Delta\angle F(s) = -2\pi - 0 = -2\pi$ 该式表示当 s 沿 C_s 运动一周时,$F(s)$ 绕原点顺钟向转过了一周。

2. C_s 只包围 $F(s)$ 的一个极点

可以设想,若 C_s 只包围一个极点 P_1 时,当 s 按顺时钟向沿 C_s 运动一周时,向量 $(s + P_1)$ 的幅角增量为

$$\Delta\angle(s + P_1) = -2\pi$$

其余不被 C_s 包围的零极点指向 S 的向量的幅角增量 $\Delta\angle(s + Z_1)$、$\Delta\angle(s + Z_2)$、$\Delta\angle(s + P_3)$ 都为零,由式(5.24)可知 $F(s)$ 向量的幅角增量为 2π。

当 $\Delta\angle F(s) = 2\pi$,即表示 $F(s)$ 向量绕原点逆时钟向转了一周。

3. C_s 包围了 $F(s)$ 的 Z 个零点和 P 个极点

这时有

$$\sum_{j=1}^{m} \Delta\angle(s + Z_j) = Z(-2\pi)$$

$$\sum_{i=1}^{n} \Delta\angle(s + P_i) = P(-2\pi)$$

$$\Delta\angle F(s) = Z(-2\pi) - P(-2\pi) = N(-2\pi)$$

式中　　　　　　$N=Z-P$

$F(s)$ 向量每绕原点转过 -2π 角度，C_F 就顺时钟向包围原点一次，所以 C_F 顺时钟向包围原点 N 次。上式即 (5.24)。

顺（逆）时钟向包围是指：沿封闭曲线方向前进时，被包围区域位于曲线的右（左）侧。

为利用映射定理判断闭环系统稳定性，下面就必须把映射定理中的 $F(s)$，N,Z,P 等与判断稳定性有关的因素联系起来。

5.4.2　奈氏判据

奈氏判据是利用映射定理判断闭环系统是否有右极点。

设系统的开环传递函数为

$$G_0(s)=G(s)H(s)$$

闭环特征方程为

$$F(s)=1+G(s)H(s)=0 \tag{5.25}$$

$F(s)$ 的零点就是闭环系统的特征根，也就是闭环极点。

为了判断 $F(s)$ 在 s 平面上有没有右零点，在 s 平面上作一条包围整个右半 s 平面的封闭曲线 C_s，如图 5.25 所示。

C_s 由 C_{s1} 和 C_{s2} 组成，方向取顺时方向。

C_{s1}：从 $\omega=-\infty\sim+\infty$ 的整条虚轴。

C_{s2}：以原点为中心，以 $R=\infty$ 为半径的右半圆。C_s 称为奈魁斯特轨迹，简称奈氏轨迹。注意，与奈魁斯特图不同。闭环系统稳定的条件是 C_s 应不包围闭环特征根，即不包围 $F(s)$ 的零点。

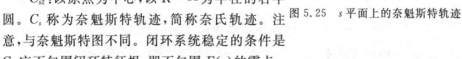

图 5.25　s 平面上的奈魁斯特轨迹

设 Z 为被 C_s 包围的 $F(s)$ 零点数（闭环特征方程的右根数），P 为被 C_s 包围的 $F(s)$ 的极点数（注意，不是闭环极点数），C_F 为 C_s 通过 $F(s)$ 映射到 F 平面上的轨迹，N 为 C_F 顺钟向包围原点的次数（在 F 平面上）。

闭环系统稳定条件可用下式表示

$$Z=0$$
$$N=-P \tag{5.26}$$

为判断闭环系统的稳定性，必须求出 N 和 P，看其是否满足式 (5.26)。

设

$$G(s)H(s) = \frac{K \prod\limits_{j=1}^{m}(s+Z_j)}{\prod\limits_{i=1}^{n}(s+P_i)}$$

式中：$-Z_j$，$-P_i$ 为系统的开环零、极点。

$$F(s) = 1 + G(s)H(s) = \frac{\prod\limits_{i=1}^{n}(s+P_i) + K \prod\limits_{j=1}^{m}(s+Z_j)}{\prod\limits_{i=1}^{n}(s+P_i)}$$

由上式可见

- $F(s)$ 的零点＝闭环特征方程根的根或闭环极点
- $F(s)$ 的极点＝系统的开环极点
- $Z＝F(s)$ 的右零点数（闭环系统的右极点数）
- $P＝F(s)$ 的右极点数（系统的开环右极点数）

至此,式(5.26)可叙述如下：

闭环系统稳定的条件是 C_F 逆时针方向包围原点的次数等于系统的开环右极点数。

这就是奈氏判据。

系统开环极点的分布是已知的,很易求得 P,但要求出 N,就必须画出 C_F 曲线。

1. 与 C_{s1} 相应的部分

C_{s1} 上,有 $s＝j\omega(\omega=-\infty \sim +\infty)$,在 F 平面上,有 $F(s)\Big|_{s=j\omega}＝1+G(j\omega)H(j\omega)$，$F(s)$ 为向量 1 及向量 $G(j\omega)H(j\omega)$ 的向量和。

2. 与 C_{s2} 相应的部分

在 C_{s2} 上,有 $s=\lim\limits_{R\to\infty}Re^{j\theta}\left(\theta=+\dfrac{\pi}{2}\sim-\dfrac{\pi}{2}\right)$,在 F 平面上,有

$$F(s)\Big|_{s=\lim\limits_{R\to\infty}Re^{j\theta}} = \left[1 + \frac{K \prod\limits_{j=1}^{m}(s+Z_j)}{\prod\limits_{i=1}^{n}(s+P_j)}\right]_{s=\lim\limits_{R\to\infty}Re^{j\theta}}$$

由于一般 $n>m$,括号中第 2 项当 $R\to\infty$ 时等于零,故

$$F(s)\Big|_{s=\lim\limits_{R\to\infty}Re^{j\theta}} = 1$$

$F(s)$ 的向量为 1,即 C_{s2} 通过函数 $F(s)$ 映射到 F 平面上为一个点$(1,j0)$。

C_F 由 $F(j\omega)$ 曲线及一个点$(1,j0)$组成,因此可以这样绘制：

（1）在 GH 平面上画出 $G(\mathrm{j}\omega)H(\mathrm{j}\omega)$（$\omega=0^+\sim+\infty$）的曲线，也就是系统的开环极坐标图，如图 5.26(a)的实线所示。

（2）由于曲线 $G(\mathrm{j}\omega)H(\mathrm{j}\omega)$ 在 $\omega=0^+\sim+\infty$ 和 $\omega=0^-\sim-\infty$ 时是对称于实轴的，所以采用镜像法可绘出 $\omega=-\infty\sim 0^-$ 的 $G(\mathrm{j}\omega)H(\mathrm{j}\omega)$ 曲线，如图 5.26(a)中的虚线所示。$G(\mathrm{j}\omega)H(\mathrm{j}\omega)$ 曲线也称奈魁斯特图。注意，与奈氏轨迹不要混淆。

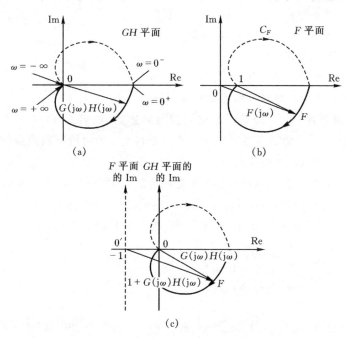

图 5.26　F 平面上 C_F 曲线包围原点情况与 GH 平面上
$G(\mathrm{j}\omega)$ 曲线包围点（-1，j0）的对应关系

（3）将 GH 平面上的图形沿正实轴方向平移距离为 1，所得图形为 $G(\mathrm{j}\omega)$ $H(\mathrm{j}\omega)+1=F(\mathrm{j}\omega)$ 的图形，如图 5.26(b)所示。

若不移动 GH 曲线，将虚轴向左移距离为 1，效果与上面 3 相同，如图 5.26 (c)所示。在 F 平面上向量 $F(\mathrm{j}\omega)$ 绕原点 O' 转动与在 GH 平面上向量绕（-1，j0）点转动的情况是等同的。

必须指出，映射定理只适用于封闭曲线 C_s 不通过 $F(s)$ 的零极点的情况，所以奈魁斯特轨迹应不通过 $F(s)$ 的零点或极点。

如果系统在虚轴上（例如在原点处）有开环极点（为 1 型以上系统）时，则 $F(s)$ 在虚轴上也就有极点，由于奈魁斯特轨迹不能通过 $F(s)$ 的极点，因此须将它的形状略加修改，使奈魁斯特轨迹绕过虚轴上的开环极点，

如图 5.27 所示。它由以下四个部分组成：

$C_1: s$ 由 $-\mathrm{j}\infty$ 沿负虚轴运动到 $\mathrm{j}0^-$。

$C_2: s$ 沿着以原点为圆心，半径为 ε 的半圆（$\varepsilon \to 0$）从 $\mathrm{j}0^-$ 运动到 $\mathrm{j}0^+$，即 $s = \varepsilon e^{\mathrm{j}\theta}$，$\theta$ 从 $-\pi/2$ 到 $+\pi/2$。

$C_3: s$ 沿着正虚轴由 $\mathrm{j}0^+$ 运动到 $+\mathrm{j}\infty$。

$C_4: s$ 沿着以原点为圆心，以 R 为半径的无穷大半圆（$R \to \infty$），从 $+\mathrm{j}\infty$ 运动到 $-\mathrm{j}\infty$，即 $s = \infty e^{\mathrm{j}\theta}$，从 $\pi/2$ 到 $-\pi/2$。

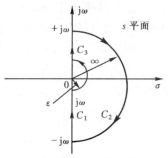

图 5.27　避开原点处的开环极点的奈氏轨迹

这样的奈魁斯特轨迹包围了除原点以外的整个右半 s 平面。对开环传递函数为 $G(s)H(s)$ 的 N 型系统（$N \geqslant 1$）奈氏稳定判据可叙述为：如果 $G(s)H(s)$ 在右半 s 平面上有 P 个极点，，则闭环系统稳定的充要条件为 s 顺时针方向通过修改后的奈氏轨迹时，$G(s)H(s)$ 轨迹逆时针方向包围 $(-1,\mathrm{j}0)$ 点 P 次。

对于 N 型最小相位系统，闭环系统稳定的充要条件为，当 s 顺时针方向通过修改后的奈氏轨迹时，$G(s)H(s)$ 轨迹不包围 $(-1,\mathrm{j}0)$ 点。

若 $G(s)H(s)$ 有虚轴极点，即当开环系统含有积分环节时，设

$$G(s)H(s) = \frac{1}{s^{\nu}} G_1(s), \qquad (\nu > 0,\ |\,G_1(\mathrm{j}0)\,| \neq \infty) \tag{5.27}$$

$$A(0_+) = \infty, \varphi(0_+) = \angle G(\mathrm{j}0_+)H(\mathrm{j}0_+) = \nu \times (-90°) + \angle G_1(\mathrm{j}0_+) \tag{5.28}$$

在原点附近，闭合曲线 C_2 为 $s = \varepsilon e^{\mathrm{j}\theta}$，$\theta \in [-90°, +90°]$，且有 $G_1(\varepsilon e^{\mathrm{j}\theta}) = G_1(\mathrm{j}0)$，故

$$G(s)H(s)\bigg|_{\varepsilon = \varepsilon e^{\mathrm{j}\theta}} = \infty e^{\mathrm{j}[\nu \times (-\theta) + \angle G_1(\mathrm{j}0)]} \tag{5.29}$$

对应的曲线为从 $G(\mathrm{j}0_-)H(\mathrm{j}0_-)$ 点起，半径为 ∞、圆心角为 $\nu \times (-\theta)$ 的圆弧，即可从 $G(\mathrm{j}0_-)H(\mathrm{j}0_-)$ 点起顺时针作半径无穷大、圆心角为 $\nu \times 180°$ 的圆弧，如图 5.28 中虚线所示。

3. 闭合曲线 C_F 包围 $(-1, \mathrm{j}0)$ 圈数 N 的计算

设 N 为 C_F 穿越 $(-1, \mathrm{j}0)$ 点左侧负实轴的次数，N_+ 表示正穿越的次数（从下向上穿越），N_- 表示负穿越的次数（从上向下穿越），则

$$N = N_+ - N_- \tag{5.30}$$

例 5.5　设系统的开环传递函数为

$$G(s)H(s) = \frac{K}{(T_1 s + 1)(T_2 s + 1)}, \quad T_1,\ T_2 > 0$$

试判断其闭环系统的稳定性。

解 系统无开环右极点,故闭环系统稳定的充要条件是奈魁斯特图不包围(−1,j0)点。

根据 0 型系统极坐标图的形状绘出奈魁斯特图如图 5.29 所示。由于它不包围(−1,j0)点,因而闭环系统是稳定的。

例 5.6 一单位反馈系统,其开环传递函数

$$G(s) = \frac{10}{s-1}$$

试判断闭环系统的稳定性。

解 系统有一个开环右极点。系统的开环频率特性为

$$G(j\omega) = \frac{10}{j\omega - 1}$$

$$A(\omega) = \frac{10}{\sqrt{1 + \omega^2}}$$

$$\varphi(\omega) = -\arctan^{-1} \frac{\omega}{-1}$$

可见它与惯性环节的幅频特性完全相同。相频特性对称于−90°线,如图 5.30 所示。因此可知它们极坐标图的形状相似。

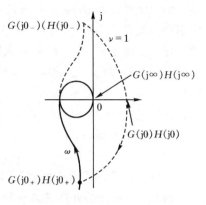

图 5.28 $F(s)$ 平面的闭合曲线

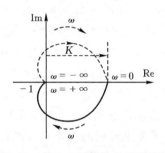

图 5.29 例 5.5 系统的奈魁斯特图

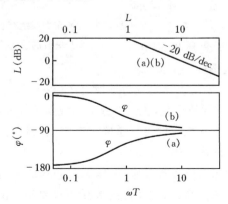

图 5.30 (a)例 5.5 系统的开环对数坐标图;

(b) 惯性环节的开环对数坐标图

由于惯性环节的极坐标图是一个半圆,可
知本例系统的开环极坐标图也是一半圆,仅相
角变化的范围不同,半圆所处的象限不同,曲线
变化方向不同而已。据此画出本例系统的奈魁
斯特图如图 5.31 所示,由图上看出,奈魁斯特
图逆钟向包围(-1,j0)点 1 次。

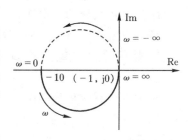

根据奈氏判据,由于 $P=1,N=1$ 闭环系统
是稳定的。

图 5.31　例 5.5 的奈魁斯特图

此例说明开环不稳定的系统,闭环系统可能稳定。

例 5.7　系统的开环传递函数为

$$G(s)H(s)=\frac{K_0}{s(s+1)(0.1s+1)}$$

试判别 $K_0=2$ 和 $K_0=20$ 时,闭环系统的稳定性。

解　系统为 I 型系统。在原点
处有一个开环极点,无开环右极点,
因此奈氏轨迹由如上所述的四部分
组成,先画出极坐标图,将其与半径
无穷大的圆弧相连,即得奈氏轨迹在
GH 平面上映射的轨迹 C_{GH},如图 5.
32 所示。可以看出,当 $K_0=2$ 时,
C_{GH} 不包围点(-1,j0),闭环系统稳
定。当 $K_0=20$ 时,C_{GH} 包围了
(-1,j0)点,闭环系统变得不稳定
了。

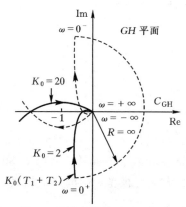

本例中当 K_0 由 2 变到 20 时,G
$(s)H(s)$ 轨迹从不包围(-1,j0)点

图 5.32　例 5.7 系统奈氏轨迹 C_S 在 GH 平面
上映射的轨迹 C_{GH}

变为包围(-1,j0)点,系统由稳定变为不稳定,使 $G(s)H(s)$ 轨迹通过(-1,j0)
点的 K_0 为系统的临界开环增益,在此参数下系统处于临界稳定状态,(-1,j0)
点称为特征点。判断系统稳定性时只需确定奈魁斯特图与特征点的相对关系,
而不必注意奈魁斯特图的精确形状。

由于奈魁斯特图与伯德图有对应关系,因此奈氏图与特征点的关系也可在
开环对数坐标图下反映出来,因而可直接从开环对数坐标图来判断系统的稳定
性。

5.5　对数判据

5.5.1　对数判据

开环极坐标图与开环对数坐标图的对应关系为:

$G(j\omega)H(j\omega)$平面上 $A=1$ 的单位圆,对应于开环对数坐标图 $L=0$ dB 的水平线。$G(j\omega)H(j\omega)$平面上的负实轴($\varphi=-180°$的直线)对应于开环对数坐标图上 $\varphi=-180°$的水平线,使 $L(\omega)=0$ 时的频率称增益交界频率或开环截止频率,通常以 ω_0 表示。

在对数坐标图上的对应关系为:

奈氏图每包围$(-1,j0)$点一次,必在开环对数幅频特性 $L(\omega)>0$ 的条件下,相频特性穿越$-180°$线一次,正穿越对应于 $\varphi(\omega)$ 曲线自上而下穿越$-180°$线。负穿越则为自下而上穿越线$-180°$,如图 5.33(b)所示。

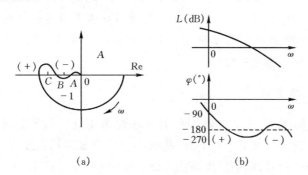

图 5.33　在极坐标图上及对数坐标图上正、负穿越的对应关系
(a)极坐标;(b)对数坐标图

设 ω_0 为系统的增益交界频率(也称剪切频率或开环截止频率)N_+、N_- 分别为正、负穿越次数,P 为系统开环右极点数,则闭环系统稳定的充要条件为:

在开环对数坐标图上,在 $\omega<\omega_0$ 的频段内,相频特性穿越线$-180°$的次数 $N_+-N_-=-\dfrac{P}{2}$。此判据称对数判据。

下面举例说明对数判据的应用

例 5.8　系统的开环传递函数为

$$G(s)H(s)=\frac{K_0}{s^2(Ts+1)}$$

试判断闭环系统的稳定性。

解　据对数判据,要使闭环系统稳定,应有 $N_+ - N_- = 0$,系统的开环对数坐标图 5.34(b)所示,相应的奈氏图如图 5.34(a)所示。由于在 $\omega = 0$ 时,在 GH 平面上 $G(s)H(s)$ 的轨迹为辅助圆,极坐标图上从原点到辅助圆的点的向量,幅值 $A(\omega) = \infty$,相角由 $0°$ 到 $-180°$,对应于开环对数坐标图上相应于图 5.34(b)中的虚线 ab。(由于当 $\omega = 0$ 时在对数坐标图上无法表示,所以用虚线表示)。

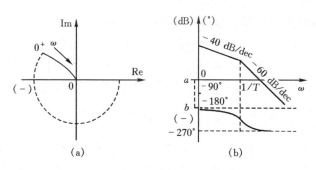

图 5.34　例 5.8 的开环频率特性

由图 5.34 可知,$N_+ - N_- = 1 - 0$,故闭环系统不稳定。由图 5.34 还可看出,不论 K_0 为何值,开环频率特性图上的穿越次数不变,系统总是不稳定的。即该系统为结构不稳定系统。

5.5.4　稳定裕量

$G(j\omega)H(j\omega)$ 曲线通过特征点时,最小相位系统处于临界稳定状态,此时阶跃响应呈等幅振荡。在 $G(j\omega)H(j\omega)$ 曲线不包围特征点的系统中,$G(j\omega)H(j\omega)$ 曲线愈靠近特征点,阶跃响应振荡性愈强。所以,可以用 $G(j\omega)H(j\omega)$ 曲线靠近特征点的程度来表示系统相对稳定程度。通常这种靠近程度以相位裕量和增益裕量来度量。

1. 相位裕量

在增益交界频率 ω_0 上,使系统达到临界稳定状态所需附加的相位迟后量,叫相位裕量,以 γ 表示。在开环极坐标图上,从原点到 $G(j\omega)H(j\omega)$ 曲线与单位圆交点作一直线,如图 5.35(a)所示。从负实轴到该直线所转的过的角度为 γ,逆钟向转 γ 为正,反之为负,即

$$\varphi - \gamma = -180°$$

式中:φ 为 $\omega = \omega_0$ 时 $G(j\omega)H(j\omega)$ 的相角。故有

$$\gamma = 180° + \varphi(\omega_0) \tag{5.31}$$

在对数坐标图上,γ 为开环截止频率时 $\varphi(\omega)$ 曲线与 $-180°$ 线之距离,$\varphi(\omega_0)$ 在 $-180°$ 线以上时 γ 为正。如图 5.35(b)所示。

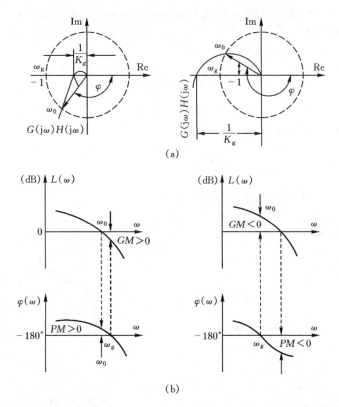

(a)

(b)

图 5.35　(a)在开环极坐标图上；(b)在开环对数坐标图上的增益裕量和相位裕量

2. 增益裕量

在 $\varphi(\omega) = -180°$ 的频率上，使 $|G(\mathrm{j}\omega)H(\mathrm{j}\omega)| = 1$ 所应增大的增益倍数。即

$$K_\mathrm{g} \cdot |G(\mathrm{j}\omega)H(\mathrm{j}\omega)| = 1$$

式中 K_g 为增益裕量。可以求得下式

$$K_\mathrm{g} = \frac{1}{|G(\mathrm{j}\omega)H(\mathrm{j}\omega)|} \tag{5.32}$$

一般增益裕量用分贝数表示

$$K_\mathrm{g} = -20\log|G(\mathrm{j}\omega)H(\mathrm{j}\omega)| \quad (\mathrm{dB}) \tag{5.33}$$

当式(5.32)求得 $K_\mathrm{g} > 1$ 时，用式(5.33)求得增益裕量为正。$K_\mathrm{g} < 1$ 时，用式(5.33)求得增益裕量为负。

对于最小相位系统，若其相角随着 ω 增大而单调减小时，增益裕量和相位裕量为正的系统，是稳定的，反之是不稳定的。

仅用相角裕量或增益裕量，往往不足以说明 $G(\mathrm{j}\omega)H(\mathrm{j}\omega)$ 曲线与特征点的靠近程度，因而不足以说明系统相对稳定程度，所以一般应同时求出相位裕量和增益裕量。但对于相频特性在增益交界频率附近变化平缓的系统,可仅用 γ 估算系统的相对稳定性。

例 5.9 已知单位反馈系统

$$G(s) = \frac{K}{(s+1)^3}$$

设 K 分别为 4 和 10 时,试确定系统的稳定裕量。

解 系统开环频率特性

$$G(j\omega) = \frac{K}{(1+\omega^2)^{\frac{3}{2}}} \angle -3\arctan\omega$$

$$= \frac{K[(1-3\omega^2)-j\omega(3-\omega^2)]}{(1+\omega^2)^3}$$

按稳定裕量定义可得

$$\omega_c = \sqrt{3}$$

$K = 4$ 时

$$G(j\omega_c) = -0.5, \quad K_g = 2$$

$$\omega_0 = \sqrt{16^{\frac{1}{3}} - 1} = 1.233$$

$$\angle G(j\omega_0) = -152.9°, \quad \gamma = 27.1°$$

$K = 10$ 时

$$G(j\omega_c) = -1.25, \quad\quad\quad K_g = 0.8$$

$$\omega_0 = 1.908$$

$$\angle G(j\omega_0) = -187.0°, \quad \gamma = -7.0°$$

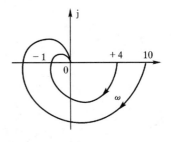

图 5.36　例 5.8 $k=4$ 和 $k=10$ 时系统开环幅相曲线

分别作出 $K=4$ 和 $K=10$ 的开环幅相曲线即闭合曲线 C_F,如图 5.36 所示。

由奈氏判据知:

$K = 4$ 时,系统闭环稳定,$K_g > 1$,$\gamma > 0$;

$K = 10$ 时,系统闭环不稳定,$K_g < 1$,$\gamma < 0$。

5.6　用频率法分析系统品质

5.6.1　从对数频率特性分析系统的稳态性能

系统的静态误差系统 K_p、K_v、K_a 描述了系统对减少或消除误差的能力,系统的型号(开环传递函数中积分环节的数目)愈大,系统的稳态准确度也愈高,因此为分析系统的稳态误差,我们常常要分析系统属于几型系统,并确定静态误差系数。开环对数幅频特性低频段的斜率与系统型号有关,低频渐近线的位置与误差系数的大小有关。因此,控制系统对给定的输入信号是否引起稳态误差以及误差的大小都可通过分析开环对数幅频特性低频段的特性来确定。

N 型系统的开环频率特性为

$$G(\mathrm{j}\omega)H(\mathrm{j}\omega) = \frac{K_0 \prod\limits_{j=1}^{m}(1+\mathrm{j}\omega T_j)}{S^N \prod\limits_{i=1}^{n-N}(1+\mathrm{j}\omega T_i)}, \quad n > m$$

下面分别讨论 0 型、Ⅰ型、Ⅱ型系统开环对数幅频特性低频段特征及静态误差系数的确定

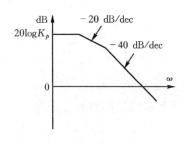

图 5.37　0 型系统开环对数幅频特性

1. 0 型系统

0 型系统对数幅频特性如图 5.37所示。在低频段有

$$\lim_{\omega \to 0} G(\mathrm{j}\omega)H(\mathrm{j}\omega) = K_\mathrm{p}$$

0 型系统开环对数幅频特性在低频段是一条水平线,水平线的高度为 $20\log K_0 = 20\log K_\mathrm{p}$。

当系统开环对数幅频特性低频段是水平线时,系统是静态有差系统,跟随阶跃输入信号时有稳态误差,误差大小与开环对数幅频特性低频段高度有关。

2. Ⅰ型系统

某 Ⅰ型系统开环对数幅频特性如图 5.38 所示。由于 $\omega \ll \omega_2$ (ω_2 为转角频率)时有,有

$$G(\mathrm{j}\omega) = \frac{K_0}{\mathrm{j}\omega} \qquad (\omega \ll \omega_2)$$

低频渐近线为

$$L(\omega) = 20\log K_0 - 20\log\omega \qquad (5.34)$$

对于 Ⅰ型系统 $K_\mathrm{v} = K_0$。当 $\omega = 1$ 时,由式(5.34)有

$$L(\omega)\Big|_{\omega=1} = 20\log K_\mathrm{v}$$

当 $L(\omega) = 0$ 时,由式(5.34)有 $\omega = K_\mathrm{v}$

由以上讨论可知

(1)Ⅰ型系统开环对数幅频特性起始段的斜率为 -20 dB/dec。

(2)当 $\omega = 1$ 时,开环对数幅频特性低频渐近线(在开环对数幅频特性起始

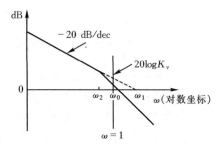

图 5.38　Ⅰ型系统开环对数幅频特性

段或其延长线上)的高度为 $20\log K_v$。

(3)开环对数幅频特性低频渐近线与 0 dB 水平线的交点频率 $\omega_1 = K_v$。

当系统开环对数幅频特性起始段斜率为 -20 dB/dec 时,系统为 I 型系统,为一阶无差系统,跟随斜坡输入时有固定稳态误差,误差大小与低频渐近线在 $\omega = 1$ 时的高度有关,系统不能跟随抛物输入信号。

3. II 型系统

某 II 型系统的开环对数幅频特性如图 5.39 所示。与 I 型系统类似的分析可得

$$G(j\omega)H(j\omega) = \frac{K_a}{(j\omega)^2}, \quad (\omega < \omega_1)$$

式中 ω_1 为转角频率。

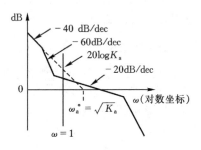

图 5.39　2 型系统开环对数幅频特性

II 型系统的低频渐近线为

$$L(\omega) = 20\log K_a - 40\log\omega \quad (5.35)$$

当 $\omega = 1$ 时,由式(5.35),有

$$L(\omega)\Big|_{\omega=1} = 20\log K_a$$

当 $\omega = \omega_a$ 时,有 $L(\omega_a) = 0$,因而有

$$K_a = \omega_a^2$$

或

$$\omega_a = \sqrt{K_a}$$

通过以上讨论可知

① II 型系统低频段斜率为 -40 dB/dec。

② 开环对数幅频特性低频渐近线上 $\omega = 1$ 处的 $L(\omega)$ 值为 $20\log K_a$。

③ 开环对数幅频特性低频渐近线

(起始段或其延长线)与 0dB 水平线的交点频率在数值上等于 $\sqrt{K_a}$。

当系统的开环对数幅频特性起始段斜率为 -40 dB/dec 时,则系统为 II 型系统。在跟随阶跃给定和斜坡给定信号时,无稳态误差,跟随抛物线给定信号时,有固定稳态误差,其值与 K 大小有关,K_a 可由低频渐近线上求得。

5.6.2　从频域响应和时域响应的对应关系分析系统的动态性能

在时域分析中,我们用瞬态响应指标来评价系统品质。在频域分析中,也希望有频域指标来评价系统的品质。频率法的优点是当系统的频率特性不满足性能指标的要求时,可以直接从频率特性上分析如何改变系统的结构或参数来满足时域指标(瞬态响应指标),因此,还要研究频率指标和时域指标的对应关系。

(1)闭环频域指标与时域指标的关系

一般来说,如果系统闭环谐振峰值 M_r 愈高,时域响应的振荡性愈强,如果

系统的频带愈宽,即 ω_c 愈大,则时域响应的快速性愈好,系统复现输入信号的能力也愈强。

因此,定性分析时可认为频率特性上谐振峰值 M_r 的大小,反映了系统时域响应的振荡性,频带宽度 ω_c 的大小,反映了时域响应的快速性。

在定量分析时,对于二阶系统可以求出频域指标和时域指标之间严格的数学关系。

二阶系统频域指标和时域指标的关系主要是通过阻尼比 ζ 和各项频域指标的关系来联系的。

二阶系统闭环传递函数的标准式是

$$G(s) = \frac{\omega_n^2}{s^2 + 2\zeta\omega_n s + \omega_n^2} \qquad (5.36)$$

式中:$G(s)$ 为闭环传递函数;

ζ 为阻尼比;

ω_n 为无阻尼自然频率。

相应的开环传递函数为

$$G_0(s) = \frac{\dfrac{\omega_n}{2\zeta}}{s\left(\dfrac{1}{2\zeta\omega_n}s + 1\right)} \qquad (5.37)$$

二阶系统 M_r 与超调量 M_p 的关系可推导如下:

由式(5.14)已求得闭环谐振峰值 M_r 与阻尼比 ζ 之间的关系

$$M_r = \frac{1}{2\zeta\sqrt{1-\zeta^2}}, \quad 0 \leqslant \zeta < 0.707$$

由此可以看出 M_r 仅与阻尼比有关,因此 M_r 可以反映系统的阻尼比 ζ,超调量 M_p 也仅取决于阻尼比 ζ,将 M_r 与 M_p 与 ζ 的关系都画在图 5.40 上。由图 5.40 看出,在 $\zeta < 0.4$ 时,谐振峰值 M_r 很快增加,这时超调量 M_p 也很大,一般这样的系统不符合瞬态响应指标的要求。而在 $\zeta > 0.4$ 后,M_r 与 M_p 的变化趋势基本一致,因此二阶系统中 M_r 愈大,瞬态响应超调量也愈大。当 $\zeta > 0.707$,无谐振峰,M_r 与 M_p 的对应关系不再存在,通常设计时,取 ζ 在 $0.4 \sim 0.7$ 之间时,M_r 在 $1 \sim 1.4$ 之间。

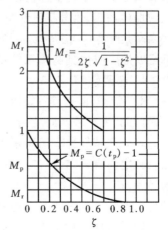

图 5.40　二阶系统的 M_r、M_p 与 ζ 的关系曲线

若给定了系统的 M_p,可由图 5.40 求

得相应的 ζ，从而求出相应的 M_r 值。

二阶系统频带宽度与瞬态响应的关系：闭环频率特性幅值不低于 -3 dB 的频率范围 $0 \leqslant \omega \leqslant \omega_c$，称为系统的带宽。$\omega_c$ 为系统的闭环截止频率，可以由它的定义求得，即

$$M(\omega_c) = 0.707$$

由式(5.36)，闭环系统的频率特性为

$$\varphi(\mathrm{j}\omega) = \frac{\omega_n^2}{(\omega_n^2 - \omega^2) + \mathrm{j}2\zeta\omega_n\omega}$$

闭环系统频率特性幅值为

$$|\varphi(\mathrm{j}\omega)| = M(\omega) = \frac{\omega_n^2}{\sqrt{(\omega_n^2 - \omega^2)^2 + 4\zeta^2\omega_n^2\omega^2}}$$

令 $M(\omega_c) = 0.707$，代入上式，解得

$$\frac{\omega_c}{\omega_n} = \sqrt{1 - 2\zeta^2 + \sqrt{2 - 4\zeta^2 + 4\zeta^4}} \tag{5.38}$$

式(5.38)说明当 ζ 一定时，ω_c 正比于 ω_n，而调节时间 t_s 的近似式为

$$t_s = \frac{4}{\zeta\omega_n}$$

因此当 ζ 一定时，t_s 与 ω_c 成反比，即带宽愈大，响应愈快。同时为了使输出量准确地复现输入量，应使系统的带宽略大于输入量的带宽。但带宽过大则系统抗高频干扰的性能下降，而且带宽大的系统实现起来也要困难些，所以带宽也不宜过大。

高阶系统中，要求的频域指标和时域指标的对应关系比较复杂，很难用严格的解析式来表达。工程上往往根据一些近似计算和大量的经验数据求出一些经验公式或曲线图表，供分析设计时应用。

当高阶系统有一对共轭复主导极点时，二阶系统频域指标和时域指标间的对应关系可以推广应用到高阶系统中去，但数据略有修改。例如在高阶系统中当 $M_r = 1.3$ 时，超调量 M_p 不超过 30%，当取 M_r 时 $= 1 \sim 1.3$，瞬态响应比较稳定。工程上一般取 $M_r = 1.3 \sim 1.7$。如相对稳定性要求高时，则 M_r 取更小的数值。

(2)开环频率特性与时域响应的关系

求开环频率特性比求闭环频率特性方便，而且在最小相位系统中，幅频特性和相频特性之间有确定的对应关系，因此在工程上常用开环对数频率特性来分析和设计系统。

开环频率特性与时域响应的关系通常分为三个频段来加以分析。一般来说低频段的频率特性形状主要影响系统瞬态响应的结尾段，影响系统的稳态指标；频率特性的高频段主要影响瞬态响应的起始段；频率特性的中频段主要影响瞬态响应的中间段，时域响应的动态指标主要是由中频段的形状所决定的。

　　低频段一般是指折线对数幅频特性在第一个转折频率以前的频段,系统的稳态指标主要是由这个频段幅频特性的高度和斜率所决定的。

　　中频段是指开环截止频率 ω_c 附近的频段,有的认为是 $L(\omega)$ 从 $+30$ dB 降到 -15 dB 的一段,一般是指折线对数幅频特性 ω_c 前后转折频率之间的一段。

　　由于闭环截止频率 ω_c 往往与开环截止频率 ω_0 相近,闭环谐振频率 ω_r 又略小于闭环截止频率 ω_c,因此在闭环频率特性上有谐振峰的一段为中频段。前面已经指出,谐振峰值的高低决定了时域响应的振荡性,闭环截止频率的大小决定了时域响应的快速性。也就是说时域响应的动态指标取决于中频段的形状。

　　高频段是指开环对数幅频特性在中频段以后的频段。高频段的形状主要影响时域响应的起始段,由于高频段一般均为迅速衰减的特性,通过系统的高频分量被大大衰减。在时域响应中高频分量的影响很小,且高频段远离开环截止频率 ω_0,因此它对 $\varphi(\omega_0)$ 也就是对 γ 的影响很小,所以在分析时常对高频段作近似处理。

5.7　基于 MATLAB 的频率法分析

5.7.1　用 MATLAB 做伯德图

　　命令 bode 可以计算连续线性定常系统频率响应的幅值和相角。当把命令 bode(不带左方变量)输入计算机后,MATLAB 可以在屏幕上产生伯德图。

　　当包含左方变量时,即

[mag,phase,w]=bode(num,den,w)

　　命令 bode 将把系统的频率响应转变成 mag、phase 和 W 三个矩阵,这时在屏幕上不显示频率响应图。矩阵 mag 和 phase 包含系统频率响应的幅值和相角,这些幅值和相角值是在用户指定的频率点上计算得到的。这时的相角以度来表示。利用下列表达式可以把幅值变成分贝:

$$magdB = 20 * log10(mag)$$

　　为了指明频率范围,采用命令 logspace(d_1,d_2) 或 logspace(d_1,d_2,n)。logspace(d_1,d_2) 在两个十进制数 10^{d_1} 和 10^{d_2} 之间产生一个由 50 个点组成的向量,这 50 个点彼此在对数上有相等的距离。例如,为了在 $0.1\sim100$ rad/s 之间,产生 50 个点,可以输入命令:

$$w = logspace(-1,2)$$

　　logspace(d_1,d_2,n) 在十进制数 10^{d_1} 和 10^{d_2} 之间,产生 n 个在对数上相等距离的点。例如,为了在 $1\sim1000$ rad/s 之间产生 100 个点,输入下列命令:

$$w = logspace(0,3,100)$$

当画伯德图时,为了把这些频率点包括进去,可以采用命令 bode(num, den, w)。

例 5.10　用 MATLAB 画出下面传递函数对应的伯德图:

$$G(s) = \frac{25}{s^2 + 4s + 25}$$

解　当定义上述系统具有下列形式时:

$$G(s) = \frac{\text{num}(s)}{\text{den}(s)}$$

可以采用命令 bode(num, den)画伯德图。MATLAB Program5－1 为画该系统伯德图的程序。用此程序画出的伯德图如图 5.41 所示。

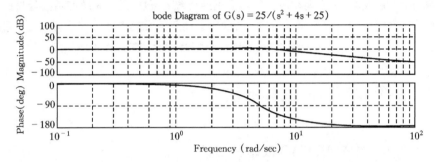

图 5.41　$G(s) = 25/(s^2 + 4s + 25)$的伯德图

MATLAB Program 5－1

```
num = [0 0 25]; den = [1 4 25];
bode (num, den)
subplot (2,1,1);
title ('Bode Diagram of G(s) = 25/(s^2+4s+25)')
```

例 5.11　用 MATLAB 画出图 5.42 所示系统的开环伯德图:

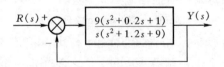

图 5.42　控 制 系 统

解　MATLAB Program5－2 可以画出该系统的开环伯德图。画出的伯德图表示在图 5.43 上。这时的频率范围是自动确定的,从 0.1～10 rad/s。

MATLAB Program 5－2

```
num = [0 9 1.8 9];
```

den $=$ [1 1.2 9 0];

bode (num, den)

subplot (2,1,1);

title (Bode Diagram of G(s)$=$ 9/(s^2$+$0.2s$+$1)/[s(s^2$+$1.2s$+$9)]´)

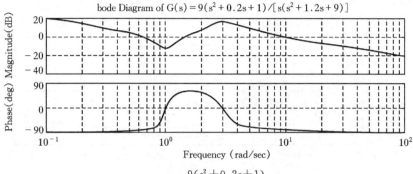

bode Diagram of G(s) $= 9(s^2+0.2s+1)/[s(s^2+1.2s+9)]$

图 5.43　$G(s)=\dfrac{9(s^2+0.2s+1)}{s(s^2+1.2s+9)}$的伯德图

5.7.2　用 MATLAB 作奈魁斯特图

命令 nyquist 可以计算连续时间、线性定常系统的频率响应。当命令中不包含左端变量时，nyquist 仅在屏幕上产生奈魁斯特图。

命令　　　　　　　nyquist (num, den)

将画出下列传递函数的奈魁斯特图：

$$G(s) = \frac{\text{num}(s)}{\text{den}(s)}$$

其中 num 和 den 包含以 s 的降幂排列的多项式系数。

命令

$$\text{nyquist (num, den,w)}$$

利用了用户指定的频率向量 w。向量 w 指出了以弧度/秒表示的频率点，在这些频率点上，将对系统的频率响应进行计算。

例 5.12　考虑下列开环传递函数

$$G(s)=\frac{1}{s^2+0.8s+1}$$

试利用 MATLAB 画出奈魁斯特图。

因为系统已经以传递函数的形式给出，所以利用下列命令画奈魁斯特图：

$$\text{nyquis t (num, den)}$$

MATLAB Program 5－3 产生的奈魁斯特图如图 5.44。

MATLAB Program 5－3

```
num = [0 0 1];
den = [1 0.8 1];
nyquist (num, den)
grid
title ('Nyquist Plot of G(s) = 1/(s^2+0.8s+1)')
```

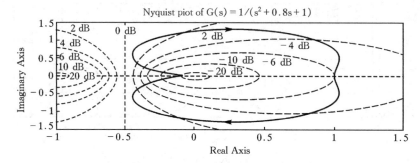

图 5.44　$G(s)=1/(s^2+0.8s+1)$ 的奈魁斯特图

在画奈魁斯特图时,如果 MATLAB 运算中包含"被零除",则得到的奈魁斯特图可能是错误的。例如,如果传递函数已知为:

$$G(s) = \frac{1}{s(s+1)}$$

则 MATLAB 命令

```
num = [0 0 1];
den = [1 1 0];
nyquist (num, den)
```

将产生一个错误的奈魁斯特图。当这种错误的奈魁斯特图出现在计算机上时,如果给定 axis(v),则可以对该图进行修正。例如,如果往计算机中输入 axis 命令,即输入

```
v = [-2 2 -5 5];
axis (v)
```

则可以获得正确的奈魁斯特图 5.45,详见 MATLAB Program 5—4。

```
MATLAB Program 5—4
%—————————————Nyquist plot—————————
num = [0 0 1];
den = [1 1 0];
nyquist (num, den)
v = [-2 2 -5 5]; axis (v)
```

```
grid
title ('Nyquist Plot of G(s) =1/(s[s+1])')
```

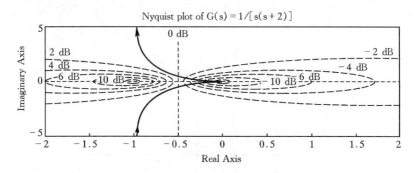

图 5.45 $G(s)=1/[s(s+1)]$ 的奈魁斯特图

5.8 连续设计示例:硬盘读写系统的频率法分析

本章将在前面研究的基础上,通过在电机-负载模型中引入弹性簧片的弹性项,以研究磁盘驱动读取系统的频率响应特性。

图 5.46 给出的模型描述了挂有磁头的弹性簧片,其中包括质量块 M、弹簧 k 和摩擦 b,而外力 $u(t)$ 则来自于支撑臂。

第 2 章得到的弹簧-质量-阻尼系统的传递函数为

$$\frac{Y(s)}{U(s)}=G_3(s)=\frac{\omega_n^2}{s^2+2\zeta\omega_ns+\omega_n^2}=\frac{1}{1+(2\zeta s/\omega_n)+(s/\omega_n)^2}$$

图 5.47 给出了系统的框图模型,其中给出了磁头与簧片的典型参数值,即 $\zeta=0.3$,$f_n=3000\ \text{Hz}(\omega_n=18.85\times10^3\ \text{rad/s})$。

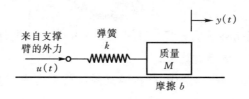

图 5.46 描述磁头与簧片的弹簧-质量-阻尼系统模型

为了得到磁盘驱动读取系统的频率响应,我们取 $K=400$,并首先绘制了如图 5.48 所示的开环幅频特性草图,其中包括幅频特性渐近线和近似曲线。在绘制幅频特性近似曲线时,我们根据定义式

$$20\log|K(j\omega+1)G_1(j\omega)G_2(j\omega)G_3(j\omega)|$$

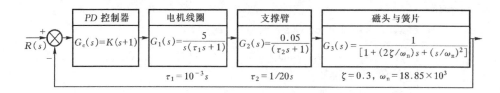

图 5.47 磁头位置控制系统模型,其中包括了簧片的弹性影响

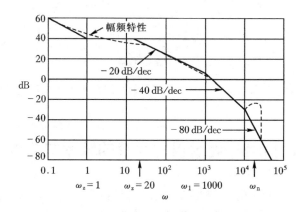

图 5.48 图 5.47 所示系统的幅频特性草图

从图 5.48 可以看出,在谐振频率 ω_n 附近,幅频特性近似曲线比渐近线高出了约 10 dB。由此可见,在使用幅频特性草图时,应尽量避开谐振频率。

接下来,绘制了磁盘驱动读取系统的精确的伯德图,其开环和闭环幅频特性曲线如图 5.49 所示。从中可以看出,闭环系统的带宽 $\omega_c = 1600$ rad/s。当 $\zeta \approx 0.3$,$\omega_n \approx \omega_c = 1600$ rad/s 时,由近似公式

$$T_s = \frac{4}{\zeta \omega_n}$$

可以估计得到闭环系统的调节时间为 $T_s = 8.3$ ms。此外,只要 $K \leqslant 400$,谐振频率点就会超出系统带宽之外。

当 $K = 400$ 时,在图 5.47 中,硬盘驱动系统模型考虑了弹性簧片的振动影响,并增添了一个零点为 $s = -1$ 的 PD 控制器。此时,可给出系统的阶跃响应如图 5.50 (a),从中可以看出,调节时间为 $T_s = 9$ ms。同时,为了对比,我们给出系统在没有微分环节时的阶跃响应如图 5.50 (b),从中可以看出,此时系统的超调量很大,调节时间也很长。

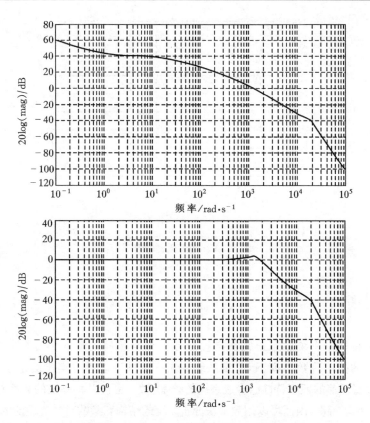

图 5.49　图 5.47 所示的系统的伯德图

（a）开环幅频特性图；（b）闭环幅频特性图

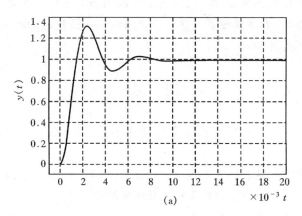

图 5.50　图 5.47 系统的阶跃响应

（a）有微分环节

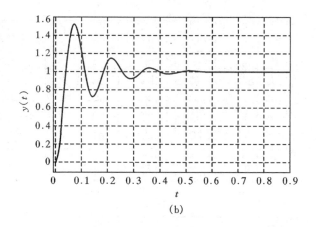

(b)

图 5.50　　(b) 无微分环节

5.9　小结

频率特性是系统稳态正弦输出量复数符号与相应的输入量复数符号之比，它是系统的另一种数学模型,稳定系统的频率特性可以通过实验测定。

可以将环节的频率特性组合成系统的频率特性,也可以将系统的频率特性分解成环节的频率特性,因而可以用频率法分析系统的结构和参数对系统性能的影响。

用奈奎斯特稳定判据可以从开环频率特性判断闭环系统的稳定性。系统的稳定程度用稳定裕量来定量表示。此外,本章还讨论了系统的频域性能指标,如谐振峰值 M_r 和谐振频率 ω_r 等,也讨论了伯德图与系统稳态误差系数(K_p,K_v,K_a)的关系。最后,本章继续研究连续设计示例——硬盘驱动读取系统,并分析了它的频率响应。

习　题

5.1　系统的传递函数为 K/s,若(a)$K=3$,(b) $K=0.06$,分别画出它们对数频率特性。

5.2　系统的传递函数为 $K/(s+\alpha)$,若 $\alpha=2.5$,$K=12$,分别画出它的近似的对数幅频特性,精确的对数幅频特性及相频特性。

5.3　系统的传递函数为 $0.2/(s^2+1.9s+10)$,画出它的对数频率特性。

5.4　系统的传递函数为 $2.8(\tau s+1)/s(0.15s+1)$,若(a)$\tau=0.05$,(b)$\tau=0.5$,画出它的近似的对数幅频特性和对数相频特性。

5.5　设有频率为 0.5 Hz,振幅为 1 的正弦输入信号加在题 5.1~5.4 的各个系统上,求各系统稳态输出信号。

5.6　设控制系统的开环传递函数为

$$G(s)H(s)=\frac{K(1+T_a s)(1+T_b s)}{s^2(1+T_1 s)}$$

试画出下面两种情况的极坐标图

(1)　$T_a>T_1>0, T_b>T_1>0$;

(2)　$T_1>T_a+T_b$。

5.7　设系数的开环传递函数为

(1)　$G(s)H(s)=\dfrac{Ks^2}{(1+0.2s)(1+0.02s)}$

(2)　$G(s)H(s)=\dfrac{Ke^{-0.1s}}{s(1+s)(1+0.1s)}$

试绘制上述系统的开环对数坐标图,并确定使开环截止频率为 $\omega_0=5$ rad/s 时的 K 值。

5.8　图 5.51 所示为最小相位系统通过实验所获得的开环对数幅特性,求它的开环传递函数。

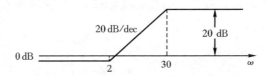

图 5.51　题 5.8 系统的开环对数幅频特性

5.9　图 5.52 为几个系统的开环极坐标图,设 $G(s)H(s)$ 不含有右半 S 平面的极点,试用奈魁斯特稳定判断闭环系统的稳定性。

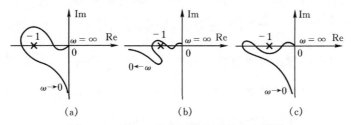

图 5.52　题 5.9 几个系统的开环极坐标图

5.10　设某控制系统的开环传递函数为

$$G_o(s)=\frac{k}{s(1+T_1 s)(1+T_2 s)}, \quad k>0, T_1, T_2>0$$

(1)画出其奈氏图及 Bode 图。

（2）用奈氏判据分析稳定性。

（3）$T_1 = 1$，$T_2 = 0.5$，$k = 0.75$ 时，求系统相角裕量（近似）和幅值裕量。

5.11　设系统的开环极坐标图如图 5.53 所示，并设开环增益为 $K = 500$，系统在右半平面无开环极点，试确定使闭环系统稳定的 K 值范围。

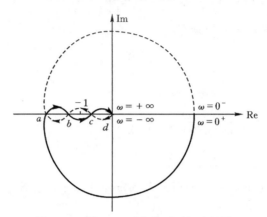

图 5.53　题 5.11 系统的开环极坐标图

相应于图中 a、b、c、d 各点的坐标分别为 -50、-20、-0.5、0

5.12　已知系统的折线幅频特性曲线如图所示，假定该系统为最小相位系统，求其传递函数。

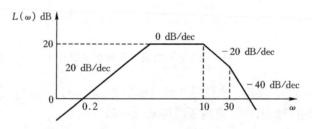

图 5.54　题 5.12 系统的幅频特性图

5.13　设系统的前向通道传递函数为 $G(s) = \dfrac{10}{s(s-1)}$，反馈环节传递函数为 $H(s) = 1 + K_h S$，试用奈魁斯特稳定判据求出使系统稳定的 K_h 值范围。

5.14　设某闭环系统的开环传递函数为 $G_o(s) = \dfrac{k e^{-2s}}{s}$，$(k > 0)$ 试求系统稳定时的 k 值范围，并画出奈氏图。

5.15　某单位反馈最小相位系统的开环渐近对数幅频特性曲线如图所示，试求在 $r(t) = 0.5t^2$ 时，系统的稳态误差和相角裕量 γ 的值。

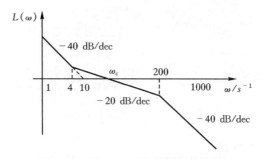

图 5.55　题 5.15 系统的幅频特性图

5.16　图 5.56 为两个系统的结构图。求这两个系统在单位斜坡信号作用下的稳定误差及系统的稳定裕量,并比较和讨论两系统的异同之处。

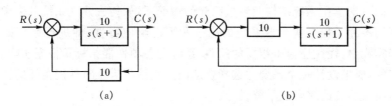

图 5.56　题 5.16 两个系统的结构图

5.17　设二阶系统的闭环谐振峰值 $M_r = 3$,谐振频率 $\omega_r = 15$。求该系统在阶跃输入作用下瞬态响应的超调量,调整时间。

5.18　某系统的传递函数为

$$G(s) = \frac{6.14(1 + s/5)}{s(1 + 2s)(1 + s/10)}$$

(1) 用 Matlab 画出系统的伯德图和奈氏图。

(2) 并从图给出系统的增益裕量和相角裕量。

第6章 线性系统的校正方法

6.1 系统校正概述

6.1.1 校正的概念

前面讨论了在系统结构及参数已知的情况下，如何去建立系统的数学模型，如何利用各种工程方法求取系统的稳态和瞬态响应特性，即进行系统的分析。在工程实践中，往往还提出相反的问题，系统的各项性能指标是根据实际需要预先给定的，要求设计一个系统并选择合适的参数使其满足对性能指标的要求，这类问题叫做系统的综合或系统设计。

综合工作可以是全局的，也可以是局部的。前者是根据对性能指标的要求确定系统组成和结构，选择元、部件，拟定控制电路和控制规律，并通过理论分析或实验研究确定控制装置和各环节的参数。这是一个全过程，即从无到有设计一个控制系统。但在实际中遇到更多的情况是后者，即局部的综合。因为系统中某些部分，如被控对象、执行元件、功率放大部分、测量元件等往往事先已经确定，不能任意改变，即系统中存在一个"不可变部分"，或称为"固有部分"。仅靠固有部分的工作不能满足对性能指标的要求，必须增加另外的附加控制装置，使系统的性能得到改善。这局部的综合工作通常称为对系统进行"校正"，附加的控制装置则称为"校正装置"。在这种情况下，设计者的任务是在不改变固有部分的情况下，选择合适的校正装置和参数，使其满足对各项性能指标的要求。

6.1.2 串联校正和并联校正

根据校正装置在系统中的位置，校正方式可分为串联校正和并联校正两种。如果校正装置 $G_J(s)$ 与系统不可变部分相串联，则这种校正方式称为"串联校正"，如图 6.1(a)所示。如果校正装置 $G_J(s)$ 接在系统的局部反馈通道中，则这种校正方式称为"并联校正"，或称为"反馈校正"，如图 6.1(b)所示。

在一个特定的系统中，究竟采用串联校正还是采用并联校正，主要决定于系统中信号的性质，可供采用的元件，校正装置的价格以及设计者的经验等。在大多数情况下，串联校正比较经济易于实现。特别是应用集成电路组成的电子调

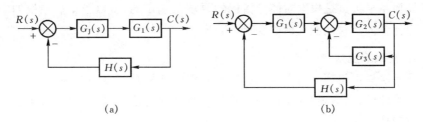

图 6.1　串联校正与并联校正

节器,能比较灵活地作为获得各种传递函数的校正装置,所以应用更为广泛。但是采用并联校正时,一般不必再进行放大,可以采用无源网络实现,这是它的优点。在一些比较复杂的系统中,往往同时采用串联校正和并联校正,以便使系统具有较好的性能。

6.1.3　超前校正与迟后校正

根据校正装置的特性,校正方法可分为超前校正和迟后校正。如果校正装置具有正的相角特性,即输出信号在相位上超前于输入信号,这种校正装置称为“超前校正装置”,把这种校正装置串入系统中对系统进行校正,则称为“超前校正”。如果校正装置具有负的相角特性,其输出信号在相位上滞后于输入信号,这种校正装置称为滞后校正装置,用这种装置对系统进行校正则称为“迟后校正”。在一个特定的系统中,究竟采用超前校正还是采用迟后校正,决定于系统固有部分的特性和对性能指标的要求,这个问题在下面几节中详细讨论。在有些情况下,单纯采用超前校正或迟后校正都不能达到满意的结果,需两者兼用,在某一频率范围内校正装置具有负的相角特性,而在另一频率范围内则具有正的相角特性,这就是所谓的“迟后-超前校正”,具有这种特性的校正装置则称为“迟后-超前校正装置”。

6.1.4　校正装置的设计方法

校正工作的主要内容是选择合适的校正装置并确定校正装置的参数,即设计一个校正装置。与分析控制系统相似,通常使用的设计方法有下列几种。

1. 根轨迹法

根轨迹法是一种图解方法。根轨迹法校正的指导思想是假定校正后的闭环系统具有一对主导共轭复极点,系统的响应特性主要由这一对主导极点的位置所决定。如果原系统的性能指标不能满足要求,可以引入适当的校正装置,利用校正装置的零、极点去改变原来系统根轨迹的形状,使校正后系统的根轨迹通过期望的主导极点的位置,并使系统的实际主导极点与期望主导极点重合或接近。

由于期望主导极点是根据对性能指标的要求来确定的,所以校正后系统的响应也一定能够满足对性能指标的要求。

2. 频率响应法

频率法校正是利用引入校正装置的办法改变原系统频率特性的形状,使其具有合适的低频、中频和高频特性,并具有足够的稳定裕量,从而获得满意的闭环响应特性。

频率法校正是一种简便的设计方法,特别是当性能指标是以频域形式给出时尤为方便。在频率响应图上,虽然不能严格定量的给出系统的瞬态响应特性,但却能清楚地表示出系统应当如何改变,即应当引入怎样形式的校正装置。在实际应用中,有一种利用期望频率特性进行校正的方法,只要在开环对数频率特性图上由期望特性减去固有特性,就可以方便地用作图求得校正装置的形式和参数,因而频率法校正比根轨迹法校正获得了更为广泛的应用。

但是,频率法校正是一种间接设计方法,因为校正后系统满足的是一些频域指标,如相角裕量、增益裕量、谐振峰值和带宽等不是时域指标,因而尚应对瞬态响应特性进行校验。如果不能满足要求则需重新进行设计,直至获得满意的结果为止。

3. 计算机辅助设计

计算机辅助设计的基础是系统响应特性的计算机仿真。仿真可以用模拟计算机进行,也可以用数字计算机进行。在用计算机进行设计时人与计算机相互作用,把设计者的分析、判断、推理能力与计算机的快速运算、准确的信息处理和存储能力结合起来,共同有效地工作,来完成预期的设计任务。

当用模拟计算机进行辅助设计时,通常是用试探的方法来确定校正装置的形式和参数。设计者选用不同形式和参数的校正装置对系统反复进行仿真,直至取得满意的结果为止,校正装置也就随之被确定了。在用数字计算机进行设计时也可以用这种方法进行仿真或自动寻优设计,也可以应用上面介绍的根轨迹法和频率法,只是用计算机来代替人做根轨迹或频率响应特性,再用计算机仿真进行性能指标的校验,如此反复进行,直到得出满意的结果。虽然计算机辅助设计都带有试探的性质,然而由于计算机的快速运算和很高的计算精度,大大地加快了设计的进度,减轻了设计人员的繁琐劳动,有力地促进了现代控制理论的实际应用,提高了设计的质量,因而得到人们普遍的重视和欢迎。

6.1.5　性能指标

设计自动控制系统的目的是要用来完成某一特定的任务,对系统的控制精度、相对稳定性和响应速度都要提出具体的要求,这些要求通常是以稳态和瞬态响应的各项性能指标给出的,所以性能指标是校正系统的依据。

1. 误差指标

对于控制精度的要求通常是以稳态误差系数 K_p、K_v、K_a 和动态误差系数 k_1、k_2、k_3 来表示的。因为这些系数能够反映输出量与输入量之间稳态误差的大小,即被控制量的实际值跟随给定值的准确程度,所以能够反映系统的控制精度。·

2. 时域动态性能指标

对于相对稳定性和响应速度的要求通常是以瞬态响应的性能指标表示的。在时间域内,用得最多的是单位阶跃响应过程的上升时间 t_r,超调量 σ,过渡过程时间 t_s 和振荡次数 N。t_r 和 t_s 能够反映系统对输入信号的响应速度,σ 和 N 则能反映系统稳定裕量的大小。

3. 闭环频域指标

系统的动态性能还可用频域指标给出。闭环频域指标通常以单位反馈系统闭环幅频特性的谐振峰值 M_r 和截止角频率 ω_0 表示,如图 6.2 所示。ω_0 直接给出了系统通频带的宽度,能够反映系统响应的快速性,而 M_r 的大小表示了系统对输入信号中某些谐波分量特别敏感的程度,所以能够反映系统稳定裕量的大小。

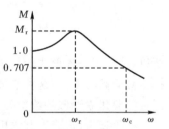

图 6.2　闭环幅频特性曲线

4. 开环频域指标

开环频域指标通常用开环截止频率 ω_0 和相位稳定裕量 γ 或幅值稳定裕量 K_g 来表示,如图 6.3 所示。由于 ω_0 与 ω_c 密切相关,在有些系统中非常接近,所以能反映闭环以后的带宽,即反映响应的快速性,而 γ 和 K_g 直接表示了稳定裕量的大小。但是应该指出,γ 和 K_g 只反映了某一特定频率下系统的性质,而 M_r 则反映了一定频率范围内系统的性质,即 M_r 包含的信息更多,所以它反映的系统相对稳定性更全面一些。M_r 大的系统相对稳定性差,但 γ 值大的系统却不一定能保证具有足够的相对稳定性。

5. 各类动态性能指标之间的关系

上述时域动态性能指标和频域指标是从不同的角度表示了系统的同一性能,它们之间必然存在着内在的联系。对于二阶系统,

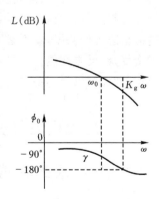

图 6.3　开环对数频特性曲线

这些指标之间能够用准确的数学式表示出来。一个二阶系统,可以用它的阻尼比ζ和无阻尼自然振荡角频率这两个特征参数来描述。同样,上述各类指标也可用ζ和ω_n来表示,即时域指标

$$
\left.
\begin{aligned}
t_s &= \frac{4}{\zeta \omega_n} (\pm 2\% \text{ 误差范围}) \\
M_P\% &= e^{-\xi\pi/\sqrt{1-\xi^2}} \times 100\% \\
N &= \frac{2\sqrt{1-\xi^2}}{\pi\xi}
\end{aligned}
\right\} \tag{6.1}
$$

开环频域指标

$$
\left.
\begin{aligned}
\omega_0 &= \omega_n \sqrt{\sqrt{1+4\xi^4}-2\xi^2} \\
\gamma &= \arctan \frac{2\xi}{\sqrt{\sqrt{1+4\xi^4}-2\xi^2}}
\end{aligned}
\right\} \tag{6.2}
$$

闭环频域指标

$$
\left.
\begin{aligned}
\omega_0 &= \omega_n \sqrt{(1-2\xi^2)+\sqrt{2-4\xi^2+4\xi^4}} \\
M_r &= \frac{1}{2\xi\sqrt{1-\xi^2}}
\end{aligned}
\right\} \tag{6.3}
$$

所以,给出了一种形式的性能指标,就可以通过计算求得另一种形式的性能指标。对于高阶系统,这种准确的数学关系很难建立,通常只是对一定类型的系统通过实验建立近似的数学关系,这里从略。

必须指出,正确地制定出各项性能指标,是控制系统设计中一项最为重要的工作。在确定这些指标时应从两个方面考虑,一方面应使校正后系统本身具有的各项性能指标比实际要求高一些,即留有余地。另一方面又不能片面追求高指标,因为过高的指标将会付出过高的代价。例如对系统的主要要求是具有较高的稳态工作精度,就不必对瞬态响应指标提出过高的要求,否则将会使校正装置变复杂,反之亦然。总之,各项指标都要提得合理,既要满足任务的需要,又不应过于苛刻,以便容易实现。

6.2　常用校正装置及其特性

下面介绍几种常用的电校正装置

6.2.1　超前校正装置

超前校正装置可以由无源网络组成,也可以由有源网络组成,它的传递函数具有下面的形式

$$G_J(s) = \frac{s - Z_J}{s - P_J} = \frac{s + \dfrac{1}{\tau}}{s + \dfrac{1}{\alpha\tau}} = \alpha \cdot \frac{\tau s + 1}{\alpha\tau s + 1} \tag{6.4}$$

式中：$\alpha = \dfrac{Z_J}{P_J} < 1$；$\tau = -\dfrac{1}{Z_J} > 0$。

在 s 平面内，超前校正装置可以用负实轴的一个零点和一个极点来表示，如图 6.4 所示。零点 Z_J 较极点 P_J 靠近虚轴，它们之间的距离由 α 和 τ 的大小决定，同时也改变了零、极点在负实轴上的位置。

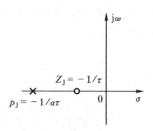

图 6.4　超前校正装置的零、极点分布

由于 α 的大小只使对数幅频特性上下移动一个位置，所以超前网络的伯德图可以由频率特性 $G_J(j\omega) = \dfrac{j\omega\tau + 1}{j\alpha\omega\tau + 1}$ 求得，如图 6.5 所示。由图可知，超前网络具有正的相角特性，相位超前角 ϕ_J 是频率的函数。如果把超前网络串联接入系统中，将使系统增加正的相位移，亦即产生超前的控制作用，超前校正的名称正由此而得。

超前校正网络的相角可由下式求得

$$\phi_J = \arctan\tau\omega - \arctan\alpha\tau\omega = \arctan\frac{(1-\alpha)\tau\omega}{1 + \alpha\tau^2\omega^2} \tag{6.5}$$

令 $\dfrac{\mathrm{d}\phi_J}{\mathrm{d}\omega} = 0$，求得最大超前角时的频率 ω_m 为

$$\omega_m = \frac{1}{\sqrt{\alpha\tau}} \tag{6.6}$$

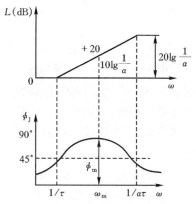

图 6.5　超前校正网络的伯德图

可见，ω_m 正好出现在两个转折频率 $\dfrac{1}{\tau}$ 和 $\dfrac{1}{\alpha\tau}$ 的几何中心。再将式（6.6）代入式（6.5）便可得到最大相位超前角

$$\phi_m = \arctan\frac{1-\alpha}{2\sqrt{\alpha}} = \arcsin\frac{1-\alpha}{1+\alpha} \tag{6.7}$$

$$\alpha = \frac{1 - \sin\phi_m}{1 + \sin\phi_m} \tag{6.8}$$

式（6.7）表明，最大超前相角仅与 α 有关，图 6.6 给出了 ϕ_m 与 $\dfrac{1}{\alpha}$ 的关系曲线。由

图可知,减小 α 可以增大 ϕ_{m},而当 ϕ_{m} 大于 $60°$ 以后 α 将急剧变小。α 过小对于抑制高频噪声不利,所以在实用中 α 的取值不应小于 0.07,通常可选 $\alpha=0.1$。

　　图 6.7 给出了一个实用的无源超前校正网络。假设输入信号源的输出阻抗为零,输出端负载阻抗等于无穷大,则网络的传递函数为

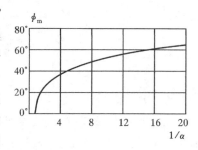

图 6.6　超前网络的 ϕ_{m} 与 $1/\alpha$ 的关系

$$G_{\mathrm{J}} = \frac{C(s)}{R(s)} = \frac{Z_1}{Z_1+Z_2}$$

$$= \frac{R_2}{R_1+R_2} \cdot \frac{R_1Cs+1}{\dfrac{R_1R_2}{R_1+R_1}Cs+1}$$

$$= \alpha \cdot \frac{\tau s+1}{\alpha\tau s+1}$$

其中

$$\alpha = \frac{R_2}{R_1+R_2} < 1, \quad \tau = R_1C \qquad (6.9)$$

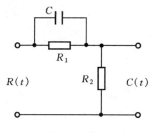

图 6.7　无源超前网络

　　由于 $\alpha<1$,所以当采用图 6.7 所示的超前校正网络进行串联超前校正时,将使系统的开环放大倍数变小。为了不减小系统的开环放大倍数,不影响系统的稳态精度,可以在采用这个校正网络同时串接一个比例放大器,并使放大倍数等于 $1/\alpha$。也可以采用有源超前校正网络,使放大倍数刚好等于 1 。

　　图 6.8 是一个由运算放大器构成的有源超前校正网络,它的传递函数是

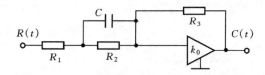

图 6.8　有源超前网络

$$G_{\mathrm{J}} = \frac{C(s)}{R(s)} = \frac{R_3}{R_1+\dfrac{R_2}{R_2Cs+1}}$$

$$= \frac{R_3}{R_1+R_2} \cdot \frac{R_2Cs+1}{\dfrac{R_1R_2}{R_1+R_2}Cs+1} = K \cdot \frac{\tau s+1}{\alpha\tau s+1}$$

其中

$$K = \frac{R_3}{R_1 + R_2}, \ \alpha = \frac{R_1}{R_1 + R_2}, \ \tau = R_2 C \tag{6.10}$$

6.2.2　迟后校正装置

迟后校正网络具有下列传递函数

$$G_{\mathrm{J}} = \frac{\tau s + 1}{\beta \tau s + 1} = \frac{1}{\beta} \cdot \frac{s + \dfrac{1}{\tau}}{s + \dfrac{1}{\beta \tau}} \tag{6.11}$$

其中 $\beta > 1$。

在 s 平面内,迟后网络的极点在 $s = -\dfrac{1}{\beta \tau}$ 处,零点位于 $s = -\dfrac{1}{\tau}$ 处,极点位于零点的右面,如图 6.9 所示。β 称为迟后网络系数,表示迟后的深度。β 愈大,零、极点之间的距离也愈大。

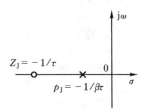

图 6.9　迟后网络的零、极点分布

迟后校正网络的伯德图可由频率特性

$$G_{\mathrm{J}}(\mathrm{j}\omega) = \frac{\mathrm{j}\omega\tau + 1}{\mathrm{j}\beta\omega\tau + 1}$$

求得,如图 6.10 所示。从图可知,迟后网络具有负的相角特性,即输出信号的相位滞后于输入信号,迟后角 ϕ_{J} 是频率的函数。与超前校正网络相似,迟后网络的最大迟后角 ϕ_{m} 出现在频率 $\dfrac{1}{\beta \tau}$ 与 $\dfrac{1}{\tau}$ 的几何中心 ω_{m} 处,ω_{m} 与 ϕ_{m} 的计算公式同式(6.6)和式(6.7)。

从图 6.10 还可看出,迟后网络实际上是一个低通滤波器,能够抑制高频噪声。β 值愈大,抑制高频噪声的能力愈强。通常可取 $\beta = 10$。在用迟后网络对系统进行串联校正时,应避免它的最大迟后角 ϕ_{m} 出现在校正后系统的开环

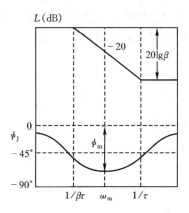

图 6.10　迟后网络的伯德图

截止角 ω_0 的附近,以防对瞬态响应性能产生不良影响,一般可取 $\dfrac{1}{\tau} = \dfrac{\omega_0}{10}$。这时迟后校正装置在 ω_0 处产生的迟后相角为

$$\phi_{\mathrm{J}}(\omega_0) = \arctan\tau\omega_0 - \arctan\beta\tau\omega_0$$

根据三角函数公式可知

$$\tan[\phi_J(\omega_0)] = \frac{\tau\omega_0 - \beta\tau\omega_0}{1 + \beta\tau^2(\omega_0)^2}$$

由于取 $\tau\omega_0 = 10$,再考虑到 $\beta > 1$,上式可简化为

$$\phi_J(\omega_0) \approx \arctan\left[\frac{1-\beta}{10\beta}\right] \tag{6.12}$$

若取 $\beta = 10$,由上式可算得在 ω_0 处迟后校正装置的相移约等于 $-5.14°$,对系统的相位稳定裕量将不会产生太大的影响。

图 6.11 是无源迟后校正网络的一个实例,假设输入信号源的输出阻抗等于零,输出端负载阻抗为无穷大,则它的传递函数为

$$G_J(s) = \frac{C(s)}{R(s)} = \frac{R_2Cs+1}{(R_1+R_2)Cs+1} = \frac{\tau s+1}{\beta\tau s+1}$$

$$= \frac{s + \dfrac{1}{\tau}}{\beta\left(s + \dfrac{1}{\beta\tau}\right)}$$

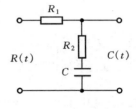

图 6.11　无源迟后网络

其中

$$\beta = \frac{R_1+R_2}{R_2}, \ \tau = R_2C \tag{6.13}$$

迟后校正网络也可以由有源网络构成,图 6.12 是两个实例。图 6.12(a)称为带惯性的比例积分调节器,它的传递函数可用反馈回路的复阻抗与输入回路阻抗之比来求得,即

$$G_J(s) = \frac{R_2(R_1C_1s+1)}{R_0[(R_1+R_2)R_1C_1s+1]} = K \cdot \frac{\tau s+1}{\beta\tau s+1} = \frac{K}{\beta} \cdot \frac{s+\dfrac{1}{\tau}}{s+\dfrac{1}{\beta\tau}}$$

其中

$$K = \frac{R_2}{R_0}, \quad \tau = R_1C_1, \quad \beta = \frac{R_1+R_2}{R_1} \tag{6.14}$$

图 6.12(b)也是一种有源迟后校正装置,称为比例积分调节器,它的传递函数是

$$G_J(s) = \frac{R_1+\dfrac{1}{C_1s}}{R_0} = \frac{R_1}{R_0} \cdot \frac{R_1C_1s+1}{R_1C_1} = K \cdot \frac{\tau s+1}{\tau s}$$

其中

$$\tau = R_1C_1, \quad K = \frac{R_1}{R_0} \tag{6.15}$$

这两种有源迟后校正网络的伯德图不大相同,带惯性的比例积分调节器的伯德

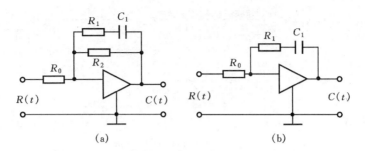

图 6.12　有源迟后网络

图如图 6.10,而比例积分调节器的伯德图则如图 6.13 所示。

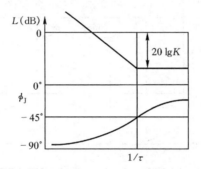

图 6.13　PI 调节器的伯德图

　　从图可知,在低频段,比例积分调节器呈积分特性,可以看成是一个积分环节,在高频段则相当于一个比例环节,即兼有比例和积分两种调节作用。这一点也可以由它的传递函数看出,因为传递函数可以写成

$$G_J(s) = K \cdot \frac{\tau s + 1}{\tau s} = K + \frac{K}{\tau s} \tag{6.16}$$

即由比例和积分两个部分组成,比例积分调节器的名称也由此而来。

6.2.3　迟后-超前校正装置

　　迟后-超前校正装置可以由无源网络构成,也可以由有源网络构成,其传递函数的形式是

$$G_J(s) = \frac{C(s)}{R(s)} = \frac{(1 + \tau_1 s)(1 + \tau_2 s)}{(1 + T_1 s)(1 + T_2 s)} \tag{6.17}$$

设

$$T_1 > \tau_1, \quad \tau_2 > T_2, \quad \frac{T_1}{\tau_1} = \frac{\tau_2}{T_2} = \beta \tag{6.18}$$

将式(6.18)代入式(6.17)得

$$G_J(s) = \frac{(1+\tau_1 s)(1+\tau_2 s)}{(1+\beta\tau_1 s)(1+\frac{1}{\beta}\tau_2 s)} = \frac{(s-Z_{J1})(s-Z_{J2})}{(s-P_{J1})(s-P_{J2})}$$

其中

$$\frac{P_{J2}}{Z_{J2}} = \frac{Z_{J1}}{P_{J1}} = \beta > 1 \tag{6.19}$$

$s = j\omega$ 并代入式(6.17)可得

$$G_J(j\omega) = \frac{(1+j\omega\tau_1)(1+j\omega\tau_2)}{(1+j\beta\omega\tau_1)(1+j\omega\tau_2/\beta)}$$

相应的伯德图如图 6.14 所示。

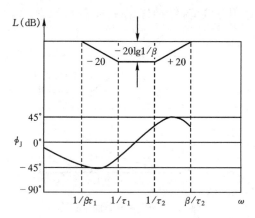

图 6.14　迟后-超前网络的伯德图

从图可见,在 $\omega < \omega_1$ 的频率范围内,校正装置具有迟后的相角特性,在 $\omega > \omega_1$ 的频段内,此网络则具有超前的相角特性,相角过零处的频率 ω_1 为

$$\omega_1 = \frac{1}{\sqrt{\tau_1 \tau_2}} \tag{6.20}$$

图 6.15 是无源迟后-超前校正网络的一个实例,它的传递函数是

$$G_J(s) = \frac{(1+\tau_1 s)(1+\tau_2 s)}{\tau_1 \tau_2 s^2 + (\tau_1 + \tau_2 + \tau_{12})s + 1} \tag{6.21}$$

式中

$$\tau_1 = R_1 C_1, \quad \tau_2 = R_2 C_2, \quad \tau_{12} = R_1 C_1 \tag{6.22}$$

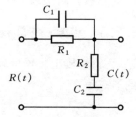

图 6.15　迟后-超前校正网络

选择适当的参数使式(6.21)具有两个不相等的负数极点,则式(6.21)便可化成式(6.17)的形式。

图 6.16 是有源迟后-超前校正网络的实例,它的传递函数可以由反馈回路阻抗 Z_f 和输入电阻 R_0 之比求得。由于 A 点是虚地,所以

$$Z_f = \frac{\left(R_1 + \dfrac{1}{C_1 s}\right) \cdot \dfrac{1}{C_2 s}}{R_1 + \dfrac{1}{C_1 s} + \dfrac{1}{C_2 s}} + R_2 = \frac{R_1 C_1 s + 1}{R_1 C_1 C_2 s^2 + C_2 s + C_1 s} + R_2$$

$$G_J(s) = \frac{Z_f}{R_0} = \frac{R_1}{R_0} \cdot \frac{R_1 C_1 R_2 C_2 s^2 + R_1 C_1 s + R_2 C_2 s + R_2 C_1 s + 1}{R_1 C_1 R_1 C_2 s^2 + R_1 C_1 s + R_1 C_2 s}$$

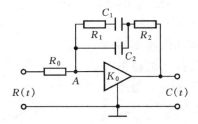

图 6.16　有源迟后-超前校正网络

若取 $R_1 \gg R_2$, $C_1 \gg C_2$,则在上式分子中略去 $R_2 C_1 s$,分母中略去 $R_1 C_2 s$ 和高次项,则 $G_J(s)$ 可近似为

$$G_J(s) = \frac{R_1}{R_0} \cdot \frac{(R_1 C_1 s + 1)(R_2 C_2 s + 1)}{R_1 C_1 s} = K \cdot \frac{(1 + \tau_1 s)(1 + \tau_2 s)}{\tau_1 s} \quad (6.23)$$

式中

$$K = \frac{R_1}{R_0}, \quad \tau = R_1 C_1, \quad \tau = R_2 C_2 \quad\quad\quad (6.24)$$

这个网络的伯德图与图 6.14 略有不同,其低频段幅频特性的斜率始终为 $-20\ dB$,相角也是从 $-90°$ 开始。

6.3　串联校正

6.3.1　应用根轨迹法对系统进行串联校正

应用根轨迹法校正时,首先遇到的一个问题是建立系统的瞬态响应与闭环极点位置的关系。这是一个比较复杂的问题,因为系统的响应不仅与闭环极点有关,而且还与闭环零点有关。在工程实际中,解决这个问题的办法是:先假定校正后的系统是一个无零点的二阶振荡系统,即只有一对共轭复极点。这样,系统的性能指标就可以用 ξ 和 ω_n 两个特征参数确切地表示出来,即能由给定的性能指标求得校正后系统的特征参数 ξ 和 ω_n ,就可以利用根轨迹法对系统进行校

正,使系统满足对 ξ 和 ω_n 的要求值。对于实际存在的闭环零点和非主导极点,在确定期望主导极点时考虑到它们对瞬态响应的影响,应留有余地。具体地说,若校正后闭环非主导极点比零点更靠近虚轴,即非主导极点比零点的影响大,则应在调节时间上留有余地。反之,如果零点比非主导极点更靠近虚轴,则应在超调量上留有余地。

6.3.2　应用根轨迹法的串联超前校正

如果一个未经校正的系统,它的瞬态响应性能较差,其表现为超调量过大,过渡过程时间过长,在 s 平面内则表现为主导极点离虚轴太近,阻尼比 ξ 过小。在这种情况下,适宜于采用超前校正。

在应用根轨迹法进行超前校正之前,先通过实例看看超前校正对根轨迹的影响。设原来系统具有两个实极点,其开环传递函数为

$$G_g(s) = \frac{K}{s(s-P_1)}$$

式中 K_g 是固有的根迹增益,校正前的根轨迹如图 6.17 中实线所示。采用串联超前校正,校正装置的传递函数是

$$G_J(s) = \frac{\tau s+1}{\alpha \tau s+1} = \frac{s-Z_J}{s-P_J} \quad (6.25)$$

式中 $\alpha = \dfrac{Z_J}{P_J} < 1$。校正后系统的开环传

递函数为

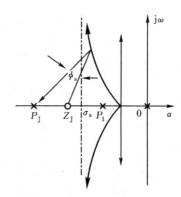

图 6.17　串联超前校正对根轨迹的影响

$$G_J(s)G_g(s) = \frac{K_g(s-Z_J)}{s(s-P_1)(s-P_J)} \quad (6.26)$$

对应的根轨迹如图 6.17 中的虚线所示。从图可知,校正后根轨迹渐近线的夹角未变,但是渐近线的交点向左移动了,因而根轨迹向左弯曲。交点的坐标可由下式求得,即

$$-\sigma_a = -\frac{\sum\limits_{j=1}^{n} P_j - \sum\limits_{i=1}^{m} Z_i}{n-m} = -\frac{P_1+P_J-Z_J}{2} = \frac{-P_1+P_J(1-\alpha)}{2}$$

$$(6.27)$$

上式说明,交点的坐标位置受 α 的影响,α 愈小,渐近线的交点左移愈多,根轨迹向左弯曲也愈利害。可见,串入超前校正装置后对根轨迹的影响是:

(1) 改变了根轨迹在实轴上的分布;

（2）改变了渐近线的交点位置；

（3）根轨迹左移，这对改善系统的瞬态响应性能，即减小超调、缩短过渡过程时间是有利的。

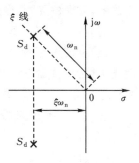

图 6.18　闭环主导极点

我们再来讨论应用根轨迹法对系统进行串联超前校正。假设根据对系统瞬态响应性能的要求确定了一对期望的闭环主导极点 S_d，如图 6.18 所示。引入串联超前校正装置后，由于 S_d 在根轨迹上，所以应当满足相角条件，即

$$\angle G_J(S_d)G_g(S_d)=\angle G_J(S_d)+\angle G_g(S_g)=\pm 180°$$

或

$$\angle G_J(S_d)=\pm 180°-\angle G_g(S_d)=\phi_J \tag{6.28}$$

为使校正后的根轨迹通过 S_d，校正装置的零、极点应提供图 6.19 所示的超前相角 ϕ_J。

根据正弦定理有

$$Z_J=\frac{\omega_n\sin r}{\sin(\pi-\theta-r)} \tag{6.29}$$

$$P_J=\frac{\omega_n\sin(r+\phi_J)}{\sin(\pi-\theta-r-\phi_J)} \tag{6.30}$$

$$\alpha=\frac{Z_J}{P_J}=\frac{\sin r\sin(\pi-\theta-r-\phi_J)}{\sin(\pi-\theta-r)\sin(r+\phi_J)} \tag{6.31}$$

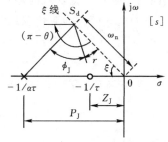

图 6.19　超前校正的相角关系

显然，能够提供 ϕ_J 的 Z_J 和 P_J 的位置并不是唯一的，通常是以 α 为最大来确定零、极点的位置，令 $\dfrac{\mathrm{d}\alpha}{\mathrm{d}r}=0$，便可得到

$$\gamma=\frac{1}{2}(\pi-\theta-\phi_J) \tag{6.32}$$

式中：$\theta=\arccos\xi$，求出 r 后 Z_J 和 P_J 的位置就随之确定，也就确定了校正装置的参数。

根据以上分析，可以得出应用根轨迹法进行串联超前校正的步骤是：

（1）画出未校正系统的根轨迹图。

（2）根据对性能指标的要求算出校正后闭环主导复极点 S_d 的坐标位置，如果未校正系统的根轨迹不通过这对期望主导极点，表明需要增加校正装置。

（3）按式（6.28）算出超前校正装置应提供的超前相角 ϕ_J。

（4）按式（6.32）算出角，再由式（6.29）和式（6.30）算出校正装置零、极点的位置和调节器的参数。

（5）验算校正后系统的性能指标，若与要求值相差不大，可适当调整校正装

置的零、极点位置,否则应考虑采用其它校正方案。

例 6.1　某随动系统的结构如图 6.20 所示,试确定校正装置 $G_J(s)$,使系统满足下列性能指标:超调量 $\sigma \leqslant 20\%$,过渡过程时间 t_s $\leqslant 1$ s。

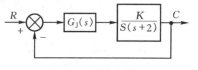

图 6.20　系统结构图

解　(1)画出未校正系统的根轨迹,如图 6.22 所示。

(2)由给出的 $\sigma \leqslant 20\%$ 可求得 $\xi \geqslant 0.46$,考虑到非主导极点和零点的影响,取 $\xi = 0.5$。由给出的 t_s 求得 $\omega_n \geqslant 6$ (1/s),再要求 $\theta = \arccos\xi = 60°$ 便确定了校正后主导复极点的位置,即图中的 A 点。由于原根轨迹不通过 A 点,所以需要增加超前校正装置使根轨迹向左移动并通过 A 点。

(3)由式(6.28)算出校正装置应当提供的超前相角为

$$\phi_J = \angle G_J(A) = -180° - \angle G_g(A)$$
$$= -180° - (120° - 100°) = 40°$$

(4)由式(6.32)、式(6.29)和式(6.30)算得

$$r = \frac{1}{2} \times (180° - 60° - 40°) = 40°$$

$$Z_J = \frac{6 \times \sin 40°}{\sin(180° - 60° - 40°)} = 3.9$$

$$P_J = \frac{6 \times \sin(40° + 40°)}{\sin(180° - 60° - 40° - 40°)} = 9.23$$

选图 6.21 所示的超前校正网络,其传递函数应为

$$G_J(s) = \frac{s + 3.9}{s + 9.23} = 0.42 \times \frac{0.256s + 1}{0.108s + 1}$$

即 $\alpha = 0.42, \tau = 0.256$,取 $R_1 = 100$ kΩ,由式(6.9)可以求出 $R_2 = 72$ kΩ,$C = 25.6$ μF。

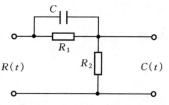

图 6.21　超前校正装置

(5)校验性能指标。校正后 A 点对应的根迹增益为

$$K = \frac{|OA| \cdot |AP_1| \cdot |AP_J|}{|AZ_J|}$$

用作图法或用正弦定理可以求出 $|AP_1| = 5.25$,$|AP_J| = 8.4$,$|AZ_J| = 5.25$,故

$$K = \frac{6 \times 5.25 \times 8.4}{5.25} = 50.4$$

据 K 可以求得另一个非主导极点的坐标是 $(-5.6, j0)$,它与闭环零点 Z_J 的距离很近,但还不能看成偶极子,所以将使系统的超调量略有增大。由于在确定 ξ 时已留有余地,所以不必再修改校正装置的参数,估计也能满足对性能指标的要

求。

A 点对应的开环放大倍数可由下式求得

$$K_0 = K \cdot \frac{\prod\limits_{i=1}^{m} Z_i}{\prod\limits_{j=1}^{n-N} P_j} \qquad (6.33)$$

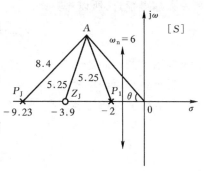

其中,m 是开环零点的个数,n 是开环极点的个数,N 是串联积分环节的个数。在本例中

$$K_0 = 50.4 \times \frac{3.9}{2 \times 9.23} = 10.65$$

由于对稳态性能指标无要求,故不需进行校验。

图 6.22　超前网络参数确定

6.3.3　应用根轨迹法的串联迟后校正

当系统的瞬态响应性能满足要求,但稳态精度较差时可以利用串联迟后校正以增大系统的开环放大倍数。下面先通过实例说明串联迟后校正对系统根轨迹的影响。设原来系统的开环传递函数为

$$G_g(s) = \frac{K_g}{s(s - P_1)}$$

式中 K_g 是系统的根轨迹增益。原系统的开环放大倍数为

$$K_{0g} = \frac{K_g}{P_1}$$

校正前系统的根轨迹如图 6.23 中实线所示。可以看出在根轨迹上的 P 点系统的瞬态响应性能已可以得到满意的结果,校正的目的只是为了提高开环放大倍数。现串入图 6.11 所示的迟后校正网络,其传递函数是

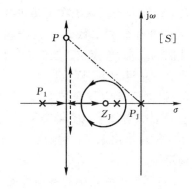

图 6.23　迟后校正对根轨迹的影响

$$G_J(s) = \frac{\tau s + 1}{\beta \tau s + 1} = \frac{1}{\beta} \cdot \frac{s - Z_J}{s - P_J}$$

式中

$$Z_J = -\frac{1}{\tau}, \qquad P_J = \frac{Z_J}{\beta}$$

校正后系统的开环传递函数为

$$G_0(s) = G_J(s)G_g(s) = \frac{K_g(s - Z_J)}{\beta s(s - P_1)(s - P_J)} = \frac{K(s - Z_J)}{s(s - P_1)(s - P_J)}$$

通常把迟后校正装置的零点和极点都设置在 s 平面的原点附近,由于零点

和极点靠得很近,所以

$$G_J(P) = \frac{P - Z_J}{P - P_J} \approx 1$$

对未校系统的根轨迹影响不大,校正后系统的根轨迹如图 6.23 中的虚线所示。

设校正后系统的根迹增益为 K,由于 $|P - Z_J| \approx |P - P_J|$,所以可以认为校正前后系统的根迹增益不变,即 $K = K_g$,那么校正后系统的开环放大倍数则变为

$$K_0 = K \cdot \frac{Z_J}{P_1 \cdot P_J} \approx K_g \cdot \frac{Z_J}{P_1 \cdot P_J} = K_{og} \cdot \frac{Z_J}{P_J} = K_{og} \cdot \beta \qquad (6.34)$$

可见,校正后系统的开环放大倍数增大 β 倍。

从以上分析可以得出应用根轨迹图进行串联滞后校正的步骤是:

(1)画出未校正系统的根轨迹图。

(2)根据给定的动态性能指标在 s 平面内确定主导复极点的位置。当未校正系统的瞬态响应能够满足要求时,期望主导极点应位于(或靠近)未校正系统的根轨迹上。

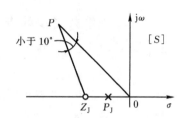

图 6.24 迟后校正装置的零、极点分布

(3)计算未校正系统在期望主导极点 P 处的开环放大倍数 K_{og},再根据对稳态性能的要求,确定校正装置的 β 值。通常取 β 不超过 10,否则难以实现。

(4)根据值确定校正装置零、极点在原点附近的位置,具体做法是:连接 PO,过 P 点做射线与负实轴交于 Z_J,使 $\angle OPZ_J < 10°$,如图 6.24 所示。这样 Z_J 的坐标值就可求出来了,再根据 $Z_J = \beta P_J$,求得 P_J 的坐标值,校正装置的参数就可以确定了。

(5)验算校正后系统的各项性能指标,如不能满足要求,可适当调整主导极点的位置或校正装置零、极点的位置。

例 6.2 设单位反馈系统校正前的开环传递函数为

$$G_g(s) = \frac{K_g}{s(s+1)(s+4)}$$

要求对系统进行校正,以满足下列指标:阻尼比 $\xi = 0.5$,过渡过程时间 $t_s = 10$ s,开环放大倍数 $K_0 \geqslant 5$。

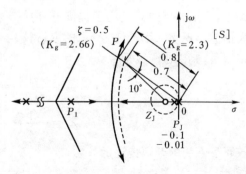

图 6.25 系统的根轨迹图

解　(1) 做出原系统的根轨迹,如图 6.25 中实线所示。

(2)由给定的动态性能指标求出无阻尼自然振荡角频率

$$\omega_n = \frac{4}{\xi t_s} = \frac{4}{0.5 \times 10} = 0.8 \ (1/s)$$

由 ω_n 及 ξ 可确定期望主导极点 P 的位置,即

$$P = -\xi \omega_n \pm j\omega_n \sqrt{1 - \xi^2} = -0.4 \pm j0.7$$

(3)由 P 点到原点及 $(-1, j0)$、$(-4, j0)$ 点的距离可求得原系统在 P 点的根迹增益为

$$K_g = 0.8 \times 0.9 \times 3.7 = 2.66$$

原系统在 P 点的开环放大倍数为

$$K_{0g} = \frac{K_g}{1 \times 4} = \frac{2.66}{4} = 0.666$$

显然不满足要求,故采用串联迟后校正,并取

$$\beta = \frac{K_0}{K_{0g}} = \frac{5}{0.666} = 7.5$$

取 $\beta = 10$,以便留有余地。

(4)从 P 点作射线,使其与 PO 的夹角为 $10°$,此线与负实轴的交点为 $Z_J = -0.1$,此即校正装置零点的坐标位置。校正装置极点的坐标是

$$P_J = \frac{Z_J}{\beta} = -\frac{0.1}{10} = -0.01$$

校正装置的传递函数则为

$$G_J(s) = \frac{s - Z_J}{s - P_J} = \frac{s + 0.1}{s + 0.01} = \frac{10(10s + 1)}{(100s + 1)}$$

选用图 6.12(a)所示有源迟后校正网络,显然应该使得 $K = \beta = 10$。现取 $R_0 = 100 \ \text{k}\Omega$,则 $R_2 = \beta R_0 = 1 \ \text{M}\Omega$。再由式(6.14)求出 $R_1 = 222 \ \text{k}\Omega$,$C_1 = \frac{\tau}{R} = 45 \ \mu\text{F}$。

(5)校正后系统的开环传递函数变为

$$G_0(s) = \frac{K_g(s + 0.1)}{s(s + 1)(s + 4)(s + 0.01)}$$

对应的根轨迹如图 6.25 中虚线所示。从图可知,若保持 $\xi = 0.5$ 不变,则主导极点的位置略有变化,即由 P 点变到 P' 点。相应的根迹增益变为 $K_g = 2.2$,开环放大倍数变为

$$K_0 = \frac{2.2 \times 0.1}{4 \times 0.01} = 5.525$$

仍能满足要求。

校正后 ω_n 从 0.8 减小为 0.7,这意味着 t_s 略有增加。若不允许则应重新选

主导极点,使其 ω_n 略高于 0.8。

6.3.4 应用根轨迹法的串联迟后-超前校正

从上两节讨论可知,超前校正主要用来改善系统的动态性能,迟后校正则经常用于提高系统的开环增益,即改善系统的稳态性能而保持原系统的动态性能不变。当系统的动态和稳态性能均不能满足要求时,通常要采用迟后-超前校正。

迟后-超前校正装置的传递函数见式(6.19),即

$$G_J(s) = G_{J1}(s)G_{J2}(s) = \frac{s - Z_{J1}}{s - P_{J1}} \cdot \frac{s - Z_{J2}}{s - P_{J2}}$$

其中 $G_{J2}(s)$ 产生超前校正作用,超前相角为 ϕ_{J2},使根轨迹向左弯曲,用以改善系统的动态性能。$G_{J1}(s)$ 产生迟后相角 ϕ_{J1},用以改善系统的稳态性能。为了减小 $G_{J1}(s)$ 对根轨迹的影响,Z_{J1} 和 P_{J1} 应接近于一对偶极子,并且靠近原点,通常要求 $\phi_{J1} \leqslant 3°$。

迟后-超前校正的步骤是,先设计超前部分 $G_{J2}(s)$,$Z_{J2}(s)$ 和 P_{J2} 确定以后就可以求出期望主导极点处的根迹增益和开环放大倍数,亦即求出了为满足稳态性能而对 β 值的要求,然后根据 β 设计迟后部分 $G_{J1}(s)$。下面通过实例说明校正的步骤。

例 6.3 原系统同例 6.2,即校正前开环传递函数为

$$G_g(s) = \frac{K_g}{s(s+1)(s+4)}$$

要求对系统进行校正,使满足下列指标:阻尼比 $\xi = 0.5$,无阻尼自然振荡角频率 $\omega_n = 2$ (1/s),开环放大倍数 $K_0 \geqslant 5$ (1/s)。

解   (1)首先设计超前校正部分 $G_{J2}(s)$,按给定的动态性能指标可知期望闭环主导极点应是

$$P = -\xi\omega_n \pm j\omega_n \sqrt{1 - \xi^2} = -1 \pm j1.73$$

由式(6.28)可求得超前校正应提供的超前角

$$\phi_{J2} = 180° - (120° - 90° - 30°) = 60°$$

从图 6.26 可知,原系统的一个开环极点是 $(-1, j0)$,若令 $Z_{J2} = -1$,则可以对消这一个开环极点,这样可以减少闭环零点对动态性能的影响。过 P 点作射线与负实轴交于 P_{J2},使 PZ_{J2} 的夹角等于 60°,这样就得到 $P_{J2} = -4$,故

$$G_{J2}(s) = \frac{s+1}{s+4}$$

(2)超前校正后,系统的开环传递函数变为

$$G_g(s)G_{J2}(s) = \frac{K_{g2}}{s(s+4)^2}$$

相应的根轨迹如图 6.26 中实线所示。P 点对应的根迹增益可求出，即 $K_{g2} =$ 23.8，开环放大倍数为

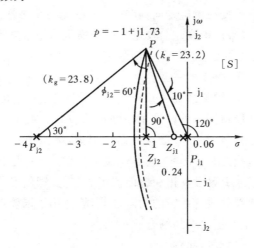

图 6.26　迟后–超前校正设计

$$K_{02} = \frac{K_{g2}}{4 \times 4} = \frac{23.8}{16} = 1.49$$

与给定指标相比，迟后校正部分应使开环放大倍数增加的倍数是

$$\beta = \frac{K_0}{K_{02}} = \frac{5}{1.49} = 3.35$$

取 $\beta = 4$，以便留有余地。

（3）再确定迟后校正部分 $G_{J1}(s)$。过 P 点作一条与 PO 夹角等于 $10°$ 的射线，与负实轴交于 Z_{J1}，从图可得 $Z_{J1} = -0.24$，故 $P_{J1} = \dfrac{Z_{J1}}{\beta} = \dfrac{-0.24}{4} = -0.06$，所以

$$G_{J1}(s) = \frac{s + 0.24}{s + 0.06}$$

（4）校正后系统的开环传递函数为

$$G_0(s) = \frac{K_g(s + 0.24)}{s(s + 4)^2(s + 0.06)}$$

相应的根轨迹如图 6.26 中虚线所示。主导极点由 P 点变到 P' 点，相应的根迹增益 $K_g = 23.2$，开环放大倍数为

$$K_0 = \frac{K_g \times 0.24}{0.06 \times 16} = 5.825$$

满足稳态指标要求。

6.3.5　根轨迹法校正小结

(1)超前校正能改变根轨迹走向,在未校正系统的稳态性能已经满意时,需要改善动态性能可以采用串联超前校正。由于通常总是希望校正后根轨迹向左偏移并穿过期望的主导极点,所以校正装置的零、极点总是相对地远离坐标原点,位于原系统开环零、极点的左方。

迟后校正主要用来增加系统的开环增益,在未校正系统的动态性能已经满意,需要改善稳态性能指标时可以采用串联迟后校正。由于要保持原系统的根轨迹基本不变,故校正装置的零、极点应靠得很近,近似于一对偶极子。为了有效地提高开环增益,校正装置的零、极点还应尽量靠近坐标原点。

迟后-超前校正兼有迟后校正和超前校正的功能,即用迟后部分改善系统的稳态性能,而用超前部分改善系统的动态性能,故适用于未校正系统的稳态和动态性能指标都不满足给定要求的场合。

(2)关于零、极点的对消问题

在进行串联校正时,经常利用校正装置的零点或极点去对消原系统中不希望存在的极点或零点,使校正系统具有一对主导共轭复极点。例如,原系统中较大的时间常数 T_1 可以用超前网络$(T_1 s+1)/(T_2 s+1)$抵消,即

$$\frac{T_1 s+1}{T_2 s+1} \cdot \frac{1}{T_1 s+1} = \frac{1}{T_2 s+1}, \qquad (T_1 \gg T_2)$$

这样校正后较大的时间常数 T_1 就被小时间常数 T_2 所代替,不致对主导极点产生过大的影响。同理,原系统存在的开环零点也可以予以对消。

但是,零、极点的位置通常是不精确的,还会承受着工作条件的变化而变化,所以要做到真正对消是不可能的。在实际应用时,只能尽量做得准确,使对消的零、极点的超前控制作用和迟后效应基本抵消。另外,如果系统中存在引起系统不稳定的开环极点时,不能用校正装置的零点予以对消。因为所谓对消只是数学式子中被消去了,校正装置的零点和被对消的极点均依然存在,当不能完全对消时,系统响应中便包含一项随时间无限增长的指数项,最终导致系统工作的不稳定。

另外,如果企图用校正装置全部对消原系统的零、极点,使系统变为传递函数等于1的"零阶"系统,那将是不可取的。因为一是做不到的,二是系统中总存在着噪声,无惯性的系统并不是最理想的。在实际中,都希望校正后系统具有一对主导共轭复极点,并具有适当的阻尼比和无阻尼自然振荡角频率,只把一些不希望存在的零、极点对消掉。

6.4　应用频率法对系统进行串联校正

应用根轨迹法进行串联校正的实质是引入校正装置后使系统的开环零、极点重新安排,从而改变根轨迹的走向,使校正后的系统符合给定的性能指标。应用频率法对系统进行校正,其目的在于改变频率特性的形状,使校正后系统的频率特性具有合适的低频、中频和高频特性以及足够的稳定裕量,从而达到给定的性能指标。

直接利用开环幅相频率特性校正和设计系统很不方便,因为除了改变放大倍数对特性的影响可以从图上直接看出外,改善其它参数时就得重新绘制曲线。因此,通常都利用伯德图对系统进行校正。

在频率法一章中已经指出,系统的稳态误差决定于开环对数频率特性低频段的状况。对于给定的稳态性能指标,校正后系统开环对数幅频特性的低频段应具有相应的斜率和放大倍数。为保证系统具有足够的相角稳定裕量,开环对数幅频特性在截止频率 ω_0 附近的斜率应为 -20 dB/dec,而且应该具有足够的中频宽度。对于高频段,为抑制高频干扰的影响,希望具有尽快衰减的特性。这样,从开环对数频率特性来看,需要校正的情况通常有下列几种情况:

(1)系统是稳定的,而且具有满意的瞬态响应性能,但是稳态误差过大,必须增加低频段的放大倍数以减小稳态误差,如图 6.27(a)的虚线所示。但校正后应尽可能保持中频段和高频段的形状不变。

(2)系统是稳定的,且具有满意的稳态性能,但瞬态响应性能较差,应改变特性的中频段和高频段,以改变中频段的斜率、截止角频率和相角稳定裕量,如图 6.27(b)所示。

(3)系统虽然是稳定的,但稳态和动态性能都不能满足要求,整个特性都应改变,如图 6.27(c)所示。

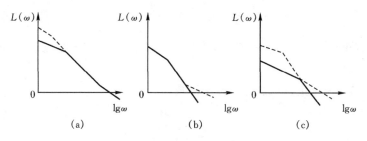

图 6.27　对数幅频特性的改善

在利用伯德图进行校正时,动态性能指标应以相角稳定裕量、增益稳定裕量和开环截止角频率等形式给出。如果给出了时域指标或闭环频域指标,则应换算成上述开环频域指标的形式。

6.4.1 应用频率法的串联超前校正

在讨论应用根轨迹法校正时已经指出,串联超前校正常用来改善系统的瞬态响应性能,但不影响系统的稳态精度。从伯德图来看,如果串联一个超前校正网络,使在截止频率 ω_0 处产生超前相位,以增加系统的相角稳定裕量,那么系统的瞬态响应性能将会得到改善。因此,在校正时,应使校正网络的最大超前角出现在系统的开环截止角频率处。应用频率法进行超前校正的步骤如下。

(1)画出未校正系统的伯德图,求出相角裕量 γ_g。

(2)根据给定的相角裕量,计算出需增加的相角超前量 ϕ_J,即

$$\phi_J = \gamma - \gamma_g + \varepsilon \tag{6.35}$$

式中:ε 是考虑到校正装置对截止频率位置的影响而增量的相角裕量,当未校正系统中频段斜率为 $-40\ \mathrm{dB/dec}$ 时,取 $\varepsilon = 5°$;当未校正系统中频段为 $-60\ \mathrm{dB/dec}$ 时,取 $\varepsilon = 15° \sim 20°$。

(3)令校正装置的最大超前角 $\phi_m = \phi_J$,并由式(6.8)计算出校正网络的 α 值,即

$$\alpha = \frac{1 - \sin\phi_m}{1 + \sin\phi_m}$$

若 ϕ_m 大于 $60°$,则应考虑采用二级串联。

(4)计算校正网络在 ω_m 处的幅值 $10\log\dfrac{1}{\alpha}$(参见图 6.5)。显然,未校正系统在幅值为 $-10\log\dfrac{1}{\alpha}$ 处的频率即为校正后系统的开环截止角频率 ω_0,即 $\omega_0 = \omega_m$。

(5)计算校正网络的转折频率 ω_1 和 ω_2

$$\omega_1 = \frac{1}{\tau} = \omega_m\sqrt{\alpha}, \quad \omega_2 = \frac{1}{\alpha\tau} = \frac{\omega_m}{\sqrt{\alpha}}$$

(6)画出校正后系统的伯德图,验算相角裕量,如不满足要求,则可增大 ε 从(2)重新计算。

例 6.4 未校正系统的开环传递函数为

$$G_g(s) = \frac{K_1}{s(s+1)}$$

要求校正后使得 $K_0 = 12\ (1/\mathrm{s})$,$\gamma = 40°$。

解 (1)取 $K_1 = K_0 = 12$,画出未校正系统的伯德图,如图 6.28 所示。这时 $\gamma_g = 16.12°$。

(2)取 $\varepsilon = 5°$，由式(6.35)可得

$$\phi_J = 40° - 16.12° + 5° = 29°$$

现取 $\phi_J = 30°$。选用图 6.7 所示的无源超前校正网络，并令 $\phi_m = \phi_J = 30°$。

(3)由式(6.8)求得

$$\alpha = \frac{1 - \sin 30°}{1 + \sin 30°} = 0.334$$

(4) $10\log\dfrac{1}{\alpha} = 4.8$ dB，在图 6.28 中当固有幅频特性等于 -4.8 dB 时的频率为 $4.61(1/s)$，故得

$$\omega_0 = \omega_m = 4.61 \ (1/s)$$

(5)校正网络的转折频率为

$$\omega_1 = \frac{1}{\tau} = \omega_m \sqrt{a}$$
$$= 4.61 \times \sqrt{0.334} = 2.63 \ (1/s)$$
$$\omega_2 = \frac{1}{\alpha\tau} = \frac{\omega_m}{\sqrt{a}} = 7.8 \ (1/s)$$

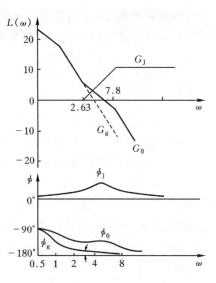

图 6.28　串联超前校正

为抵消超前网络引起的开环放大倍数的衰减，必须附加放大器，其放大倍数为 $1/a = 3$。

(6)校正后系统的开环传递函数变为

$$G_0(s) = G_j(s)G_g(s) = \frac{12(0.376s + 1)}{s(s+1)(0.128s+1)}$$

对应的对数幅频特性和相频特性见图 6.28。从图可得，在 $\omega = \omega_0$ 处的相角裕量 $\gamma = 42° > 40°$，满足给定要求。

由上例可知，串联超前校正可以增加系统的相角稳定裕量并使频带变宽，从而可以改善系统的动态性能。如果保持相角裕量不变，则串联超前校正可使对数幅频特性向上移动，即增大开环放大倍数，从而改善系统的稳态性能。但是必须指出：在有些情况下，串联超 前校正的使用会受到限制。例如当未校正系统的相角在截止角频率附近急剧减少时，采用串联超前校正往往效果不大。再如，当需要较大的相角超前量时，校正网络的值需选得很小，使得系统的频带过宽，高频噪声的影响变大，甚至导致系统难以稳定运行，所以在使用时应该注意这点。

6.4.2　应用频率法的串联迟后校正

上一节已讨论过，当一个系统的瞬态响应是满意的，为了改善稳态性能，又

不影响其瞬态响应性能,则可以采用串联迟后校正。具体办法是增加一对相互靠得很近并且靠近坐标原点的开环零、极点,使系统的开环增益提高 β 倍,而并不影响原根轨迹的形状。这种迟后校正对频率特性的影响可用图 6.29 予以说明,由于校正装置的零、极点靠近坐标原点,所以只对频率特性的低频段产生影响,中频段和高频段几乎不变,故对瞬态响应性能影响很小。串联迟后校正也可以用来改善系统的动态性能,其办法

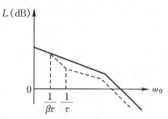

图 6.29 串联迟后校正对频率特性的影响

是利用迟后网络的低通滤波特性所造成的高频衰减,降低系统的开环截止角频率,增大相角裕量,从而改善系统的动态性能。显然,这种办法能够减少超调量和振荡次数,但由于频带变窄,所以过渡过程时间变大了。这种串联迟后校正的步骤是:

(1)根据给定的稳态性能指标确定系统的开环放大倍数 K_0。

(2)绘制未校正系统的伯德图,并求出对应的相角裕量 γ_g。

(3)找到未校正系统的相角裕量等于 $\gamma + \varepsilon$ 处的频率 ω_0,并以此作为校正后系统的开环截止频率。这里 γ 是要求的相角裕量,ε 是用来补偿迟后网络在 ω_0 处造成的相角迟后,通常取 $\varepsilon = 5° \sim 15°$。

(4)令未校正系统在 ω_0 处的幅值增益为 $20\log\beta$,由此确定迟后网络的 β 值。再按下式计算迟后网络的一个转折频率 ω_2,即

$$\omega_2 = \frac{1}{\tau} = \frac{\omega_0}{2} \sim \frac{\omega_0}{10} \tag{6.36}$$

τ 值不宜取得过大,否则会使网络中电容太大,难以实现。

(5)画出校正后系统的伯德图,校验相角裕量。

(6)校验其它指标,若不能满足要求,可改变 τ 值重新设计校正网络。

例 6.5 设原系统的开环传递函数为

$$G_g(s) = \frac{K}{s(s+1)(s+4)}$$

要求校正后稳态速度误差系数 $K_V = 10$,相角裕量 $\gamma = 30°$。

解 (1)确定开环放大倍数 K_0

$$K_0 = K_V = \lim_{s \to 0} sG_g(s) = \lim_{s \to 0} \frac{sK}{s(s+1)(s+4)} = 10$$

故 $K = 40$,所以未校正系统的开环传递函数是

$$G_g(s) = \frac{40}{s(s+1)(s+4)} = \frac{10}{s(s+1)(0.25s+1)}$$

(2)画出未校正部分的伯德图,如图 6.30 所示。从图可得未校正系统的相

角裕量 $\gamma_g = -30°$，系统不稳定。

（3）在 $\gamma + \varepsilon = 30° + 15°$ 处原系统对应的频率 $\omega_0 = 0.7$，以此作为校正后系统的开环截止角频率。

（4）原系统在 ω_0 处的幅值增益等于 21.4 dB，令

$$20\log\beta = 21.4,\ 故\ \beta = 11.8$$

取

$$\omega_2 = \frac{1}{\tau} = \frac{\omega_0}{3.5} = \frac{0.7}{3.5} = 0.2\ (1/s)$$

则 $\tau = 5$ s。另一转折频率为

$$\omega_1 = \frac{1}{\beta\tau} = \frac{1}{11.8 \times 5} = 0.017\ (1/s)$$

$$\beta\tau = 59\ s$$

（5）校正后系统的开环传递函数为

$$G_0(s) = G_g(s)G_J(s)$$

$$= \frac{10(5s+1)}{s(s+1)(0.25s+1)(59s+1)}$$

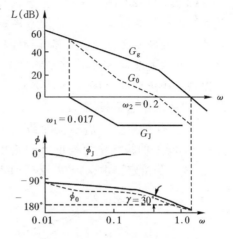

图 6.30　校正前后的伯德图

对应的伯德图如图 6.30 中虚线所示。相角裕量为

$$\gamma = 180° - (-90° - \arctan 59\omega_0 + \arctan 5\omega_0 - \arctan\omega_0 - \arctan 0.25\omega_0) = 30.6° > 30°$$

故满足要求。

选用图 6.11 所示无源迟后校正网络，取 $R_2 = 250$ kΩ，可由式（6.13）求得 $R_1 = 2.7$ MΩ，$C = 20\ \mu F$。

6.4.3　应用频率法的迟后-超前校正

我们已经知道，串联超前校正能够增加相角稳定裕量，同时使频带变宽，从而改善了动态性能。串联迟后校正则主要用来提高系统的开环增益，改善稳态性能。也可以利用迟后网络的低通滤波特性来增加相角裕量，使系统的动态性能得到改善。如果只采用超前校正或只采用迟后校正均不能达到满意的结果时，则可以采用串联迟后-超前校正。

下面用实例说明串联迟后-超前校正的方法。

例 6.6　设有一单位反馈系统，其开环传递函数为

$$G_g(s) = \frac{K}{s(s+1)(s+2)}$$

要求校正后系统满足下列性能指标。

稳态速度误差系数 $K_V = 10$ (1/s)，相位稳定裕量 $\gamma = 50°$，增益稳定裕量 $K_g \geqslant 10$ dB。

解　(1)根据对稳态误差系数的要求可得

$$K_V = \lim_{s \to 0} s \cdot \frac{K}{s(s+1)(s+2)} = 10, \quad K = 20$$

(2)令 $K=20$，画出未校正系统的伯德图如图 6.31 所示。由图可求得未校正系统的相角裕量为 $-32°$，系统不稳定。如果引入迟后校正，利用它对高频幅频特性的衰减使截止频率前移，能够满足对 K_g 的要求。但从伯德图看，要同时满足对 γ 的要求，截止频率将前移太多，也难以实现。若仅引入超前校正，固然可以增加相角裕量，满足对 γ 的要求，但无法同时满足对 K_g 的要求。在这种情况下，只能采用迟后-超前校正。

(3)首先确定校正后系统的截止频率 ω_0。因为对 ω_0 未提出要求，不妨选 $\phi_g = -180°$ 处的频率作为校正后的截止频率。从图可知，这时 $\omega_0 = 1.5$ (1/s)。显然，要达到给定要求 $\gamma = 50°$，必须引入超前校正，且超前校正角应该等于 $50°$。

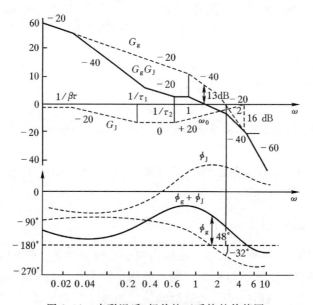

图 6.31　串联迟后-超前校正系统的伯德图

(4)确定超前校正部分的参数。从图可得，原系统在 $\omega = 1.5$ (1/s) 处的幅值为 13 dB。显然为使校正后 ω_0 正好等于 1.5 (1/s)，校正装置在此处的幅值应为 -13 dB。在 -13 dB 处做斜率为 $+20$ dB/10dec 的直线，它与 0 dB 线的交点 $\frac{1}{T_2}$ 即为超前校正部分的一个转折频率。从图可得

$$\frac{1}{T_2} = 7 \ (1/s)$$

即 $\dfrac{1}{\alpha\tau_2}=7$，若取 $\alpha=0.1$，则超前校正部分的另一个转折频率则为

$$\frac{1}{\tau_2}=0.7 \ (1/s)$$

故超前校正部分的传递函数为

$$G_{J2}(s)=\frac{\tau_2 s+1}{\alpha\tau_2 s+1}=\frac{1.43s+1}{0.143s+1}$$

(5)确定迟后校正部分的参数。一般从经验出发估算迟后部分的参数，使迟后部分对相角裕量的影响不超过 $5°$。现取迟后校正部分的一个转折频率为

$$\frac{1}{\tau_1}=\frac{\omega_0}{10}=0.15 \ (1/s)$$

取 $\beta=10$，则另一个转折频率为

$$\frac{1}{\beta\tau_1}=0.015 \ (1/s)$$

迟后校正部分的传递函数为

$$G_{J1}(s)=\frac{\tau_1 s+1}{\beta\tau_1 s+1}=\frac{6.67s+1}{66.7s+1}$$

迟后部分在 ω_0 处的相角为

$$\gamma_1=\arctan\tau_1\omega_0-\arctan\beta\tau_1\omega_0=\arctan\frac{1.5}{0.15}-\arctan\frac{1.5}{0.015}=-5°$$

可见对相角裕量的影响小于 $5°$。

(6)校正装置的传递函数为

$$G_J(s)=G_{J1}(s)G_{J2}(s)=\frac{(1.43s+1)(6.67s+1)}{(0.143s+1)(66.7s+1)}$$

校正装置的伯德图见图 6.33。校正后系统的伯德图如图 6.33 中实线所示。从图可得，校正后 $\gamma=48°$，$K_g=16$ dB。相角裕量不满足要求，必须改变参数。

增加相角裕量的办法是将迟后部分的转折率离 ω_0 更远些，以减小它对 γ 的影响。取

$$\frac{1}{\tau_1}=\frac{\omega_0}{15}=0.1 \ (1/s)$$

$$\frac{1}{\beta\tau_1}=0.01 \ (1/s)$$

这时　$\gamma_1=\arctan\omega_0\tau_1-\arctan\beta\tau_1\omega_0=\arctan\dfrac{1.5}{0.1}-\arctan\dfrac{1.5}{0.01}=-3.4°$

这样就可以满足对 γ 的要求了。

综上所述，可将频率法串联迟后-超前校正的步骤归纳如下：

(1)根据对系统稳态性能的要求，确定系统的开环放大倍数 K_0。

(2)绘制未校正系统的伯德图。

（3）确定超前校正部分的参数。上例中是先选 ω_0 和 α，利用作图求得 τ_2 和 $\alpha\tau_2$ 的数值。也可以利用例 6.4 那种方法来确定超前部分的参数。

（4）确定迟后校正部分的参数。其方法是使迟后部分的转折频率远离 ω_0，使对 γ 的影响不超过 5°。β 的值不超过 10。

（5）校验校正后系统的相角裕量 γ 及其它参数。

由上可见，串联迟后-超前校正装置参数的确定，在很大程度上依赖于设计者的经验和技巧，而且设计过程带有试探的性质。显然，在满足相同指标的情况下设计结果不是唯一的。

6.4.4　频率法校正小结

超前校正是利用超前装置的相位超前来改善系统的性能的。在频域内，超前校正增加了系统的相角裕量和带宽，从而使系统的超调量减小，过渡过程时间变短，因此适用于动态性能不佳的场合。但是带宽的增大将使系统对高频干扰信号变得敏感了，所以使系统的抗干扰能力下降。迟后校正则是利用迟后网络的低通滤波特性造成的高频衰减，从而降低系统的开环截止角频率，增大相位稳定裕量。但是由于系统频带变窄，过渡过程时间将会增大。如果使迟后校正装置只在低频段发生作用，对中频特性影响很小，则将使开环频率特性的低频段抬高，即提高了系统的开环放大倍数。在系统的动态性能已经满足要求，但稳态性能不佳时，通常采用这种方法。如果动态性能和稳态性能均不满足，则应采用迟后-超前校正。

6.5　按期望模型对系统进行串联校正

应用上述根轨迹法或频率法进行超前、迟后或迟后-超前校正，能够解决大量的实际校正任务。但是对于复杂的系统，采用这些较简单的网络进行校正，很难得出满意的结果。加之这些校正方法都带有试探的性质，设计的速度和质量在很大程度上取决于设计者的经验和技巧，初学者不易掌握，所以还希望能有更简便、但又具有一定准确性的工程设计方法。一些工程技术人员通过实践总结出了不少简便易行的工程计算方法，其中按期望模型进行校正的设计方法受到人们的普遍欢迎，并被广泛地采用。这种方法仍然是一种频率法校正，它以开环幅频特性作为期望模型，所以仅适用于最小相位系统。

按期望模型校正的基本思路是，首先根据工程实际对控制系统的要求确定期望的开环对数幅频特性，比较未校正系统特性与期望特性，由它们的差异得校正装置的传递函数和参数。在工程实际中，不同的控制系统提出的性能指标是各不相同的。但对一定类型的系统，其性能指标却有共同之处。比如传动系统，它的基本结构是对给定的一阶无差或二阶无差,其开环传递函数要求有一个或两个积分环节。再如恒值调节系统,通常也希望对负载扰动做到无差调节,所以开环传递函数中也必须有积分环节。这样,人们就可以选择一些能够满足大多数场合适用的典型的开环模型,像典型 Ⅰ 型和典型 Ⅱ 型,作为期望模型,并以此为据对系统进行校正。当然,期望开环模型可以是各种各样的,这里仅介绍根据工程上用得最多的典型二阶模型对系统进行校正的方法。

6.5.1　典型二阶开环模型及其特性

典型二阶系统的结构如图 6.32 所示,它的开环传递函数为

$$G_0(s) = \frac{K_0}{s(T_1 s + 1)}$$

对应的开环对数幅频特性如图 6.35 所示。

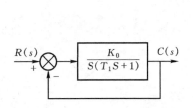

图 6.32　典型二阶系统框图　　　　图 6.33　典型二阶系统幅频特性

其中 $\omega_0 < \dfrac{1}{T}$,ω_0 和 K_0 的关系可以由对数幅频特性求出。由于在 $\omega = 1$ 处的幅值等于 $20\log K_0$,所以

$$20\log K_0 = 20\log\omega_0$$

即

$$K_0 = \omega_0 \left(\omega_0 < \frac{1}{T} \right) \tag{6.37}$$

闭环传递函数是

$$G_C(s) = \frac{K_0}{T_1 s^2 + s + K_0} = \frac{\dfrac{K_0}{T_1}}{s^2 + \dfrac{1}{T_1}s + \dfrac{K_0}{T_1}}$$

与二阶系统传递函数的标准形式

$$G_C(s) = \frac{\omega_n^2}{s^2 + 2\xi\omega_n s + \omega_n^2}$$

相比较,可得

$$\omega_n = \sqrt{\frac{K_0}{T_1}}, \quad \xi = 0.5\sqrt{\frac{1}{K_0 T_1}} \tag{6.38}$$

各项性能指标如第 3 章所述,即

超调量　　　　　　　$\sigma = e^{-\xi\pi/\sqrt{1-\xi^2}} \times 100\%$

过渡过程时间　　　　$t_s = \dfrac{4}{\xi\omega_n}$

相角裕量　　　　　　$\gamma = \arctan \dfrac{2\xi}{\sqrt{\sqrt{1+4\xi^4}-2\xi^2}}$

当 $\xi = 0.707$ 时,各项性能指标均比较好,所以称为最佳二阶系统。这时有

$$K_0 T_1 = 0.5, \quad 或 \quad K_0 = \frac{1}{2T_1} \tag{6.39}$$

$$\omega_n = \sqrt{\frac{K_0}{T_1}} = \frac{1}{\sqrt{2}T_1} \tag{6.40}$$

由于

$$\omega_0 = K_0, \quad 故 \quad \omega_0 = \frac{1}{2T_1} \tag{6.41}$$

开环传递函数则变为

$$G_0(s) = \frac{K_0}{s(T_1 s + 1)} = \frac{1}{2T_1 s(T_1 s + 1)} \tag{6.42}$$

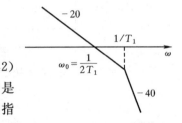

对应的开环对数幅频特性如图 6.34 所示。这就是所说的"最佳二阶开环模型",闭环后的各项性能指标是:

图 6.34　最佳二阶开环模型

$$\sigma = 4.3\%, \quad \omega_n t_s = 6, \quad \gamma = 65.5°$$

6.5.2　按最佳二阶开环模型校正系统

在一般情况下,未经校正的系统其开环传递函数不会刚好就是最佳二阶开环模型,必须引入校正装置予以校正,使校正后的开环传递函数变为式(6.42)的形式,即成为最佳二阶开环模型。

下面分几种情况介绍串联校正装置的设计方法。

(1)被校正对象为一阶惯性环节,即

$$G_g(s) = \frac{K_1}{T_1 s + 1} \tag{6.43}$$

由于这不是最佳二阶开环模型,故需要串入校正装置。设校正装置的传递函数为 $G_J(s)$,根据期望开环模型

$$G_0(s) = \frac{1}{2T_1 s(T_1 s + 1)} = G_J(s) G_g(s)$$

可得

$$G_J(s) = \frac{G_0(s)}{G_g(s)} = \frac{1}{2T_1 s(T_1 s + 1)} \cdot \frac{T_1 s + 1}{K_1} = \frac{1}{2T_1 K_1 s} = \frac{1}{\tau s} \quad (6.44)$$

可见,校正装置是一个积分调节器,积分时间常数为

$$\tau = 2T_1 K_1$$

(2)被校正对象为两个惯性环节串联,即

$$G_g(s) = \frac{K_1}{T_1 s + 1} \cdot \frac{K_2}{T_2 s + 1}, \text{ 其中 } T_2 > T_1 \quad (6.45)$$

根据 $G_0(s) = G_J(s)G_g(s)$ 可得

$$G_J(s) = \frac{G_0(s)}{G_g(s)} = \frac{1}{2T_1 s(T_1 s + 1)} \cdot \frac{(T_1 s + 1)(T_2 s + 1)}{K_1 K_2} = \frac{T_2 s + 1}{2T_1 K_1 K_2 s}$$

$$(6.46)$$

即校正装置是一个比例积分调节器,传递函数的形式是

$$G_J(s) = \frac{\tau_i s + 1}{T_i s} \quad (6.47)$$

在这里 $\tau_i = T_2$, $T_i = 2T_1 K_1 K_2$。在这种情况下,实际上是用校正装置的零点对消了对象的一个极点,即对消了大惯性 $(T_2 s + 1)$,保留了小惯性 $(T_1 s + 1)$。当然也可以使 $\tau_i = T_1$,即对消 $(T_1 s + 1)$,保留 $(T_2 s + 1)$,不过这样做校正以后系统的响应速度将要缓慢一些。

(3)被校正对象由三个惯性环节组成,即

$$G_g(s) = \frac{K_1}{T_1 s + 1} \cdot \frac{K_2}{T_2 s + 1} \cdot \frac{K_3}{T_3 s + 1} \quad (6.48)$$

式中 T_1 较 T_2、T_3 为小。这时可对消 T_2 和 T_3,校正装置为

$$G_J(s) = \frac{1}{2T_1 s(T_1 s + 1)} \cdot \frac{(T_1 s + 1)(T_2 s + 1)(T_3 s + 1)}{K_1 K_2 K_3}$$

$$= \frac{(T_2 s + 1)(T_3 s + 1)}{2T_1 K_1 K_2 K_3 s} \quad (6.49)$$

即校正装置为一个比例积分微分调节器,它的传递函数的形式是

$$G_J(s) = \frac{(\tau_1 s + 1)(\tau_2 s + 1)}{T_4 s}$$

在这里 $\tau_1 = T_2$, $\tau_2 = T_3$, $T_4 = 2T_1 K_1 K_2 K_3$。

(4)被校正对象由若干小惯性群组成,即

$$G_J(s) = \frac{K_1}{T_1 s + 1} \quad \frac{K_2}{T_2 s + 1} \quad \cdots \quad \frac{K_3}{T_n s + 1} \quad (6.50)$$

这时可把它们近似合并成一个惯性环节,即令

$$G_g(s) = \frac{K_\Sigma}{T_\Sigma s + 1}$$

式中，$T_\Sigma = T_1 + T_2 + \cdots + T_n$，$K_\Sigma = K_1 \cdot K_2 \cdots K_n$。这样与第一种情况相似，取

$$G_J(s) = \frac{1}{\tau_i s}, \quad \tau_i = 2K_\Sigma T_\Sigma \tag{6.51}$$

(5)被校正对象为一个积分环节和一个惯性环节组成，即

$$G_g(s) = \frac{K_1}{s(T_1 s + 1)} \tag{6.52}$$

这时 $G_g(s)$ 已经是二阶开环模型，但不是最佳模型，这只要串入一个比例调节器就行了。设 $G_J(s) = K_2$，则

$$K_2 = \frac{1}{2T_1 s(T_1 s + 1)} \quad \frac{s(T_1 s + 1)}{K_1} = \frac{1}{2T_1 K_1}$$

由于开环传递函数

$$G_0(s) = G_J(s)G_g(s)$$

所以

$$G_J(s) = \frac{G_0(s)}{G_g(s)} \tag{6.53}$$

当被校正对象的传递函数 $G_g(s)$ 已知后，就可以由期望的开环传递函数和固有传递函数 $G_g(s)$ 求出校正装置的传递函数 $G_J(s)$。

校正装置的传递函数也可用作图法求得，这只要在对数坐标中由期望开环幅频特性 $G_0(j\omega)$ 减去固有对数幅频特性 $G_g(j\omega)$ 就可以得到校正装置的对数幅频特性 $G_J(j\omega)$，也就求得了校正装置的传递函数。

6.6　用 MATLAB 实现系统校正

超前校正，滞后校正及滞后超前校正原理前面已经讲过，本节根据实例，给出采用 MATLAB 实现频率法校正的程序。

6.6.1　采用 Bode 图的系统超前校正

例 6.7　已知某控制系统的开环传递函数为

$$G_P(s) = \frac{2}{s(1 + 0.25s)(1 + 0.1s)}$$

用频率响应设计法设计超前校正环节。设计要求静态速度误差系数为 10，相位裕量为 $45°$。

根据静态误差系数为 $K_V = 10$，得到校正环节的增益为 $K_C = 5$。频率响应法子函数程序如下：

```
>>function gc=plsj(G,kc,yPm)
function gc=plsj(G,kc,yPm)
```

```
G=tf(G);
[mag,pha,w]=bode(G * kc);
Mag=20 * log10(mag);
[Gm,Pm.Wcg,Wcp]=margin(G * kc);
phi=(yPm-getfield(Pm,´Wcg´)) * pi/180;
alpha=(1+sin(phi))/(1-sin(phi));
Mn=-10 * log10(alpha);
Wcgn=spline(Mag,w,Mn);
T=1/Wcgn/sqrt(alpha);
Tz=alpha * T;
Gc=tf([Tz 1],[T 1]);
```

主程序如下：
```
>>num=2;
den=conv([1 0],conv([0.25 1],[0.1 1]));
G=tf(num,den);
kc=5;
% 增加量取 10deg
yPm=45+10;
% 超前校正环节
Gc=plsj(G,kc,yPm)
% 校正前开环系统传递函数
Gy_c=feedback(G * kc,1)
% 校正后开环系统传递函数
Gx_c=feedback(G * kc * Gc,1)
figure(1)
% 单位阶跃响应曲线
step(Gy_c,´r´,5);
hold on;
step(Gx_c,´b´,5);
figure(2)
% 校正前开环系统伯德图
bode(G * kc,´r´);
```

```
hold on；
％校正后开环系统伯德图
bode(G * kc * Gc,´b´)；
figure(3)
％校正前开环系统奈魁斯特图
nyquist(G * kc,´r´)；
hold on；
％校正后开环系统奈魁斯特图
nyquist(G * kc * Gc,´b´)；
```

运行结果：

校正环节传递函数：

Transfer function：

0.2987s＋1

0.04877s＋1

校正前系统闭环传递函数：

Transfer function：

$$\frac{10}{0.025s\^3＋0.35s\^2＋s＋10}$$

校正后系统的闭环传递函数：

Transfer function：

2.987s＋10

0.001219s＾4＋0.04207s＾3＋0.3988s＾2＋3.987s＋10

运行结果如图 6.35～图 6.37 所示。

由运行结果显示可知，超前环节传递函数为 $G_c=\dfrac{0.2987s＋1}{0.04877s＋1}$。由运行图示可知，引入超前校正环节后，系统的带宽超大，闭环系统的谐振峰值下降，静态速度误差系数增大。

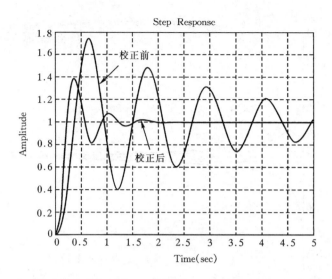

图 6.35 校正前后闭环系统的单位阶跃响应曲线

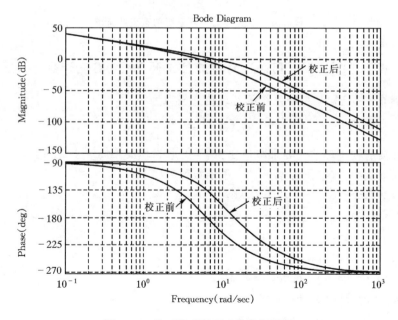

图 6.36 校正前后开环系统的伯德图

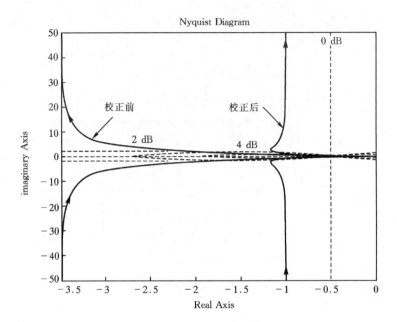

图 6.37　校正前后开环系统的奈魁斯特图

6.6.2　基于 MATLAB 的滞后校正的 Bode 图设计法

例 6.8　已知某控制系统的开环传递函数为

$$G_{p}(s) = \frac{4}{s(s+3)}$$

试设计滞后校正环节。要求阻尼比为 $\xi = 0.4$，自然频率 $\omega_{n} = 1.5$ rad/s。

在本例中，直接设置 $k_{c} = 10$。子函数程序如下：

```
>>function Gc=plzh(G,kc,dPm)
G=tf(G);
num=G.num{1};
den=G.den{1};
[mag,phase,w]=bode(G * kc);
wcg=spline(phase(1,:),w′,dPm−180);
magdb=20 * log10(mag);
Gr=spline(w′,magdb(1,:),wcg);
alpha=10^(Gr/20);
T=10/(alpha * wcg);
Gc=tf([alpha * T 1],[T 1])
```

主程序如下：

```
>>num=4;
den=[1 3 0];
G=tf(num,den)
zeta=input('请输入阻尼比 \zeta=');
Pm=2*sin(zeta)*180/pi;
dPm=Pm+5;
kc=10;
%滞后环节传递函数
Gc=plzh(G,kc,dPm)
&校正前系统闭环传递函数
Gy_c=feedback(G*kc,1)
%校正后系统闭环传递函数
Gx_c=feedback(G*Gc*kc,1)
figure(1)
step(Gx_c,'b',6);
hold on;
step(Gy_c,'r',6)
figure(2)
bode(G*Gc*kc,'b');
hold on;
bode(g*kc,'r');
figure(3)
nyquist(gx_c,'b');
hold on;
nyquist(Gy_c,'r');
```

运行后,在命令窗口中将会要求输入设计参数数据：

请输入阻尼比 zeta=0.4

按回车键,得到运行结果如下：

滞后环节传递函数：

Transfer function：

3.92s+1

15.61s+1

校正前闭环传递数：

Transfer function：

$$\frac{40}{s^\wedge 2 + 3s + 40}$$

校正后闭环传递函数：

Transfer function：

$$\frac{156.8s + 40}{15.61s^\wedge 3 + 47s^\wedge 2 + 159.8s + 40}$$

运行结果如图 6.38～6.39 所示。

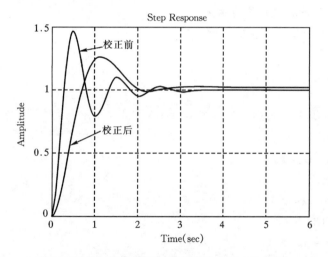

图 6.38　校正前后闭环系统的单位阶跃响应曲线

由运行结果显示可知，滞后环节传递函数为 $G_c(s) = \dfrac{3.92s + 1}{15.6s + 1}$。由运行图示可知，校正前系统的超调量为 $\sigma = 46.6\%$，上升时间 $t_r = 0.295$ s，过渡过程时间 $t_s = 1.72$ s，系统稳定幅值为 1。校正后系统的超调量为 $\sigma = 26.2\%$，上升时间 $t_r = 0.7$ s，过渡过程时间 $t_s = 1.84$ s，系统稳定幅值为 1。由以上性能参数数据可知，经过滞后校正的系统性能明显提高。由开环系统伯德图可知，在低频段相位被滞后；同时，经滞后校正环节的校正作用，使系统的幅值减小。

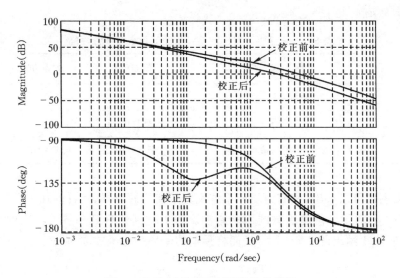

图 6.39　校正前后开环系统的伯德图

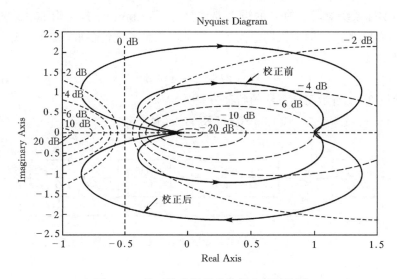

图 6.40　校正前后闭环系统的奈魁斯特图

6.7　连续设计示例:硬盘读写系统的校正

本章将为磁盘驱动读取系统设计一个合适的 PD 控制器,使得系统能够满足对单位阶跃响应的设计要求。给定的设计要求如表 6.1 所示,闭环系统的框图模型如图 6.41 所示。

表 6.1　磁盘驱动器控制系统的设计要求与实际性能

性能指标	预期值	实际值
超调量	小于 5%	0.1%
调度时间	小于 150 ms	40 ms
对单位阶跃干扰的最大响应	小于 5×10^{-3}	6.9×10^{-5}

从图中可以看出,我们为闭环系统配置了前置滤波器,其目的在于消除零点因式$(s+z)$对闭环传递函数的不利影响。为了得到具有最小节拍响应的系统,针对图 6.41 给出的 2 阶模型,我们将预期的闭环传递函数取为

$$T(s) = \frac{\omega_n^2}{s^2 + \alpha \omega_n s + \omega_n^2} \tag{6.54}$$

其中,$\alpha = 1.82$,$\omega_n t_s = 4.82$。

而实际系统对调节时间的设计要求为 $t_s \leqslant 50$ ms。于是可取 $\omega_n = 120$。在这种情况下,调节时间的预期值为 $t_s = 40$ ms,满足了设计要求。这样,式(6.54)的分母则为

$$s^2 + 218.4s + 14400 \tag{6.55}$$

同时由图 6.41 所示闭环系统的特征方程为

$$s^2 + (20 + 5K_3)s + 5K_1 = 0 \tag{6.56}$$

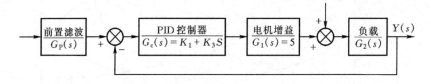

图 6.41　带有 PD 控制器的磁盘驱动器控制系统(二阶系统模型)

比较式(6.55)和式(6.56)的系数,有

$$218.4 = 20 + 5K_3, \quad 14400 = 5K_1$$

解得 $K_1 = 2880$,$K_2 = 39.68$。便得到了所需要的 PD 控制器为

$$G_c(s) = 39.68(s + 72.58)$$

然后,将前置滤波器取为

$$G_p(s) = \frac{72.58}{(s + 72.58)}$$

就能进一步对消引入 PD 控制器新增的闭环零点。

　　本例的模型忽略了电机磁场的影响,但所得的设计仍然是很准确的。表6.1给出了系统的实际响应,从中可以看出,系统的所有指标都满足了设计要求。

6.8　小结

　　本章讨论了反馈控制系统的几种校正网络的校正和系统综合方法。首先,简要介绍了系统设计和系统校正的概念,其次,讨论了串联校正网络在控制系统中的作用机理,说明了引入串联校正网络的可行性和必要性。串联校正网络可以改变系统的根轨迹形状或改变系统的频率响应,是一种非常有效的校正手段。在各种校正装置中,本章详细讨论了超前校正网络和滞后校正网络,并介绍了如何用 Bode 图方法和 s 平面上的根轨迹方法来设计它们。

　　超前校正网络可以增大系统的相角裕度,从而增强系统的稳定性。在设计超前校正网络时,如果只给定了对超调量和调节时间的设计要求,建议采用 s 平面上的根轨迹方法;如果给定了对稳态误差系数的设计要求,则最好采用 Bode 图方法。

　　滞后校正网络可以在保持预期主导极点基本不变的前提下,增大系统的稳态误差系数,提高系统的稳态精度。如果要求反馈控制系统具有很大的稳态误差系数,就应该采用滞后校正网络来校正系统。此外,超前校正网络会增大系统带宽,而滞后校正网络则会减小系统带宽。当系统内部或系统输入中含有噪声时,系统带宽将是影响系统性能的一个主要因素,因而也会影响校正方案的选择。表 6.2 对超前校正网络和滞后校正网络作了全面的比较。

表 6.2　相角超前校正网络与相角滞后校正网络小结

	校正网络	
	相角超前	相角滞后
目的	1. 在 Bode 图上,提供超前相角,提高相角裕量 2. 在 s 平面上,使系统具有预期的主导极点	在保持 s 平面上的主导极点或 Bode 图上的相角裕量基本不变的同时,增大系统的稳态误差系数
效果	1. 增大系统带宽 2. 增大高频段增益	1. 减小系统带宽
优点	1. 能获得预期的响应 2. 能改善系统的动态性能	1. 能抑制阻止高频噪声 2. 能减小系统的稳态误差

	相角超前	相角滞后
缺点	1.需要附加的放大器增益 2.增大了系统带宽,使系统对噪声更加敏感 3.通常会要求 RC 网络具有很大的电阻和电容	1.会减缓瞬态响应速度 2.通常会要求 RC 网络具有很大的电阻和电容
适用场合	要求系统有快速的响应时	对系统的稳态误差系数有明确的要求时
不适用场合	在交点频率附近,系统的相角急剧下降时	在满足相角裕量的要求后,系统没有足够的低频响应时

习　题

6.1　设系统的结构图如图 6.42,利用根轨迹法确定超前校正装置参数,使系统满足下列要求

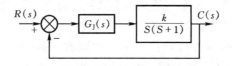

图 6.42　题 6.1 图

阻尼比 $\xi = 0.7$,过渡过程时间 $t_s = 1.4$ s,系统开环放大倍数 $K = 2$。

6.2　原有系统的开环传递函数为

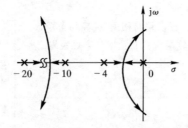

图 6.43　题 6.2 图

$$G_g(s) = \frac{800K_1}{s(s+4)(s+10)(s+20)}$$

其根轨迹如图 6.43 所示。试确定迟后校正网络,使系统满足如下指标

开环放大倍数 $K_1 \geqslant 12$,过渡过程时间 $t_s \leqslant 2.5$ s,超调量 $\sigma \leqslant 20\%$。

6.3　控制系统的传递函数为

$$G_g(s) = \frac{K}{s\left(1 + \dfrac{s}{10}\right)}$$

试设计串联超前校正装置 $G_J(s)$,使校正后系统满足:

稳态速度误差系数 $K_v \geqslant 100$,相角裕量 $\gamma \geqslant 50°$。

6.4　单位反馈系统的开环传递函数为

$$G_g(s) = \frac{4}{s(2s+1)}$$

设计一串联迟后网络,使系统的相角裕量 $\gamma \geqslant 40°$,
并保持原有的开环放大倍数(要求给出元件参数)。

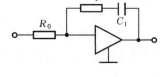

图 6.44　题 6.4 图

6.5　单位反馈系统的开环传递函数为

$$G_g(s) = \frac{K}{s(0.5s+1)}$$

要求速度误差系数 $K_v = 20/s$,相角裕量 $\gamma \geqslant 45°$,增益裕量 $K_g \geqslant 10$ dB,试确定校正装置的传递函数。

6.6　单位反馈系统的开环传递函数为

$$G_g(s) = \frac{K}{s(s+1)(0.2s+1)}$$

试设计迟后校正装置以满足以下要求:

系统开环放大倍数 $K_0 = 8$,相角裕量为 $40°$。

6.7　已知一位置伺服系统如图 6.45 所示。其中 $T_m = 0.8$ s,$T_1 = 0.005$ s。
试选一串联校正装置,使系统满足以下性能指标。

(1)Ⅰ型系统速度误差系数　$K_v \geqslant 1000$

(2)单位阶跃指标:$t_s(5\%) \leqslant 0.25$ s　$\sigma \leqslant 30\%$

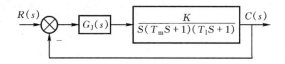

图 6.45　题 6.7 图

6.8　已知某最小相位系统开环对数幅频特性如图所示,虚线表示校正前,
实线表示校正后(采用串联校正),求:

(1)校正装置的传递函数;

(2)校正后,系统临界稳定时的开环增益量;

（3）$k=1$ 时，求校正后系统的相位裕量（用近似曲线）和幅值裕量。

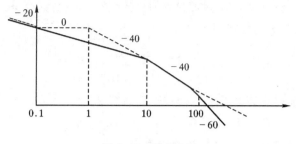

图 6.46　题 6.8 图

6.9　采用 MATLAB，对题 6.3 重新设计，并用 MATLAB 画出校正前后系统的伯德图及校正后系统对单位阶跃的响应。

第 7 章　线性离散系统的分析与综合

近年来,随着脉冲技术、数字式元器件、数字计算机,特别是微处理器的迅速发展,数字控制器在许多场合取代了模拟控制器,比如微型数字计算机在控制系统中得到了广泛的应用。基于工程实践的需要,作为分析与设计数字控制系统的基础理论,离散系统理论的发展是非常迅速的。因此,深入研究离散系统理论,掌握分析与综合数字控制系统的基础理论与基本方法,从控制工程特别是从计算机控制工程角度来看,是迫切需要的。

离散系统与连续系统相比,既有本质的不同,又有分析研究方面的相似性。利用 z 变换法研究离散系统,可以把连续系统中的许多概念和方法,推广应用于线性离散系统。

本章主要介绍线性离散系统的分析与校正方法。首先给出信号采样和保持的数学描述,然后介绍 z 变换理论和脉冲传递函数,接着研究线性离散系统稳定性、稳态误差、动态性能的分析与综合方法,最后介绍了数字 PID 控制器的实现问题,介绍了如何使用 MATLAB 进行离散系统的分析,以硬盘读写系统为例阐明了离散系统的设计方法。

7.1　离散系统的基本概念

如果控制系统中的所有信号都是时间变量的连续函数,也就是说,这些信号在全部时间上都是已知的,则这样的系统称为连续时间系统,简称连续系统;如果控制系统中有一处或几处信号是一串脉冲或数码,也就是说,这些信号仅定义在离散时间上,则这样的系统称为离散时间系统,简称离散系统。通常,把系统中的离散信号是脉冲序列形式的离散系统,称为采样控制系统或脉冲控制系统;而把数字序列形式的离散系统,称为数字控制系统或计算机控制系统。在理想采样及忽略量化误差情况下,数字控制系统近似于采样控制系统,将它们统称为离散系统,这使得采样控制系统与数字控制系统的分析与校正在理论上统一了起来。

7.1.1　采样控制系统

一般说来,采样系统是对来自传感器的连续信息在某些规定的时间瞬时上取值,然后通过对这些值的比较、计算和输出,来达到控制目标的系统。采样控制系统结构形式多样,一般如图 7.1 所示,主要由采样器、数字控制器、保持器、执行器、被控对象和测量变送器构成。图 7.1 所示的结构称为误差采样控制的闭环采样系统,是采样系统中用得最多的。当然,根据系统中采样器的个数不同以及采样器在系统中所处的位置不同,就可以构成各种采样系统了。

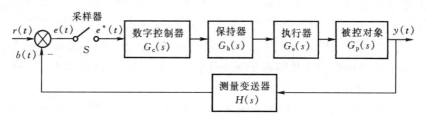

图 7.1　采样控制系统典型结构图

1. 信号采样

如图 7.2 所示,在采样控制系统中,把连续信号转化为脉冲序列的过程称为采样过程,简称采样。实现采样的设备称为采样器,或采样开关,一般用 S 表示。用 T 表示采样周期,单位为 s。$f_s = 1/T$ 表示采样频率,单位为 $1/s$;$\omega_s = 2\pi f_s = 2\pi/T$ 表示采样频率,单位为 rad/s。在实际应用中,采样开关多为电子开关,闭合时间非常短,采样持续时间 τ 远小于采样周期和系统连续部分的最大时间常数。为了简化分析,可将采样过程理想化,认为 τ 趋于零,其采样瞬时的脉冲强度等于相应采样瞬时误差信号 $e(t)$ 的幅值,理想采样开关输出的采样信号为脉冲序列 $e^*(t)$,如图 7.2 所示,$e^*(t)$ 在时间上是断续的,而在幅值上是连续的,是离散的模拟信号。

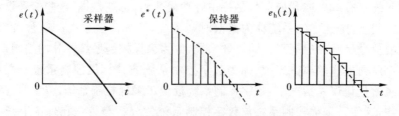

图 7.2　采样器和保持器的输入输出信号

2. 信号复现

如图 7.2 所示,在采样控制系统中,把脉冲序列转变为连续信号的过程称为信号复现。实现复现过程的装置称为保持器。因为采样器输出的是脉冲序列 $e^*(t)$,如果直接加到连续系统上,则 $e^*(t)$ 中的高频分量会给系统中的连续部分引入噪声,影响控制质量,严重时还会加剧机械部件的磨损,因此需要在采样器后面串联一个保持器,以使脉冲序列 $e^*(t)$ 复原成连续信号,再加到系统的连续部分。最简单的保持器是零阶保持器,它将脉冲序列 $e^*(t)$ 复现为阶梯信号 $e_h(t)$。如图 7.2 所示当采样频率足够高时,$e_h(t)$ 接近于连续信号 $e(t)$。

在现代控制技术中,采样系统有许多实际的应用。在具有较大滞后特性的工业过程控制中,采用采样系统可以使得系统的信号变化及时反馈给系统,采样系统在控制精度、控制速度及性价比方面具有明显的优势,所以应用非常广泛。

7.1.2 数字控制系统

数字控制系统是一种以数字计算机为控制器去控制具有连续工作状态的被控对象的闭环控制系统。因此,数字控制系统包括工作于离散状态下的数字计算机和工作于连续状态下的被控对象两大部分。由于数字控制系统具有一系列的优越性,所以在航空、航天和工业过程控制中,得到了广泛的应用。

数字控制系统的典型原理如图 7.3 所示。它由工作于离散状态下的计算机(数字控制器)$G_c(s)$,工作于连续状态下的被控对象 $G_p(s)$ 和测量元件 $H(s)$ 组成。在每个采样周期中,计算机先对连续信号进行采样编码(即 A/D 转换),然后按照一定的控制律进行数码运算,最后将计算结果通过 D/A 转换器转换成连续信号并控制被控对象。因此,A/D 转换器和 D/A 转换器是计算机控制系统中的两个非常特殊的环节。

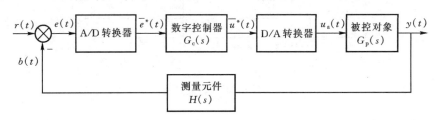

图 7.3 数字控制系统典型结构图

1. A/D 转换器

A/D 转换器是把连续的模拟信号转换为离散数字信号的装置。A/D 转换包括采样过程和量化过程。如图 7.4 所示,采样过程是每隔 T 秒对连续信号

$e(t)$进行一次采样,得到采样信号 $e^*(t)$。量化过程是,由于在计算机中任何数值都用二进制表示,因此,幅值上连续的离散信号 $e^*(t)$ 须经过编码表示成最小二进制数的整数倍,成为离散数字信号 $\bar{e}^*(t)$,才能进行运算。数字计算机中的离散数字信号 $\bar{e}^*(t)$ 不仅在时间上是断续的,而且在幅值上也是按最小量化单位断续取值的。

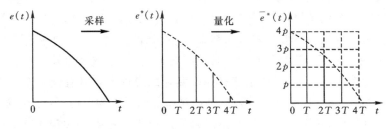

图 7.4　A/D 转换过程

2. D/A 转换器

D/A 转换器是把离散的数字信号转换为连续模拟信号的装置。D/A 转换包括解码过程和复现过程。如图 7.5 所示,解码过程就是把离散数字信号 $\bar{u}^*(t)$ 转换为离散的模拟信号 $u_d^*(t)$);而复现过程就是通过保持器,将离散模拟信号 $u_d^*(t)$ 复现为连续模拟信号 $u_a(t)$。

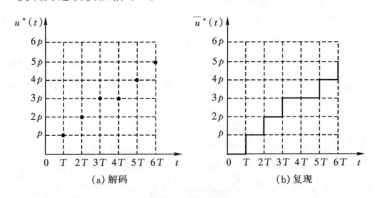

图 7.5　D/A 转换过程

通常,A/D 转换器有足够的字长来表示数码,则量化单位 q 足够小。例如字长为 16 位的 A/D 转换器,如输入模拟量的最大幅值为 5 V,则量化单位 $p=5/65536=0.076\,3$ mV,故由量化引起的幅值的断续性可以忽略。此外,若认为采样编码过程瞬时完成,并用理想脉冲来等效代替数字信号,则 A/D 转换器就可以用一个每隔 T 秒瞬时闭合一次的理想采样开关 S 来表示,同理,将数字量转换为模拟量的 D/A 转换器可以用保持器取代,其传递函数为 $G_h(s)$。这样,数字控制系统等效于采样控制系统,可用图 7.6 表示。

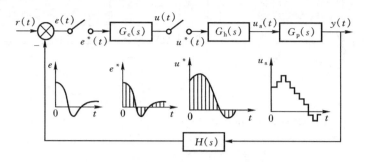

图 7.6　计算机控制系统的等效结构图

　　信号采样后,采样点间信息会丢失,而且采样信号经保持器输出后会有一定的延迟,所以,与连续系统相比,离散控制系统的性能会有所降低。但是,离散控制系统与相应的连续系统相比,具有以下优点:

　　(1) 由数字计算机构成的数字控制器,控制律由软件实现,因此,与连续式控制装置相比,控制规律修改和调整方便,控制灵活。

　　(2) 数字信号的传递可以有效地抑制噪声,从而提高了系统的抗干扰能力。

　　(3) 可以采用高灵敏度的控制元件,提高系统的控制精度。

　　(4) 可用一台计算机分时控制若干个系统,提高设备的利用率,经济性好。

　　在离散系统中,系统的一处或多处信号是脉冲序列或数码,控制的过程是不连续的,不能沿用连续系统的研究方法。研究离散系统的工具是 z 变换,通过 z 变换,可以把已经熟悉的传递函数、频率特性、根轨迹法等概念应用于离散系统。

7.2　信号的采样与保持

　　采样器与保持器是离散系统的两个基本环节,为了定量研究离散系统,必须用数学的方法对信号的采样过程和保持过程加以描述。

7.2.1　信号的采样与采样定理

1. 采样信号的数学表示

　　一个理想采样器可以看作是一个载波为理想单位脉冲序列 $\delta_{\mathrm{T}}(t)$ 的幅值调制器,即理想采样器的输出信号 $e^*(t)$,是连续输入信号调制 $e(t)$ 在载波 $\delta_{\mathrm{T}}(t)$ 上的结果,如图 7.7 所示。

　　用数学表达式描述上述调制过程有

$$e^*(t) = e(t)\delta_{\mathrm{T}}(t) \tag{7.1}$$

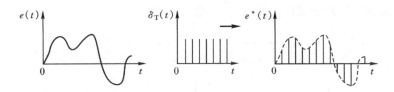

图 7.7　采样过程

理想单位脉冲序列 $\delta_{\mathrm{T}}(t)$ 可以表示为

$$\delta_{\mathrm{T}}(t) = \sum_{n=0}^{\infty} \delta(t-nT) \tag{7.2}$$

其中 $\delta(t-nT)$ 是出现在时刻 $t=nT$，强度为 1 的单位脉冲，故式(7.1)可以写为

$$e^*(t) = e(t)\sum_{n=0}^{\infty} \delta(t-nT)$$

由于 $e(t)$ 的数值仅在采样瞬时才有意义，同时假设

$$e(t) = 0 \qquad \forall\, t < 0$$

所以 $e^*(t)$ 又可表示为

$$e^*(t) = \sum_{n=0}^{\infty} e(nT)\delta(t-nT) \tag{7.3}$$

2. 采样信号的拉氏变换

对采样信号 $e^*(t)$ 进行拉氏变换，可得

$$E^*(s) = \mathscr{L}\big[e^*(t)\big] = \mathscr{L}\Big[\sum_{n=0}^{\infty} e(nT)\delta(t-nT)\Big]$$

$$= \sum_{n=0}^{\infty} e(nT)\mathscr{L}\big[\delta(t-nT)\big] \tag{7.4}$$

根据拉氏变换的位移定理，有

$$\mathscr{L}\big[\delta(t-nT)\big] = \mathrm{e}^{-nTs}\int_0^{\infty} \delta(t)\mathrm{e}^{-st}\,\mathrm{d}t = \mathrm{e}^{-nTs}$$

所以，采样信号的拉氏变换

$$E^*(s) = \sum_{n=0}^{\infty} e(nT)\mathrm{e}^{-nTs} \tag{7.5}$$

3. 连续信号与采样信号频谱的关系

由于采样信号只包括连续信号采样点上的信息，所以采样信号的频谱与连续信号的频谱相比，要发生变化。

式(7.2)表明，理想单位脉冲序列 $\delta_{\mathrm{T}}(t)$ 是周期函数，可以展开为傅氏级数的

形式,即

$$\delta_{\mathrm{T}}(t) = \sum_{n=-\infty}^{+\infty} c_n \mathrm{e}^{jn\omega_s t} \qquad (7.6)$$

式中:$\omega_s = 2\pi/T$,为采样角频率;c_n 是傅氏系数,其值为

$$c_n = \frac{1}{T} \int_{-T/2}^{T/2} \delta_{\mathrm{T}}(t) \mathrm{e}^{-jn\omega_s t} \mathrm{d}t$$

由于在$[-T/2,\ T/2]$区间中,$\delta_{\mathrm{T}}(t)$仅在 $t=0$ 时有值,且 $\mathrm{e}^{-jn\omega_s t}\Big|_{t=0} = 1$,所以

$$c_n = \frac{1}{T} \int_{0_-}^{0_+} \delta_{\mathrm{T}}(t) \mathrm{d}t = \frac{1}{T} \qquad (7.7)$$

将式(7.7)代入式(7.6),得

$$\delta_{\mathrm{T}}(t) = \frac{1}{T} \sum_{n=-\infty}^{+\infty} \mathrm{e}^{jn\omega_s t} \qquad (7.8)$$

再把式(7.8)代入式(7.1),有

$$e^*(t) = \frac{1}{T} \sum_{n=-\infty}^{+\infty} e(t) \mathrm{e}^{jn\omega_s t} \qquad (7.9)$$

上式两边取拉氏变换,由拉氏变换的复数位移定理,得到

$$E^*(s) = \frac{1}{T} \sum_{n=-\infty}^{+\infty} E(s + jn\omega_s) \qquad (7.10)$$

令 $s = j\omega$,得到采样信号 $e^*(t)$ 的傅氏变换

$$E^*(j\omega) = \frac{1}{T} \sum_{n=-\infty}^{+\infty} E[j(\omega + n\omega_s)] \qquad (7.11)$$

其中,$E(j\omega)$ 为非周期连续信号 $e(t)$ 的傅氏变换,即

$$E(j\omega) = \int_{-\infty}^{+\infty} e(t) \mathrm{e}^{-j\omega t} \mathrm{d}t \qquad (7.12)$$

它的频谱$|E(j\omega)|$是频域中的非周期连续信号,如图 7.8 所示,其中 ω_h 为频谱 $|E(j\omega)|$中的最大角频率。

采样信号 $e^*(t)$ 的频谱$|E(j\omega)|$,是连续信号频谱$|E(j\omega)|$以采样角频率 ω_s 为周期的无穷多个频谱的延展,如图 7.8 所示。其中,$n=0$ 的频谱称为采样频谱的主分量,如曲线 1 所示,它与连续频谱$|E(j\omega)|$形状一致,仅在幅值上变化了 $1/T$,其余频谱($n = \pm 1,\ \pm 2,\ \cdots$)都是由于采样而引起的高频频谱。图 7.8 表明的是采样角频率 ω_s 大于 2 倍 ω_h 的情况,采样频谱中没有发生频率混叠,利用图 7.9 所示的理想低通滤波器可恢复原来连续信号的频谱。如果加大采样周期 T,采样角频率 ω_s 相应减小,当 $\omega_s < 2\omega_h$ 时,采样频谱的主分量与高频分量会产生频谱混叠,如图 7.10 所示。

这时,即使采用理想滤波器也无法恢复原来连续信号的频谱。因此,要从

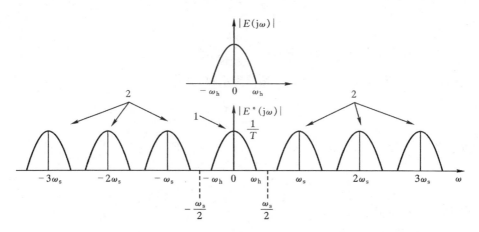

图 7.8　连续信号频谱 $|E(\mathrm{j}\omega)|$ 与采样信号频谱 $|E^*(\mathrm{j}\omega)|$ $(\omega_\mathrm{s}>2\omega_\mathrm{h})$ 的比较

采样信号 $e^*(t)$ 中完全复现出采样前的连续信号 $e(t)$，对采样角频率 ω_s 应有一定的要求。这个要求就是满足香农采样定理。

香农采样定理：如果采样器的输入信号 $e(t)$ 具有有限带宽，即有直到 ω_h 的频率分量，若要从采样信号 $e^*(t)$ 中完整地恢复信号 $e(t)$，则模拟信号的采样角频率 ω_s，或采样周期 T 就必须满足下列条件：

$$\omega_\mathrm{s} \geqslant 2\omega_\mathrm{h} \quad 或 \quad T \leqslant \frac{\pi}{\omega_\mathrm{h}} \tag{7.13}$$

由图 7.8 可见，在满足香农采样定理的条件下，要想不失真地将采样器输出信号复现成原来的连续信号，需要采用图 7.9 所示的理想低通滤波器，然而理想低通滤波器物理上不可实现，因此工程上常用零阶保持器。

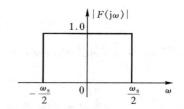

图 7.9　理想低通滤波器的频率特性

在设计离散系统时，香农采样定理是必须严格遵守的一条准则，它指明了从采样信号中不失真地复现原连续信号的采样周期 T 的上界或采样角频率 ω_s 的下界。

7.2.2　信号保持

为了对连续信号进行控制，需要使用保持器将控制器输出的离散信号转换为连续信号。在工程实践中，普遍采用零阶保持器。零阶保持器把前一采样时刻 nT 的采样值 $e(nT)$ 一直保持到下一采样时刻 $(n+1)T$ 到来之前。

如图 7.11 所示，给零阶保持器输入一个理想单位脉冲 $\delta(t)$，则其单位脉冲

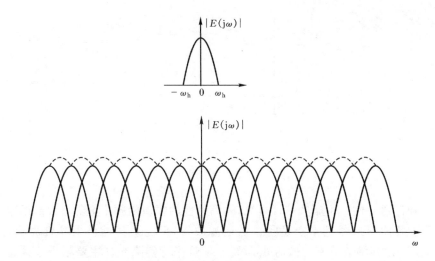

图 7.10　连续信号频谱$|E(j\omega)|$与采样信号频谱$|E^*(j\omega)|$($\omega_s < 2\omega_h$)的比较

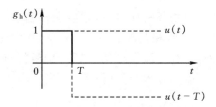

图 7.11　零阶保持器的冲激响应

响应函数 $g_h(t)$ 是幅值为 1、持续时间为 T 的矩形脉冲,它可以分解为两个单位阶跃函数的和,即

$$g_h(t) = 1(t) - 1(t - T) \tag{7.14}$$

对脉冲响应函数 $g_h(t)$ 取拉氏变换,可得零阶保持器的传递函数为

$$G_h(s) = \frac{1}{s} - \frac{e^{-Ts}}{s} = \frac{1 - e^{-Ts}}{s} \tag{7.15}$$

在式(7.15)中,令 $s = j\omega$,得零阶保持器的频率特性,即

$$G_h(j\omega) = \frac{1 - e^{-j\omega T}}{j\omega} = \frac{2e^{-j\omega T/2}(e^{j\omega T/2} - e^{-j\omega T/2})}{2j\omega} = T\frac{\sin(\omega T/2)}{\omega T/2}e^{-j\omega T/2} \tag{7.16}$$

若以采样角频率 $\omega_s = 2\pi/T$ 来表示,则上式可表示为

$$G_h(j\omega) = \frac{2\pi}{\omega_s}\frac{\sin\pi(\omega/\omega_s)}{\pi(\omega/\omega_s)}e^{-j\pi(\omega/\omega_s)} \tag{7.17}$$

根据上式,可画出零阶保持器的幅频特性$|G_h(j\omega)|$和相频特性$\angle G_h(j\omega)$,如图 7.12 所示。由图可见,零阶保持器具有下述特性:

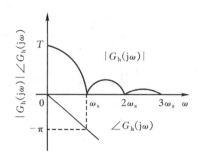

图 7.12　零阶保持器的频率特性

(1)低通特性　由幅频特性可见,幅频特性的幅值随频率值的增大而迅速衰减,说明零阶保持器基本上是一个低通滤波器,但与理想滤波器特性相比,在 $\omega=\omega_s/2$ 时,其幅值只有初值的 63.7%。零阶保持器除允许主要频谱分量通过外,还允许部分高频频谱分量通过,从而造成数字控制系统的输出频谱在高频段存在纹波。

(2)相角滞后特性　由相频特性可见,零阶保持器会产生相角滞后,且随着 ω 的增大而增大,在 $\omega=\omega_s$ 处,相角滞后可达 $-180°$,从而使系统的稳定性变差。

除零阶保持器以外,还有一阶保持器、二阶保持器。但它的相位滞后更大,实现起来也比较复杂,所以一般很少使用。

7.3　z 变换理论

z 变换是从拉氏变换引申出来的一种变换方法,是研究线性离散系统的重要数学工具。在分析连续系统时,可通过拉氏变换将微分方程转换为代数方程。同样对于离散系统,也可以利用 z 变换将差分方程转换成代数方程。

7.3.1　z 变换定义

由式(7.5)可知,采样信号 $e^*(t)$ 的拉氏变换

$$E^*(s) = \sum_{n=0}^{\infty} e(nT)\mathrm{e}^{-nTs} \tag{7.18}$$

可见 $E^*(s)$ 不再是 s 的代数函数,而是 s 的超越函数。为便于应用,引入变量代换

$$z = \mathrm{e}^{Ts} \tag{7.19}$$

将式(7.19)代入式(7.18),则得采样信号 $e^*(t)$ 的 z 变换定义为

$$E(z) = E^*(s) \Big|_{s=\frac{1}{T}\ln z} = \sum_{n=0}^{\infty} e(nT)z^{-n} \tag{7.20}$$

有时也将 $E(z)$ 记为

$$E(z) = \mathscr{Z}[e^*(t)] = \mathscr{Z}[e(t)] = \mathscr{Z}[E(s)] \tag{7.21}$$

这些都表示对离散信号 $e^*(t)$ 的 z 变换。

7.3.2　z 变换方法

常用的 z 变换方法有级数求和法和部分分式法。z 变换定义式(7.20)有明确的物理意义,即变量 z^{-n} 的系数代表连续时间函数在采样时刻 nT 上的采样值。

1. 级数求和法

根据 z 变换的定义,将连续信号 $e(t)$ 按周期 T 进行采样,将采样点处的值代入式(7.20),可得

$$E(z) = e(0) + e(T)z^{-1} + e(2T)z^{-2} + \cdots + e(nT)z^{-n} + \cdots$$

再求出上式的闭合形式,即可求得 $E(z)$。

例 7.1　试求函数 $f(t) = e^{-at}$ 的变换。

解　$F(z) = f(0) + f(T)z^{-1} + f(2T)z^{-2} + \cdots + f(nT)z^{-n} + \cdots$

$$= 1 + e^{-aT} \times z^{-1} + e^{-2aT} \times z^{-2} + \cdots + e^{-naT} \times z^{-n} + \cdots$$

$$= \frac{1}{1 - z^{-1}e^{-aT}} = \frac{z}{z - e^{-aT}}$$

2. 部分分式法

已知连续信号 $e(t)$ 的拉氏变换 $E(s)$,将 $E(s)$ 展开成部分分式之和,即

$$E(s) = E_1(s) + E_2(s) + \cdots + E_n(s)$$

且每一个部分分式 $E_i(s)$,$i = 1, 2, \cdots, n$,都是 z 变换表中所对应的标准函数,其 z 变换即可查表得出

$$E(z) = E_1(z) + E_2(z) + \cdots + E_n(z)$$

例 7.2　已知连续函数的拉氏变换为 $E(s) = \dfrac{s+2}{s^2(s+1)}$,试求相应的 z 变换 $E(z)$。

解　将 $E(s)$ 展成部分分式,得

$$E(s) = \frac{2}{s^2} - \frac{1}{s} + \frac{1}{s+1}$$

对上式逐项查 z 变换表,可得

$$E(z) = \frac{2Tz}{(z-1)^2} - \frac{z}{z-1} + \frac{z}{z-e^{-T}}$$

$$= \frac{(2T + e^{-T} - 1)z^2 + [1 - e^{-T}(2T+1)]z}{(z-1)^2(z-e^{-T})}$$

常用函数的 z 变换表见附录 1。由该表可见,这些函数的 z 变换都是 z 的有理分式。应当注意,z 变换只反映信号在采样点上的信息,而不能描述采样间信号的状态。因此 z 变换与采样序列对应,而不对应唯一的连续信号。不论什么连续信号,只要采样序列一样,其 z 变换就一样。

7.3.3 z 反变换

已知 z 变换表达式 $E(z)$,求相应离散序列 $e(nT)$ 的过程,称为 z 反变换,记为

$$e(nT) = \mathscr{Z}^{-1}\big[E(z)\big] \tag{7.22}$$

当 $n<0$ 时,$e(nT)=0$,信号序列 $e(nT)$ 是单边的,对单边序列常用的 z 反变换法有部分分式法、幂级数法和反演积分法。

1. 部分分式法(查表法)

部分分式法又称查表法,根据已知的 $E(z)$,通过查 z 变换表找出相应的 $e^*(t)$,或者 $e(nT)$。考虑到 z 变换表中,所有 z 变换函数 $E(z)$ 在其分子上都有因子 z,所以,通常先将 $E(z)/z$ 展成部分分式之和,然后将分母中的 z 乘到各分式中,再逐项查表求得反变换。

例 7.3 设 $E(z)$ 为

$$E(z) = \frac{10z}{(z-1)(z-3)}$$

该用部分分式法求 $e(nT)$。

解 首先将 $\dfrac{E(z)}{z}$ 展开成部分分式,即

$$\frac{E(z)}{z} = \frac{10}{(z-1)(z-3)} = \frac{-5}{z-1} + \frac{5}{z-3}$$

把部分分式中的各项乘因子 z 后,得

$$E(z) = \frac{-5z}{z-1} + \frac{5z}{z-3}$$

查 z 变换表得

$$\mathscr{Z}^{-1}\left[\frac{z}{z-1}\right] = 1, \qquad \mathscr{Z}^{-1}\left[\frac{z}{z-3}\right] = 3^n$$

最后可得

$$e^*(t) = \sum_{n=0}^{\infty} e(nT)\delta(t-nT) = 5(-1+3^n)\delta(t-nT) \qquad (n=0,1,2,\cdots)$$

2. 幂级数法

z 变换函数的无穷项级数形式具有鲜明的物理意义。变量 z^{-n} 的系数代表

连续时间函数在 nT 时刻上的采样值。若 $E(z)$ 是一个有理分式,则可以直接通过长除法得到一个无穷项幂级数的展开式。根据 z^{-n} 的系数便可以得出时间序列 $e(nT)$ 的值。

例 7.4　设 $E(z)$ 为

$$R(z) = \frac{10z}{(z-1)(z-3)}$$

试用长除法求 $e(nT)$ 或 $e^*(t)$。

解

$$E(z) = \frac{10z}{(z-1)(z-3)} = \frac{10z}{z^2 - 4z + 3}$$

应用长除法,用分母去除分子,即

$E(z)$ 可写成

$$E(z) = 0z^0 + 10z^{-1} + 40z^{-2} + 130z^{-3} + 400z^{-4} + \cdots$$

所以

$$e^*(t) = 10\delta(t-T) + 40\delta(t-2T) + 130\delta(t-3T) + 400\delta(t-4T) + \cdots$$

长除法以序列的形式给出 $e(t)$,$e(2T)$,$e(3T)$,$\cdots$ 的数值,但不容易得出 $e(nT)$ 的封闭表达形式。

3. 反演积分法(留数法)

反演积分法又称留数法。在实际问题中遇到的 z 变换函数 $E(z)$,除了有理分式外,也可能是超越函数,此时无法应用部分分式法及幂级数法来求 z 反变换,只能采用反演积分法。当然,反演积分法对 $E(z)$ 为有理分式的情形也适用。$E(z)$ 的幂级数展开形式为

$$E(z) = \sum_{n=0}^{\infty} e(nT)z^{-n} \tag{7.23}$$

设函数 $E(z)z^{n-1}$ 除有限个极点 z_1,z_2,$\cdots$,z_k 外,在 z 域上是解析的,则有反演积分公式

$$e(nT) = \frac{1}{2\pi j} \oint_{\Gamma} E(z)z^{n-1} \mathrm{d}z = \sum_{i=1}^{k} \mathrm{Res}[E(z)z^{n-1}]_{z \to z_i} \tag{7.24}$$

式中:$\mathrm{Res}[E(z)z^{n-1}]_{z \to z_i}$ 表示函数 $E(z)z^{n-1}$ 在极点 z_i 处的留数。留数计算方法如下:

若 z_i,$i = 0$,1,2,$\cdots$,k,为单极点,则

$$\mathrm{Res}[E(z)z^{n-1}]_{z \to z_i} = \lim_{z \to z_i}[(z-z_i)E(z)z^{n-1}]$$

若 z_i 为 m 阶重极点,则

$$\mathrm{Res}[E(z)z^{n-1}]_{z \to z_i} = \frac{1}{(m-1)!} \left\{ \frac{\mathrm{d}^{m-1}}{\mathrm{d}z^{m-1}} [(z-z_i)^m E(z)z^{n-1}] \right\}_{z=z_i} \tag{7.25}$$

例 7.5　设 $E(z)$ 为

$$E(z) = \frac{10z}{(z-1)(z-3)}$$

试用反演积分法求 $e(nT)$。

解　根据式(7.24),有

$$
\begin{aligned}
e(nT) &= \sum \mathrm{Res}\left[\frac{10z}{(z-1)(z-3)}z^{n-1}\right] \\
&= \left[\frac{10z^n}{(z-1)(z-3)}(z-1)\right]_{z=1} + \left[\frac{10z^n}{(z-1)(z-3)}(z-3)\right]_{z=3} \\
&= -5 + 5 \times 3^n = 5(-1 + 3^n) \qquad (n = 0, 1, 2, \cdots)
\end{aligned}
$$

例 7.6　设 z 变换函数

$$E(z) = \frac{z^3}{(z-1)(z-5)^2}$$

试用留数法求其 z 反变换。

解　因为函数

$$E(z)z^{n-1} = \frac{z^{n+2}}{(z-1)(z-5)^2}$$

有 $z_1 = 1$ 是单极点, $z_2 = 5$ 是二阶重极点,极点处留数

$$
\begin{aligned}
\mathrm{Res}[E(z)z^{n-1}]_{z \to z_1} &= \lim_{z \to 1}[(z-1)E(z)z^{n-1}] \\
&= \lim_{z \to 1}(z-1)\frac{z^{n+2}}{(z-1)(z-5)^2} = \frac{1}{16} \\
\mathrm{Res}[E(z)z^{n-1}]_{z \to z_2} &= \frac{1}{(m-1)!}\left\{\frac{\mathrm{d}^{m-1}}{\mathrm{d}z^{m-1}}[(z-5)^m E(z)z^{n-1}]\right\}_{z \to 5} \\
&= \frac{1}{(2-1)!}\left\{\frac{\mathrm{d}^{2-1}}{\mathrm{d}z^{2-1}}\left[(z-5)^2\frac{z^{n+2}}{(z-1)(z-5)^2}\right]\right\}_{z \to 5} \\
&= \frac{(4n+3)5^{n+1}}{16}
\end{aligned}
$$

所以

$$
\begin{aligned}
e(nT) &= \sum_{i=1}^{k} \mathrm{Res}[E(z)z^{n-1}]_{z \to z_i} \\
&= \frac{1}{16} + \frac{(4n+3)5^{n+1}}{16} = \frac{(4n+3)5^{n+1}+1}{16}
\end{aligned}
$$

相应的采样函数

$$
\begin{aligned}
e^*(t) &= \sum_{n=0}^{\infty} e(nT)\delta(t-nT) = \sum_{n=0}^{\infty}\frac{(4n+3)5^{n+1}+1}{16}\delta(t-nT) \\
&= \delta(t) + 11\delta(t-1) + 86\delta(t-2) + \cdots
\end{aligned}
$$

7.4　线性离散系统的数学模型

为研究离散系统的性能,需要建立离散系统的数学模型。线性离散系统的数学模型有差分方程、脉冲传递函数。本节主要介绍差分方程及其解法,脉冲传递函数的定义,以及求开环脉冲传递函数和闭环脉冲传递函数的方法。

7.4.1　线性常系数差分方程

对于线性定常离散系统,k 时刻的输出 $y(k)$,不但与 k 时刻的输入 $r(k)$ 有关,而且与 k 时刻以前的输入 $r(k-1)$,$r(k-2)$,…有关,同时还与 k 时刻以前的输出 $y(k-1)$,$y(k-2)$,…有关。这种关系一般可以用 n 阶后向差分方程来描述,即

$$y(k) = -\sum_{i=1}^{n} a_i y(k-i) + \sum_{j=1}^{m} b_j r(k-j) \qquad (7.26)$$

式中:a_i,$i=1, 2, \cdots$;n 和 b_j,$j=0, 1, \cdots$;m 为常系数,$m \leqslant n$。式(7.26)称为 n 阶线性常系数差分方程。

线性定常离散系统也可以用 n 阶前向差分方程来描述,即

$$y(k+n) = -\sum_{i=1}^{n} a_i y(k+n-i) + \sum_{j=1}^{m} b_j r(k+m-j) \qquad (7.27)$$

工程上求解线性常系数差分方程通常采用迭代法和 z 变换法。

1. 迭代法

若已知差分方程式(7.26)或式(7.27),并且给定输出序列的初值,则可以利用递推关系,在计算机上通过迭代一步一步地算出输出序列。

例 7.7　已知二阶差分方程

$$y(k) = 2r(k) + 4y(k-1) - 6y(k-2)$$

输入序列 $r(k)=1$,初始条件为 $y(0)=0$,$y(1)=1$,试用迭代法求输出序列 $y(k)$,$k=0, 1, 2, 3, 4, 5, \cdots$。

解　根据初始条件及递推关系,得

$$y(0) = 0$$
$$y(1) = 1$$
$$y(2) = 2r(2) + 4y(1) - 6(0) = 6$$
$$y(3) = 2r(3) + 4y(2) - 6(1) = 20$$
$$y(4) = 2r(4) + 4y(3) - 6(2) = 46$$
$$y(5) = 2r(5) + 4y(4) - 6(3) = 66$$
$$\vdots$$

2. z 变换法

设差分方程如式(7.26)所示,对差分方程两端取 z 变换,并利用 z 变换的实数位移定理,得到以 z 为变量的代数方程,然后对代数方程的解 $Y(z)$ 取 z 反变换,求得输出序列 $y(k)$。

例 7.8　试用 z 变换法解下列二阶差分方程:

$$y(k+2) - 2y(k+1) + y(k) = 0$$

设初始条件 $y(0)=0$, $y(1)=1$。

解　对差分方程的每一项进行 z 变换,根据实数位移定理,有

$$\mathscr{Z}\big[y(k+2)\big] = z^2 Y(z) - z^2 y(0) - z y(1) = z^2 Y(z) - z$$

$$\mathscr{Z}\big[-2y(k+1)\big] = -2z Y(z) + 2z y(0) = -2z Y(z)$$

$$\mathscr{Z}\big[y(k)\big] = Y(z)$$

于是,差分方程变换为关于 z 的代数方程。

$$(z^2 - 2z + 1)Y(z) = z$$

解出

$$Y(z) = \frac{z}{z^2 - 2z + 1} = \frac{z}{(z-1)^2}$$

查 z 变换表(见附录 1),求出 z 反变换

$$y^*(t) = \sum_{n=0}^{\infty} n\delta(t-n)$$

差分方程的解,可以提供线性定常离散系统在给定输入序列作用下的输出响应序列特性,但不便于研究系统参数变化对离散系统性能的影响。因此,需要研究线性定常离散系统的另一种数学模型——脉冲传递函数。

7.4.2　脉冲传递函数

1. 脉冲传递函数定义

设离散系统如图 7.13 所示,如果系统的输入信号为 $r(t)$,采样信号 $r^*(t)$ 的 z 变换函数为 $R(z)$,系统连续部分的输出为 $y(t)$,采样信号 $y^*(t)$ 的 z 变换函数为 $Y(z)$,则线性定常离散系统的脉冲传递函数定义为:在零初始条件下,系统输出采样信号的 z 变换 $Y(z)$ 与输入采样信号 z 变换 $R(z)$ 之比,记作

$$G(z) = \frac{Y(z)}{R(z)} = \frac{\displaystyle\sum_{n=0}^{\infty} y(nT)z^{-n}}{\displaystyle\sum_{n=0}^{\infty} r(nT)z^{-n}} \tag{7.28}$$

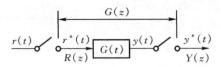

图 7.13　开环采样系统

所谓零初始条件,是指在 $t<0$ 时,输入脉冲序列各采样值 $r(-T)$, $r(-2T)$,…以及输出脉冲序列各采样值 $y(-T)$, $y(-2T)$,…均为零。

式(7.28)表明,如果已知 $R(z)$ 和 $G(z)$,则在零初始条件下,线性定常离散系统的输出采样信号为

$$y(nT) = \mathcal{Z}^{-1}[Y(z)] = \mathcal{Z}^{-1}[G(z)R(z)]$$

输出是连续信号 $y(t)$ 的情况,如图 7.14 所示。可以在系统输出端虚设一个开关,如图中虚线所示,它与输入采样开关同步工作,具有相同的采样周期。如果系统的实际输出 $y(t)$ 比较平滑,且采样频率较高,则可用 $y^*(t)$ 近似描述 $y(t)$ 。必须指出,虚设的采样开关是不存在的,它只表明了脉冲传递函数所能描述的只是输出连续函数 $y(t)$ 在采样时刻的离散值 $y^*(t)$ 。

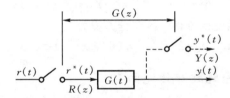

图 7.14　虚设采样开关的开环采样系统

2. 脉冲传递函数的性质

(1)脉冲传递函数是复变量 z 的复函数(一般是有理分式);

(2)脉冲传递函数只与系统自身的结构、参数有关;

(3)系统的脉冲传递函数与系统的差分方程有直接关系;

(4)系统的脉冲传递函数是系统的单位脉冲响应序列的变换;

(5) 系统的脉冲传递函数在 z 平面上有对应的零、极点分布。

3. 由传递函数求脉冲传递函数

传递函数 $G(s)$ 的拉氏反变换是单位脉冲函数 $k(t)$,将 $k(t)$ 离散化得到脉冲响应序列 $k(nT)$,将 $k(nT)$ 进行 z 变换可得到 $G(z)$ 。这一变换过程可表示为

$$G(s) \Rightarrow \mathcal{L}^{-1}[G(s)] = k(t) \Rightarrow 离散化 \ k(t) = k(nT) \Rightarrow \mathcal{Z}[k(nT)] = G(z)$$

上述变换过程表明,只要将 $G(s)$ 表示成 z 变换表中的标准形式,直接查表可得 $G(z)$ 。

由于利用 z 变换表可以直接从
$G(s)$ 得到 $G(z)$，而不必逐步推导，所以
常把上述过程表示为 $G(z) = \mathscr{Z}[G(s)]$，
并称之为 $G(s)$ 的 z 变换。这一表示应
理解为根据上述过程求出 $G(s)$ 所对应

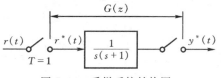

图 7.15　采样系统结构图

的 $G(z)$，而不能理解为 $G(z)$ 是对 $G(s)$ 直接进行 z 变换的结果。

例 7.9　采样系统结构图如图 7.15 所示。

(1)求系统的脉冲传递函数；

(2)写出系统的差分方程。

解　(1)系统的脉冲传递函数为

$$G(z) = \mathscr{Z}\left[\frac{1}{s(s+1)}\right] = \frac{(1-\mathrm{e}^{-T})z}{(z-1)(z-\mathrm{e}^{-T})}$$

$$= \frac{0.632z}{z^2 - 1.368z + 0.368} = \frac{0.632z^{-1}}{1 - 1.368z^{-1} + 0.368z^{-2}}$$

(2)根据 $G(z) = \dfrac{Y(z)}{R(z)} = \dfrac{0.632z^{-1}}{1 - 1.368z^{-1} + 0.368z^{-2}}$，有

$$(1 - 1.368z^{-1} + 0.368z^{-2})Y(z) = 0.632z^{-1}R(z)$$

等号两端求 z 反变换可得系统差分方程为

$$y(k) - 1.368y(k-1) + 0.368y(k-2) = 0.632r(k-1)$$

7.4.3　开环系统脉冲传递函数

当开环离散系统由几个环节串联组成时，由于采样开关的数目和位置不同，求出的开环脉冲传递函数也不同。

1. 串联环节之间有采样开关时

设开环离散系统如图 7.16 所示，在两个串联连续环节 $G_1(s)$ 和 $G_2(s)$ 之间，有理想采样开关。根据脉冲传递函数定义，有

$$C(z) = G_1(z)R(z)$$

$$Y(z) = G_2(z)C(z)$$

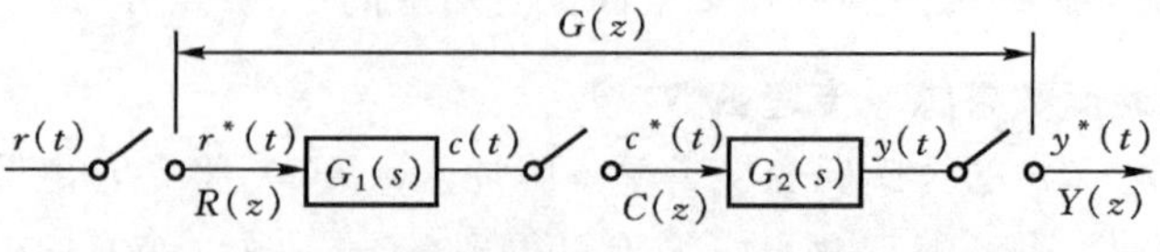

图 7.16　环节间有理想采样开关的串联开环采样系统

式中：$G_1(z)$ 和 $G_2(z)$ 分别为 $G_1(s)$ 和 $G_2(s)$ 的脉冲传递函数。于是有

$$G(z) = \frac{Y(z)}{R(z)} = G_1(z)G_2(z) \tag{7.29}$$

式(7.29)表明,由理想采样开关隔开的两个线性连续环节串联时的脉冲传递函数,等于这两个环节各自的脉冲传递函数之积。这一结论,可以推广到 n 个环节相串联时的情形。

2. 串联环节之间无采样开关时

设开环离散系统如图 7.17 所示,在两个串联连续环节 $G_1(s)$ 和 $G_2(s)$ 之间没有理想采样开关隔开。此时系统的传递函数为

$$G(s) = G_1(s)G_2(s)$$

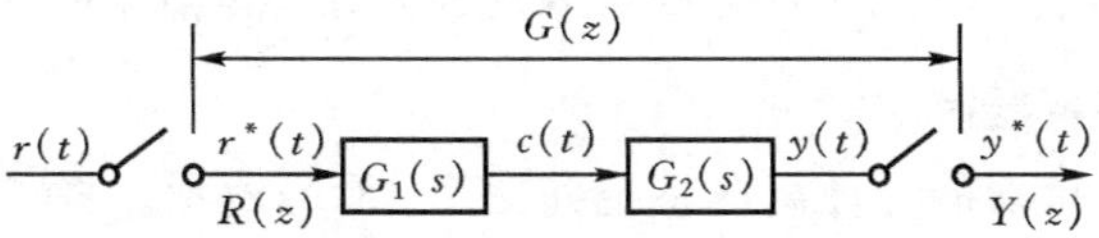

图 7.17　环节间没有理想采样开关的串联开环采样系统

将它当做一个整体一起进行 z 变换,由脉冲传递函数定义

$$G(z) = \frac{Y(z)}{R(z)} = \mathscr{Z}[G_1(s)G_2(s)] = G_1G_2(z) \tag{7.30}$$

式(7.30)表明,没有理想采样开关隔开的两个线性连续环节串联时的脉冲传递函数,等于这两个环节传递函数乘积后的相应 z 变换。这一结论也可以推广到类似的 n 个环节相串联时的情形。

显然,式(7.29)与(7.30)不等,即

$$G_1(z)G_2(z) \neq G_1G_2(z) \tag{7.31}$$

例 7.10　设开环离散系统如图 7.16、图 7.17 所示,其中 $G_1(s) = b/s$,$G_2(s) = a/(s+a)$,输入信号 $r(t) = 1(t)$,试求两种系统的脉冲传递函数 $G(z)$ 和输出的 z 变换 $Y(z)$。

解　查 z 变换表,输入 $r(t) = 1(t)$ 的 z 变换为

$$R(z) = \frac{z}{z-1}$$

对如图 7.16 所示系统有

$$G_1(z) = \mathscr{Z}\left[\frac{b}{s}\right] = \frac{bz}{z-1}$$

$$G_2(z) = \mathscr{Z}\left[\frac{a}{s+a}\right] = \frac{az}{z-e^{-aT}}$$

因此

$$G(z) = G_1(z)G_2(z) = \frac{abz^2}{(z-1)(z-e^{-aT})}$$

$$Y(z) = G(z)R(z) = \frac{abz^3}{(z-1)(z-e^{-aT})}$$

对如图 7.17 所示系统

$$G_1(s)G_2(s) = \frac{ab}{s(s+a)}$$

$$G(z) = G_1G_2(z) = \mathscr{Z}\left[\frac{ab}{s(s+a)}\right] = \frac{bz(1-e^{-aT})}{(z-1)(z-e^{-aT})}$$

$$Y(z) = G(z)R(z) = \frac{bz^2(1-e^{-aT})}{(z-1)^2(z-e^{-aT})}$$

显然,在串联环节之间有、无同步采样开关隔离时,其总的脉冲传递函数和输出 z 变换是不相同的。但是,不同之处仅表现在其开环零点不同,极点仍然一样。

3. 有零阶保持器时

设有零阶保持器的开环离散系统如图 7.18(a)所示。将图 7.18(a)变换为图 7.18(b)所示的等效开环系统,则有

$$Y(z) = \mathscr{Z}\left[\frac{(1-e^{-sT})}{s}G_p(s)\right]R(z)$$

$$= \left[\mathscr{Z}\left[\frac{G_p(s)}{s}\right] - \mathscr{Z}\left[e^{-sT} \cdot \frac{G_p(s)}{s}\right]\right]R(z)$$

$$= (1-z^{-1})\mathscr{Z}\left[\frac{G_p(s)}{s}\right]R(z)$$

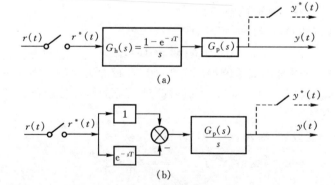

图 7.18　有零阶保持器的开环离散系统

于是,有零阶保持器时,开环系统脉冲传递函数为

$$G(z) = \frac{Y(z)}{R(z)} = (1-z^{-1})\mathscr{Z}\left[\frac{G_p(s)}{s}\right]$$

例 7.11　设离散系统如图 7.19 所示,已知

$$G_p(s) = \frac{ab}{s(s+a)}$$

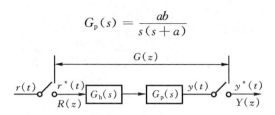

图 7.19　有零阶保持器的开环采样系统

试求系统的脉冲传递函数 $G(z)$。

解

因为

$$\frac{G_p(s)}{s} = \frac{ab}{s^2(s+a)} = \frac{b}{s^2} - \frac{b}{a}\left(\frac{1}{s} - \frac{1}{s+a}\right)$$

查 z 变换表，可得

$$\mathscr{L}\left[\frac{G_p(s)}{s}\right] = \frac{Tbz}{(z-1)^2} - \frac{b}{a}\left(\frac{z}{z-1} - \frac{z}{z-e^{-aT}}\right)$$

$$= \frac{\dfrac{b}{a}z[(e^{-aT}+aT-1)z+(1-aTe^{-aT}-e^{-aT})]}{(z-1)^2(z-e^{-aT})}$$

因此，有零阶保持器的开环系统脉冲传递函数为

$$G(z) = (1-z^{-1})\mathscr{L}\left[\frac{G_p(s)}{s}\right]$$

$$= \frac{\dfrac{b}{a}[(e^{-aT}+aT-1)z+(1-aTe^{-aT}-e^{-aT})]}{(z-1)(z-e^{-aT})}$$

把上述结果与例 7.10 所得结果做一比较，可以看出，零阶保持器既不改变开环脉冲传递函数的阶数，也不影响开环脉冲传递函数的极点，只影响开环零点。

7.4.4　闭环系统脉冲传递函数

由于采样器在闭环系统中可以有多种配置，因此闭环离散系统结构图形式并不唯一。图 7.20 是一种比较常见的误差采样闭环离散系统结构图。图中，虚线所示的理想采样开关是为了便于分析而设的，所有理想采样开关都同步工作，采样周期为 T。

由脉冲传递函数的定义及开环脉冲传递函数的求法，对图 7.20 所示系统可建立方程组如下：

$$\begin{cases} Y(z) = G(z)E(z) \\ E(z) = R(z) - B(z) \\ B(z) = GH(z)E(z) \end{cases}$$

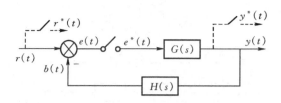

图 7.20　闭环离散系统结构图

解上面联立方程,可得该闭环离散系统脉冲传递函数为

$$W(z) = \frac{Y(z)}{R(z)} = \frac{G(z)}{1 + GH(z)} \tag{7.32}$$

闭环离散系统的误差传递函数为

$$W_e(z) = \frac{E(z)}{R(z)} = \frac{1}{1 + GH(z)} \tag{7.33}$$

式(7.32)和式(7.33)是研究闭环离散系统时经常用到的两个闭环脉冲传递函数。与连续系统相类似,令 $W(z)$ 或 $W_e(z)$ 的分母多项式为零,便可得到闭环离散系统的特征方程,即

$$D(z) = 1 + GH(z) = 0 \tag{7.34}$$

式中 $GH(z)$ 为开环离散系统脉冲传递函数。

例 7.12　设闭环离散系统结构如图 7.21 所示,试证其闭环脉冲传递函数为

$$W(z) = \frac{G_1(z)G_2(z)}{1 + G_1(z)HG_2(z)}$$

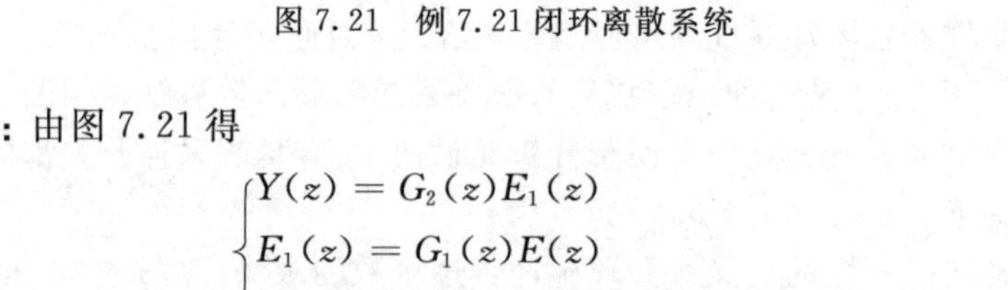

图 7.21　例 7.21 闭环离散系统

证明：由图 7.21 得

$$\begin{cases} Y(z) = G_2(z)E_1(z) \\ E_1(z) = G_1(z)E(z) \\ E(z) = R(z) - HG_2(z)E_1(z) \end{cases}$$

求解该方程组,消去中间变量 $E_1(z)$、$E(z)$ 后,即可得证。

用与上面类似的方法,还可以推导出采样器为不同配置形式的闭环系统的脉冲传递函数。如表 7.1 所示。但是,只要误差信号 $e(t)$ 处没有采样开关,输入

采样信号 $r^*(t)$ 便不存在,此时不可能求出闭环离散系统的脉冲传递函数,而只能求出输出采样信号的 z 变换函数 $Y(z)$。

表 7.1　闭环采样系统

序号	系统方块图	计算式
1	$r(t)$, $b(t)$, $G(s)$, $H(s)$, $y(t)$, $y^*(t)$	$\dfrac{G(z)R(z)}{1+GH(z)}$
2	$r(t)$, $b(t)$, $G_1(s)$, $G_2(s)$, $H(s)$, $y(t)$, $y^*(t)$	$\dfrac{RG_1(z)G_2(z)}{1+G_1HG_2(z)}$
3	$r(t)$, $b(t)$, $G(s)$, $H(s)$, $y^*(t)$	$\dfrac{G(z)R(z)}{1+G(z)H(z)}$
4	$r(t)$, $b(t)$, $G_1(s)$, $G_2(s)$, $H(s)$, $y(t)$, $y^*(t)$	$\dfrac{G_1(z)G_2(z)R(z)}{1+G_1(z)G_2H(z)}$
5	$r(t)$, $b(t)$, $G_1(s)$, $G_2(s)$, $G_3(s)$, $H(s)$, $y(t)$, $y^*(t)$	$\dfrac{RG_1(z)G_2(z)G_3(z)}{1+G_2(z)G_3HG_1(z)}$
6	$r(t)$, $b(t)$, $G(s)$, $H(s)$, $y(t)$, $y^*(t)$	$\dfrac{RG(z)}{1+GH(z)}$
7	$r(t)$, $b(t)$, $G_1(s)$, $G_2(s)$, $H(s)$, $y(t)$, $y^*(t)$	$\dfrac{G_1(z)G_2(z)R(z)}{1+G_1(z)G_2(z)H(z)}$
8	$r(t)$, $b(t)$, $G(s)$, $H(s)$, $y(t)$, $y^*(t)$	$\dfrac{G(z)R(z)}{1+G(z)H(z)}$

例 7.13　设闭环离散系统结构图如图 7.22 所示,试证其输出采样信号的 z 变换为

$$Y(z) = \frac{GR(z)}{1 + GH(z)}$$

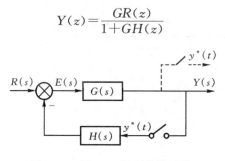

图 7.22　例 7.13 闭环离散系统

证明:由图 7.22 有

$$Y(z) = GR(z) - GH(z)Y(z)$$

$$[1 + GH(z)]Y(z) = GR(z)$$

$$Y(z) = \frac{GR(z)}{1 + GH(z)}$$

证毕。

由于误差信号 $e(t)$ 处无采样开关,从上式解不出 $Y(z)/R(z)$,因此求不出闭环脉冲传递函数,但可以求出 $Y(z)$,进而确定闭环系统采样输出信号 $y^*(t)$。

7.5　线性离散系统的稳定性与稳态误差

与线性连续系统分析中的情况一样,稳定性和稳定误差是线性定常离散系统分析的重要内容。本节主要讨论如何在 z 域和 w 域中分析离散系统的稳定性,同时给出计算离散系统稳态误差的方法。在 z 平面上分析离散系统的稳定性,可以借助于连续系统在 s 平面上稳定性的分析方法。为此首先需要研究 s 平面与 z 平面的映射关系。

7.5.1　线性定常离散系统稳定的充要条件

在 z 变换定义中,$z = e^{Ts}$(T 为采样周期)

上式给出了 s 域到 z 域的映射关系。s 域中的任意点可表示为 $s = \sigma + j\omega$,映射到 z 域则为

$$z = e^{(\sigma + j\omega)T} = e^{\sigma T} e^{j\omega T} \tag{7.35}$$

于是 s 域到 z 域的基本映射关系式为

$$|z| = e^{\sigma T}, \quad \angle z = \omega T \tag{7.36}$$

令 $\sigma = 0$，相当于取 s 平面的虚轴，当 ω 从 $-\infty$ 变到 $+\infty$ 时，由式（7.44）知，映射到 z 平面的轨迹是以原点为圆心的单位圆。只是当 s 平面上的点沿虚轴从 $-\omega_s/2$ 移到 $\omega_s/2$ 时（其中 $\omega_s = 2\pi/T$，为采样角频率），z 平面上的相应点沿单位圆从 $-\pi$ 逆时针变化到 π（见式（7.35）中 $\angle z$ 计算式），正好转了一圈；而当 s 平面上的点在虚轴上从 $+\omega_s/2$ 移到 $3\omega_s/2$ 时，平面上的相应点又将逆时针沿单位圆转过一圈。依次类推，如图 7.23 所示。由此可见，可以把 s 平面划分为无穷多条平行于实轴的周期带，其中从 $-\omega_s/2$ 到 $\omega_s/2$ 的周期带称为主带，其余的周期带称为辅带。

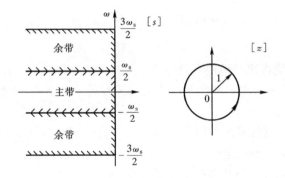

图 7.23　s 平面虚轴在 z 平面上的映射

离散系统稳定性的概念与连续系统相同。如果一个线性定常离散系统的脉冲响应序列趋于零，则系统是稳定的，否则系统不稳定。

由 s 域到 z 域的映射关系及连续系统的稳定判据，可知：

（1）s 左半平面映射为 z 平面单位圆内的区域，对应稳定区域；

（2）s 右半平面映射为 z 平面单位圆外的区域，对应不稳定区域；

（3）s 平面上的虚轴，映射为 z 平面的单位圆周，对应临界稳定情况，属不稳定。

假设离散控制系统输出 $y(t)$ 的 z 变换可以写为

$$Y(z) = \frac{M(z)}{D(z)} R(z)$$

式中 $M(z)$ 和 $D(z)$ 是 z 的多项式，并且 $D(z)$ 的阶数高于 $M(z)$ 的阶数，则系统在单位脉冲作用下，有

$$Y(z) = \omega(z) = \frac{M(z)}{D(z)} = \sum_{i=1}^{n} \frac{c_i z}{z - p_i} \qquad (7.37)$$

式中 p_i，$i = 1, 2, 3, \cdots, n$，为 $\omega(z)$ 的极点。

对式（7.37）求 z 反变换，得

$$y(nT) = \sum_{i=1}^{n} c_i p_i^n$$

若使 $\lim\limits_{n \to \infty} y(nT) = 0$，必须有 $|p_i| < 1$，$i = 1, 2, 3, \cdots, n$，即离散系统的全部极点均位于 z 平面上以原点为圆心的单位圆内。

另一方面，如果离散系统的全部极点均位于 z 平面上以原点为圆心的单位圆之内，则有

$$|p_i| < 1 \qquad (i = 1, 2, \cdots, n)$$

则一定有

$$\lim_{k \to \infty} y(kT) = \lim_{k \to \infty} \sum_{i=1}^{n} c_i p_i^k \to 0$$

说明系统稳定。

综上所述，线性定常离散系统稳定的充分必要条件是：系统闭环脉冲传递函数的全部极点均分布在 z 平面上以原点为圆心的单位圆内，或者系统所有特征根的模均小于 1。

例 7.14　设离散系统如图 7.20 所示，其中 $G(s) = 1/[s(s+1)]$，$H(s) = 1$，$T = 1$。试分析系统的稳定性。

解　由 $G(s)$ 可求出开环脉冲传递函数，即

$$G(z) = \frac{(1 - e^{-1})z}{(z-1)(z-e^{-1})}$$

根据式(7.43)，可得出系统闭环特征方程为

$$z^2 - 0.763z + 0.368 = 0$$

解出特征方程的根

$$z_1 = -0.37 + j0.48, \qquad z_2 = 0.37 - j0.48$$

因为

$$|z_1| = |z_2| = \sqrt{0.37^2 + 0.48^2} = 0.606 < 1$$

所以该离散系统稳定。

应当指出，当例 7.14 中无采样器时，对应的二阶连续系统总是稳定的；引入采样器后，采样点之间的信息会丢失，系统的相对稳定性变差。当采样周期增加时，二阶离散系统有可能变得不稳定。

当系统阶数较高时，直接求解差分方程或 z 特征方程的根是不方便的，希望寻找间接的稳定判据，这对于研究离散系统结构、参数、采样周期等对系统稳定性的影响，也是必要的。

7.5.2　离散系统的稳定性判据

连续系统中的劳斯稳定判据，实质上是用来判断系统特征方程的根是否都

在左半 s 平面;而离散系统的稳定性判断需要确定系统特征方程的根是否都在 s 平面的单位圆内。因此在 z 域中不能直接套用劳斯判据,必须引入 z 域到 w 域的线性变换,使 z 平面单位圆内的区域,映射成平面上的左半平面,这种新的坐标变换,称为 w 变换。

如果令

$$z = \frac{w+1}{w-1} \tag{7.38}$$

则有

$$w = \frac{z+1}{z-1} \tag{7.39}$$

式(7.38)与式(7.39)表明,复变量 z 与 w 互为线性变换,故 w 变换又称双线性变换。令复变量

$$z = x + \mathrm{j}y, \quad w = u + \mathrm{j}v$$

代入式(7.39),得

$$u + \mathrm{j}v = \frac{(x^2+y^2)-1}{(x-1)^2+y^2} - \mathrm{j}\,\frac{2y}{(x-1)^2+y^2}$$

显然

$$u = \frac{(x^2+y^2)-1}{(x-1)^2+y^2}$$

由于上式的分母 $(x-1)^2+y^2$ 始终为正,因此可得

(1) $u=0$ 等价为 $x^2+y^2=1$,表明 w 平面的虚轴对应于 z 平面的单位圆周;

(2) $u<0$ 等价为 $x^2+y^2<1$,表明左半 w 平面对应于 z 平面单位圆内的区域;

(3) $u>0$ 等价为 $x^2+y^2>1$,表明右半 w 平面对应于 z 平面单位圆外的区域;

z 平面和 w 平面的这种对应关系,如图 7.24 所示。

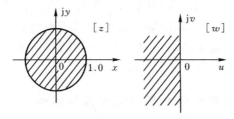

图 7.24　z 平面 w 与平面的对应关系

经过 w 变换之后,判别特征方程 $1+GH(z)=0$ 的所有根是否位于 z 平面上的单位圆内,转换为判别特征方程 $1+GH(w)=0$ 的所有根是否位于左半 w

平面。后一种情况正好与在 s 平面上应用劳斯稳定判据的情况一样，所以根据 w 域中的特征方程系数，可以直接应用劳斯判据判断离散系统的稳定性，称之为 w 域中的劳斯稳定判据。

例 7.15　闭环离散系统如图 7.25 所示，其中采样周期 $T=0.1$ s，试求系统稳定时 K 的临界值。

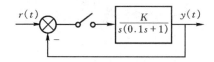

图 7.25　例 7.15 闭环离散系统

解　求出 $G(s)$ 的 z 变换

$$G(z) = \mathscr{Z}\left[\frac{K}{s(0.1s+1)}\right] = \frac{0.632Kz}{z^2 - 1.368z + 0.368}$$

闭环特征方程为

$$1 + G(z) = z^2 + (0.632K - 1.368)z + 0.368 = 0$$

令 $z = (w+1)/(w-1)$，得

$$\left(\frac{w+1}{w-1}\right)^2 + (0.632K - 1.368)\left(\frac{w+1}{w-1}\right) + 0.368 = 0$$

化简后，得 w 域特征方程

$$0.632Kw^2 + 1.264w + (2.736 - 0.632K) = 0$$

列出劳斯表：

w^2	$0.632K$	$2.736 - 0.632K$
w^1	1.264	0
w^0	$2.736 - 0.632K$	

从劳斯表第一列系数可以看出，为保证系统稳定，必须有 $0 < K < 4.33$，故系统稳定的临界增益 $K=4.33$。对于离散系统而言，采样周期 T 和开环增益都对系统稳定性有影响。当采样周期一定时，加大开环增益会使离散系统的稳定性变差，甚至使系统变得不稳定；当开环增益一定时，采样周期越长，丢失的信息越多，对离散系统的稳定性及动态性能均不利。

7.5.3　采样周期和保持器对稳定性的影响

下面将通过一道例题来说明采样周期和保持器对稳定性的影响。

例 7.16　系统如图 7.26 所示。

这里指出，如果没有采样器和保持器，原来系统是一个典型二阶系统，对于任意 K 值，系统总是稳定的。以下分析表明，采样器和保持器的引入将对系统的稳定性产生不利的影响。

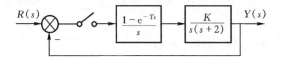

图 7.26　具有保持器的离散控制系统

首先求出前向通道脉冲传递函数可得

$$G(z) = \mathscr{Z}\left[\frac{1-e^{-Ts}}{s}\frac{K}{s(s+2)}\right] = (1-z^{-1})\mathscr{Z}\left[\frac{K}{s^2(s+2)}\right]$$

$$= (1-z^{-1})KZ\left[\frac{-0.25}{s}+\frac{0.5}{s^2}+\frac{0.25}{s+2}\right] \qquad (7.40)$$

$$= \frac{K}{4}\frac{[2T-(1-e^{-2T})]z+[(1-e^{-2T})-2Te^{-2T}]}{(z-1)(z-e^{-2T})}$$

闭环系统脉冲传递函数为

$$W(z) = \frac{Y(z)}{R(z)} = \frac{G(z)}{1+G(z)} \qquad (7.41)$$

所以本系统的特征方程为

$$1+G(z) = 0 \qquad (7.42)$$

以下分四种情况进行讨论。

(1) $T=0.4$ s,有零阶保持器

将 $T=0.4$ 代入式(7.41),得

$$G(z) = \frac{K}{4}\frac{0.294z+0.192}{(z-1)(z-0.449)}$$

再代入式(7.42),得到特征方程为

$$z^2+(0.062K-1.449)z+(0.048K+0.49) = 0 \qquad (7.43)$$

利用双线形变换,令 $z=\dfrac{\omega+1}{\omega-1}$,式(7.43)变成为

$$0.110K\omega^2+(1.102-0.096K)\omega+(2.898-0.014K) = 0 \qquad (7.44)$$

若要使特征方程(7.44)的两个根都位于 ω 平面的左半侧,K 必须同时满足

$$0.110K > 0$$

$$1.102-0.096K > 0$$

$$2.898-0.014K > 0$$

因此,当 $0<K<11.479$ 时,系统稳定。

(2) $T=3$ s,有零阶保持器

$$G(z) = \frac{K(1.251z+0.246)}{(z-1)(z-0.002)}$$

特征方程为

$$z^2 + (1.251K - 1.002)z + (0.246K + 0.002) = 0$$

经双线性变换有

$$1.496K\omega^2 + (1.995 - 0.491K)\omega + (2.005 - 1.005K) = 0$$

使系统稳定的 K 值范围为

$$0 < K < 1.995$$

（3）$T = 3$ s，去掉零阶保持器

$$G(z) = \mathscr{Z}\left[\frac{K}{s(s+2)}\right] = K\mathscr{Z}\left[\frac{0.5}{s} - \frac{0.5}{s+2}\right] = 0.5K \frac{(1 - \mathrm{e}^{-2T})z}{(z-1)(z - \mathrm{e}^{-2T})}$$

$$(7.45)$$

将 $T = 3$ s 代入式(7.45)，得

$$G(z) = 0.5K \frac{(1 - \mathrm{e}^{-6})z}{(z-1)(z - \mathrm{e}^{-6})}$$

特征方程为

$$z^2 + [0.5K(1 - \mathrm{e}^{-6}) - (1 + \mathrm{e}^{-6})]z + \mathrm{e}^{-6} = 0$$

经双线性变换有

$$(1 - \mathrm{e}^{-6})K\omega^2 + 2(1 + \mathrm{e}^{-6})\omega + [2(1 + \mathrm{e}^{-6}) - (1 + \mathrm{e}^{-6})K] = 0$$

当 $0 < K < 2.010$ 时，系统稳定。

（4）$T = 0.4$ s，去掉零阶保持器

将 $T = 0.4$ 代入式(7.45)，重复（3）中的过程可得

$$G(z) = K \frac{0.551z}{(z-1)(z - 0.449)}$$

特征方程为

$$z^2 + (0.551K - 1.449)z + 0.449 = 0$$

经双线性变换有

$$0.551K\omega^2 + (0.551K + 1.449)\omega + (2.898 - 0.551K) = 0$$

当 $0 < K < 5.260$ 时，系统稳定。

从以上四种情况可以得出两点结论：

① 采样周期 T 影响采样系统的稳定性。T 取得过大，可能导致系统不稳定。

② T 较大时，保持器产生的相位滞后也较大，这也将使系统稳定性恶化。

7.5.4　线性离散系统的稳态误差

连续系统中计算稳态误差的一般方法和静态误差系数法，在一定的条件下可以推广到离散系统中。与连续系统不同的是，离散系统的稳态误差只对采样点而言。

1.一般方法(利用终值定理)

设单位反馈的误差采样系统如图 7.27 所示，$e^*(t)$ 为系统采样误差信号，其 z 变换为

$$E(z) = R(z) - Y(z) = R(z) - G(z)E(z)$$

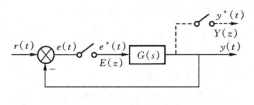

图 7.27　单位反馈离散系统

系统误差脉冲传递函数为

$$W_e(z) = \frac{E(z)}{R(z)} = \frac{1}{1+G(z)}E(z) = W_e(z)R(z) = \frac{1}{1+G(z)}R(z)$$

如果 $W_e(z)$ 的极点全部位于 z 平面上的单位圆内，即离散系统是稳定的，则可用 z 变换的终值定理求出系统的稳态误差。

$$e_{ss} = \lim_{t \to \infty} e^*(t) = \lim_{z \to 1}(1-z^{-1})E(z) = \lim_{z \to 1} \frac{(z-1)R(z)}{z[1+G(z)]} \qquad (7.46)$$

式 7.46 表明，线性定常离散系统的稳态误差，与系统本身的结构和参数有关，与输入序列的形式及幅值有关，而且与采样周期的选取也有关。

例 7.17　设离散系统如图 7.27 所示，其中，$G(s) = 1/[s(s+1)]$，$T = 1$ s，输入连续信号 $r(t)$ 分别为 $1(t)$ 和 t，试求离散系统的稳态误差。

解　$G(s)$ 的 z 变换为

$$G(z) = \mathscr{Z}[G(s)] = \frac{z(1-e^{-1})}{(z-1)(z-e^{-1})}$$

系统的误差脉冲传递函数

$$W_e(z) = \frac{1}{1+G(z)} = \frac{(z-1)(z-0.368)}{z^2 - 0.736z + 0.368}$$

闭环极点 $z_1 = 0.368 + j0.482$，$z_2 = 0.368 - j0.482$，全部位于 z 平面的单位圆内，可以应用终值定理方法求稳态误差。

当 $r(t) = 1(t)$，相应 $r(nT) = 1(nT)$ 时，$R(z) = z/(z-1)$，由式(7.46)求得

$$e_{ss} = \lim_{z \to 1} \frac{(z-1)(z-0.368)}{z^2 - 0.736z + 0.368} = 0$$

当 $r(t) = t$，相应 $r(nT) = nT$ 时，$R(z) = Tz/(z-1)^2$，于是由式(7.46)求得

$$e_{ss} = \lim_{z \to 1} \frac{T(z-0.368)}{z^2 - 0.736z + 0.368} = T = 1$$

2. 稳态误差系数法

由 z 变换算子 $z = e^{sT}$ 关系式可知,如果开环传递函数 $G(s)$ 有 γ 个 $s=0$ 的极点,即 γ 个积分环节,与 $G(s)$ 相应的 $G(z)$ 必有 γ 个 $z=1$ 的极点。在连续系统中,我们把开环传递函数 $G(s)$ 具有 $s=0$ 的极点数作为划分系统型别的标准,在离散系统中,对应把开环脉冲传递函数 $G(z)$ 具有 $z=1$ 的极点数,作为划分离散系统型别的标准,类似把 $G(z)$ 中 $\gamma = 0, 1, 2$ 的系统,称为 0 型、I 型和 II 型离散系统。

下面在系统稳定的条件下讨论图 7.27 所示的不同型别的离散系统在三种典型输入信号作用下的稳态误差,并建立离散系统稳态误差系数的概念。

(1)阶跃输入时的稳态误差:当系统输入为阶跃函数 $r(t) = A \cdot 1(t)$ 时,其 z 变换函数

$$R(z) = \frac{Az}{z-1} \tag{7.47}$$

因而,由式(7.47)知,稳态误差为

$$e_{ss} = \lim_{z \to 1} \frac{A}{1 + G(z)} = \frac{A}{1 + \lim_{z \to 1} G(z)} = \frac{A}{1 + K_p} \tag{7.48}$$

式(7.48)代表离散系统在采样瞬时的稳态误差。式中

$$K_p = \lim_{z \to 1} G(z)$$

称为离散系统的稳态位置误差系数。对 0 型离散系统,K_p 不趋近于 ∞,从而稳态误差 $e_{ss} \neq 0$;对 I 型或 I 型以上的离散系统,$K_p \to \infty$,因而稳态误差 $e_{ss} = 0$。

(2)斜坡输入时的稳态误差:当系统输入为斜坡函数 $r(t) = At$ 时,其 z 变换函数

$$R(z) = \frac{ATz}{(z-1)^2} \tag{7.49}$$

因而稳态误差为

$$e_{ss} = \lim_{z \to 1} \frac{AT}{(z-1)[1 + G(z)]} = \frac{AT}{\lim_{z \to 1}(z-1)G(z)} = \frac{AT}{K_v} \tag{7.50}$$

式中

$$K_v = \lim_{z \to 1}(z-1)G(z) \tag{7.51}$$

称为离散系统的稳态速度误差系数。在斜坡输入条件下,0 型系统的 $K_v = 0$,所以 $e_{ss} \to \infty$;I 型系统的 K_v 为有限值,存在常值速度误差;II 型和 II 型以上系统 $K_v \to \infty$,稳态误差为零。

(3)加速度输入时的稳态误差:当系统输入为加速度函数 $r(t) = At^2/2$ 时,其 z 变换函数

$$R(z) = \frac{AT^2 z(z+1)}{2(z-1)^3}$$

因而稳态误差为

$$e_{ss} = \lim_{z \to 1} \frac{AT^2(z+1)}{2(z-1)^2[1+G(z)]} = \frac{AT^2}{\lim\limits_{z \to 1}(z-1)^2 G(z)} = \frac{AT^2}{K_a} \quad (7.52)$$

式中

$$K_a = \lim_{z \to 1}(z-1)^2 G(z) \quad (7.53)$$

称为离散系统的稳态加速度误差系数。加速度输入条件下,由于 0 型及 I 型系统的 $K_a = 0$,所以 $e_{ss} \to \infty$;II 型系统的 K_a 为常值,加速度误差是非零常值。

归纳上述讨论结果,可以得出计算典型输入下不同型别单位反馈离散系统稳态误差的规律,见表 7.2。

表 7.2　单位反馈离散系统的稳态误差

系统型别	位置误差 $r(t) = A \cdot 1(t)$	速度误差 $r(t) = A \cdot t$	加速度误差 $r(t) = At^2/2$
0 型	$A/(1+K_p)$	∞	∞
I 型	0	AT/K_v	∞
II 型	0	0	AT^2/K_a

可见,与连续系统相比较,离散系统的速度、加速度稳态误差不仅与 K_v, K_a 有关,而且与采样周期 T 有关。

例 7.18　设离散系统如图 7.27 所示,其中,$G(s) = 1/[s(s+1)]$,$G = 1$ s,输入连续信号 $r(t)$ 分别为 $1(t)$、t 和 $\frac{1}{2}t^2$,利用稳态误差系数法试求该离散系统的 K_p, K_v, K_a 及稳态误差 e_{ss}。

解　(1)输入 $r(t)$ 为 $1(t)$ 时

$$K_p = \lim_{z \to 1} G(z) = \lim_{z \to 1} \frac{z(1-e^{-1})}{(z-1)(z-e^{-1})} = \infty$$

$$e_{ss} = \frac{1}{1+K_p} = 0$$

(2)输入 $r(t)$ 为 t 时

$$K_v = \lim_{z \to 1}(z-1) G(z) = \lim_{z \to 1}(z-1) \frac{z(1-e^{-1})}{(z-1)(z-e^{-1})} = 1$$

$$e_{ss} = \frac{T}{K_v} = 1$$

(3)输入 $r(t)$ 为 $\frac{1}{2}t^2$ 时

$$K_{\mathrm{a}} = \lim_{z \to 1}(z-1)^2 G(z) = \lim_{z \to 1}(z-1)^2 \frac{z(1-\mathrm{e}^{-1})}{(z-1)(z-\mathrm{e}^{-1})} = 0$$

$$e_{\mathrm{ss}} = \frac{T^2}{K_{\mathrm{a}}} = \infty$$

7.6　离散系统的动态性能分析

计算离散系统的动态性能,通常先求取离散系统的阶跃响应序列,再按动态性能指标定义来确定指标值。本节主要介绍在 z 平面上定性分析离散系统闭环极点与其动态性能之间的关系。

7.6.1　离散系统的时间响应

设离散系统的闭环脉冲传递函数 $W(z)=Y(z)/R(z)$,则系统单位阶跃响应的 z 变换

$$Y(z) = \frac{z}{(z-1)}W(z) \tag{7.54}$$

通过 z 反变换,可以求出输出信号的脉冲序列 $y^*(t)$。设离散系统时域指标的定义与连续系统相同,则根据单位阶跃响应序列 $y^*(t)$ 可以方便地分析离散系统的动态性能。

例 7.19　设有零阶保持器的离散系统如图 7.28 所示,其中 $r(t)=1(t)$,$T=1\,\mathrm{s}$,$K=1$。试分析系统的动态性能。

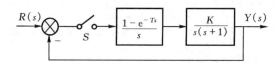

图 7.28　例 7.19 闭环离散系统

解　先求开环脉冲传递函数 $G(z)$,即

$$G(z) = \mathscr{Z}\left[\frac{1-\mathrm{e}^{-sT}}{s^2(s+1)}\right] = (1-z^{-1})\mathscr{Z}\left[\frac{1}{s^2(s+1)}\right] = \frac{0.368z+0.264}{(z-1)(z-0.368)}$$

闭环脉冲传递函数

$$W(z) = \frac{G(z)}{1+G(z)} = \frac{0.368z+0.264}{z^2-z+0.632}$$

将 $R(z)=z/(z-1)$ 代入上式,求出单位阶跃响应序列的 z 变换,即

$$Y(z) = W(z)R(z) = \frac{0.368z^{-1} + 0.264z^{-2}}{1 - 2z^{-1} + 1.632z^{-2} - 0.632z^{-3}}$$

通过综合除法,得到系统的阶跃响应序列 $y(nT)$ 为

$y(0T) = 0$

$y(1T) = 0.3679,$　　　$y(2T) = 1.0000,$　　　$y(3T) = 1.3996,$　　　$y(4T) = 1.3996$

$y(5T) = 1.1470,$　　　$y(6T) = 0.8944,$　　　$y(7T) = 0.8015,$　　　$y(8T) = 0.8682$

$y(9T) == 0.9937,$　　　$y(10T) = 1.0770,$　　　$y(11T) = 1.0810,$　　　$y(12T) = 1.0323$

$y(13T) = 0.9811,$　　　$y(14T) = 0.9607,$　　　$y(15T) = 0.9726,$　　　$y(16T) = 0.9975$

$y(17T) = 1.0148,$　　　$y(18T) = 1.0164,$　　　$y(19T) = 1.0070,$　　　$y(20T) = 0.9967$

　　绘出离散系统的单位阶跃响应 $y^*(t)$,如图 7.29 所示。由图可以求得离散系统的近似性能指标:超调量 $\sigma\% = 40\%$,峰值时间 $t_p = 4$ s,调节时间 $t_s = 12$ s。离散系统的时域性能指标只能按采样点上的值来计算,所以是近似的。

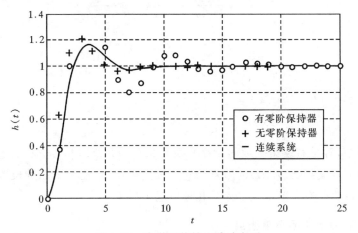

图 7.29　离散系统输出脉冲序列

　　前面曾经指出,采样器和保持不影响开环脉冲传递函数的极点,仅影响开环脉冲传递函数的零点。开环脉冲传递函数零点的变化,必然引起闭环脉冲传递函数极点的改变,因此采样器和保持器会影响闭环离散系统的动态性能。

　　在图 7.29 中同时绘出了相应连续系统和不加零阶保持器时系统的单位阶跃响应。通过对比可以看出离散化以及零阶保持器对系统性能的影响效果。

7.6.2　闭环极点与动态响应的关系

　　离散系统闭环脉冲传递函数的极点在 z 平面上的分布,对系统的动态响应具有重要的影响。明确它们之间的关系,对离散系统的分析和综合都具有指导意义。

　　设闭环脉冲传递函数

$$W(z) = \frac{M(z)}{D(z)} = \frac{b_m z^m + b_{m-1} z^{m-1} + \cdots + b_0}{a_n z^n + a_{n-1} z^{n-1} + \cdots + a_0}$$

$$= \frac{b_m \prod\limits_{j=1}^{m} (z - z_j)}{a_n \prod\limits_{k=1}^{n} (z - p_k)} \qquad (m \leqslant n) \tag{7.55}$$

式中：z_j，$j = 1, 2, \cdots, m$，表示 $W(z)$ 的零点；p_k，$k = 1, 2, \cdots, n$，表示 $W(z)$ 的极点。不失一般性，且为了便于讨论，假定 $W(z)$ 无重极点。

当 $r(t) = 1(t)$ 时，离散系统输出的 z 变换为

$$Y(z) = W(z) R(z) = \frac{M(z)}{D(z)} \frac{z}{z-1} \tag{7.56}$$

将 $Y(z)/z$ 展成部分分式

$$\frac{Y(z)}{z} = \frac{M(1)}{D(1)} \frac{1}{z-1} + \sum_{k=1}^{n} \frac{c_k}{z - p_k} \tag{7.57}$$

式中

$$c_i = \frac{M(p_i)}{(p_i - 1) D'(p_i)}, \qquad D'(p_i) = \frac{\mathrm{d}D(z)}{\mathrm{d}z} \bigg|_{z = p_i}$$

于是

$$Y(z) = \frac{M(1)}{D(1)} \frac{z}{z-1} + \sum_{k=1}^{n} \frac{c_k z}{z - p_k} \tag{7.58}$$

式(7.57)中，等号右端第一项的 z 反变换为 $M(1)/D(1)$，是 $y^*(t)$ 的稳态分量；第二项的 z 反变换为 $y^*(t)$ 的瞬态分量。根据极点 p_i 在 z 平面的位置，可以确定 $y^*(t)$ 的动态响应形式。下面分几种情况来讨论。

1. 正实轴上的闭环单极点

设 p_i 为正实数，对应的瞬态分量为

$$y_k^*(t) = \mathscr{Z}^{-1} \left[\frac{c_k z}{z - p_k} \right] \qquad (k = 1, 2, \cdots, n)$$

求 z 反变换得

$$y_k(nT) = c_k p_k^n \qquad (k = 1, 2, \cdots, n) \tag{7.59}$$

若令 $a = \frac{1}{T} \ln p_k$，则上式可写为

$$y_k(nT) = c_k \mathrm{e}^{anT} \qquad (k = 1, 2, \cdots, n) \tag{7.60}$$

所以，当 p_k 为正实数时，正实轴上的闭环极点对应动态过程形式为：

(1)若 $p_k > 1$，闭环单极点位于 z 平面单位圆外的正实轴上，有 $a > 0$，故动态响应 $y_k(nT)$ 是指数规律发散的脉冲序列；

(2)若 $p_k = 1$，闭环单极点位于右半 z 平面的单位圆周上，有 $a = 0$，故动态响

应 $y_k(nT) = y_k$，为等幅脉冲序列；

（3）若 $0 < p_k < 1$，闭环单极点位于 z 平面单位圆内的正实轴上，有 $a < 0$，故动态响应 $y_k(nT)$ 是按指数规律衰减的脉冲序列，且 p_k 越接近原点，$|a|$ 越大，$y_k(nT)$ 衰减越快。

2. 负实轴上的闭环单极点

设 p_k 为负实数，由式（7.59）可见，当 n 为奇数时 p_k^n 为负；当 n 为偶数时 p_k^n 为正。因此，负实数极点对应的动态响应 $y_k(nT)$ 是交替变号的双向脉冲序列。

（1）若 $p_k < -1$，闭环单极点位于 z 平面单位圆外的负实轴上，则 $y_k(nT)$ 为交替变号的发散脉冲序列；

（2）若 $p_k = -1$，闭环单极点位于左半 z 平面单位圆周上，则 $y_k(nT)$ 为交替变号的等幅脉冲序列；

（3）若 $-1 < p_k < 0$，闭环单极点位于 z 平面上单位圆内的负实轴上，则 $y_k(nT)$ 为交替变号的衰减脉冲序列，且 p_k 离原点越近，$y_k(nT)$ 衰减越快。

闭环实数极点（简称闭环实极点）分布与相应动态响应形式的关系如图7.30所示。

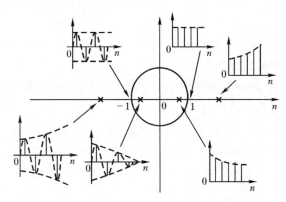

图 7.30　闭环实极点分布与相应的动态响应

3. z 平面上的闭环共轭复数极点

设 p_k 和 $\bar{p}_k$ 为一对共轭复数极点（简称共轭复极点），其表达式为

$$p_k = |p_k| \mathrm{e}^{\mathrm{j}\theta_k}, \qquad \bar{p}_k = |p_k| \mathrm{e}^{-\mathrm{j}\theta_k} \tag{7.61}$$

式中 θ_k 为共轭复数极点的相角，从 z 平面实轴正方向开始，逆时针为正。显然，由式（7.61）可知，一对共轭复极点所对应的瞬态分量为

$$y^*_{k,\bar{k}}(t) = \mathscr{Z}^{-1}\left[\frac{c_k z}{z - p_k} + \frac{\bar{c}_k z}{z - \bar{p}_k}\right]$$

求 z 反变换后

$$y_{k,\bar{k}}^*(t) = c_k p_k^n + \bar{c}_k \bar{p}_k^n \tag{7.62}$$

对于 $W(z)$ 的分子多项式与分母多项式的系数均为实数,故 c_k 和 $\bar{c}_k$ 也一定是共轭复数,令

$$c_k = |c_k| \, \mathrm{e}^{\mathrm{j}\varphi_k}, \quad \bar{c}_k = |c_k| \, \mathrm{e}^{-\mathrm{j}\varphi_k} \tag{7.63}$$

再令

$$\bar{a}_k = \frac{1}{T}\ln(|p_k| \, \mathrm{e}^{-\mathrm{j}\theta_k}) = \frac{1}{T}\ln(|p_k|) - \mathrm{j}\frac{\theta_k}{T} = a - \mathrm{j}\omega$$

则式(7.62)可表示为

$$\begin{aligned}
y_{k,\bar{k}}(nT) &= c_k p_k^n + \bar{c}_k \bar{p}_k^n = c_k \mathrm{e}^{a_k nT} + \bar{c}_k \mathrm{e}^{\bar{a}_k nT} \\
&= |c_k| \, \mathrm{e}^{\mathrm{j}\varphi_k} \mathrm{e}^{(a+\mathrm{j}\omega)nT} + |c_k| \, \mathrm{e}^{-\mathrm{j}\varphi_k} \mathrm{e}^{(a-\mathrm{j}\omega)nT} \\
&= 2|c_k| \, \mathrm{e}^{anT}\cos(n\omega t + \varphi_k)
\end{aligned} \tag{7.64}$$

式中: $a = \dfrac{1}{T}\ln|p_k|$; $\omega = \dfrac{\theta_k}{T}$, $0 < \theta_k < \pi$ 。

式(7.64)表明:

(1)一对共轭复极点对应的瞬态分量 $y_{k,\bar{k}}(nT)$ 按振荡规律变化,振荡的角频率为 ω 。在 z 平面上,共轭复极点的相角 θ_k 越大, $y_{k,\bar{k}}(nT)$ 振荡的角频率也就越高。

(2)若 $|p_k| > 1$,闭环复极点位于 z 平面上的单位圆外,有 $a > 0$,故动态响应 $y_{k,\bar{k}}(nT)$ 为振荡发散脉冲序列。

(3)若 $|p_k| = 1$,闭环复极点位于 z 平面上的单位圆上,有 $a = 0$,故动态响应 $y_{k,\bar{k}}(nT)$ 为等幅振荡脉冲序列;

(4)若 $|p_k| < 1$,闭环复极点位于 z 平面上的单位圆内,有 $a < 0$,故动态响应 $y_{k,\bar{k}}(nT)$ 为振荡衰减脉冲序列,且 p_k 越小,复极点越靠近原点,振荡衰减越快。

闭环共轭复极点分布与相应动态响应形式的关系,如图7.31所示。

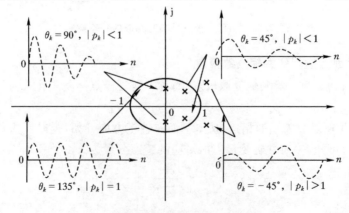

图 7.31　闭环复极点分布与相应的动态响应

综上所述,离散系统的动态特性与闭环极点的分布密切相关。当闭环实极点位于平面的左半单位圆内时,由于输出衰减脉冲交替变号,故动态过程质量很差;当闭环复极点位于 z 左半单位圆内时,由于输出是衰减的高频脉冲,故系统动态过程性能欠佳。因此,在离散系统设计时,应把闭环极点安置在 z 平面的右半单位圆内,且尽量靠近原点。

7.7　数字 PID 校正

PID 控制器的作用在连续系统中是熟知的,因为用微型计算机去实现 PID 的算法很多而且比较方便和灵活,所以在采样离散控制系统中也广泛采用数字 PID 控制器。下面介绍数字化 PID 的基本算法。

模拟量的 PID 控制算式为

$$u(t) = K_p e(t) + \frac{1}{T_i}\int_0^t e(t)\mathrm{d}t + T_d \frac{\mathrm{d}e(t)}{\mathrm{d}t} \tag{7.65}$$

$$G_c(s) = \frac{U(s)}{E(s)} = K_p + \frac{1}{T_i s} + T_d s$$

式中:K_p,T_i,T_d 分别为比例增益、积分时间常数和微分时间常数。

如果基于用求和代替积分、用差分代替微分来进行离散化,那么,离散化之后的数字量的 PID 的控制算式为

$$u(k) = K_p e(k) + \frac{T}{T_i}\sum_{n=0}^{k} e(n) + \frac{T_d}{T}[e(k) - e(k-1)] \tag{7.66}$$

上式称为位置式 PID 控制算法。经 z 变换后,数字 PID 控制器的脉冲传递函数的一般形式为

$$G_c(z) = \frac{U(z)}{E(z)} = K_p + \frac{T}{T_i}\frac{1}{1 - z^{-1}} + \frac{T_d}{T}(1 - z^{-1}) \tag{7.67}$$

如不考虑微分校正,即 $T_d = 0$,则可得数字 PI 控制器的脉冲传递函数的一般形式为

$$G_c(z) = \frac{U(z)}{E(z)} = K_p + \frac{T/T_i}{1 - z^{-1}} = \frac{\alpha + \beta z^{-1}}{1 - z^{-1}} \tag{7.68}$$

下面举一个采用数字 PID 控制器的实例。

例 7.20　图 7.32 是一数字控制系统,保持器为零阶保持器,对象的传递函数是

$$G_p(s) = \frac{10}{(s+1)(s+2)}$$

试设计数字 PID 控制器 $G_c(z)$,使系统阶跃响应达到稳态无差,并具有较快的上升速度和较小的超调量。

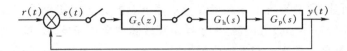

图 7.32　PID 数字控制器系统

解　如果采样周期 $T=0.1$ s，则未校正系统的环脉冲传递函数为

$$G_{\mathrm{p}}(z)=\mathscr{Z}[G_{\mathrm{h}}(s)G_{\mathrm{p}}(s)]=\mathscr{Z}\left[\frac{1-\mathrm{e}^{-Ts}}{s}\frac{10}{(s+1)(s+2)}\right]$$

$$=\frac{0.0453(z+0.904)}{(z-0.905)(z-0.819)}$$

由此求得未校正系统的闭环脉冲传递函数为

$$G(z)=\frac{G_{\mathrm{p}}(z)}{1+G_{\mathrm{p}}(z)}=\frac{0.0453(z+0.904)}{z^2-1.679z+0.782}$$

对于单位阶跃输入，系统的稳态误差不为零，而是

$$e_{\mathrm{ss}}=\lim_{z\to1}[(1-z^{-1})E(z)]=\lim_{z\to1}[1-G(z)]=1-0.837=0.163$$

为了达到稳态无差，可以采用 PI 控制，假设控制器的脉冲传递函数采用式 (7.68)，那么校正后系统的开环脉冲传递函数为

$$G(z)=G_{\mathrm{c}}(z)G_{\mathrm{p}}(z)$$

$$=\frac{(2K_{\mathrm{p}}+0.1K_{\mathrm{i}})\left(z+\dfrac{0.1K_{\mathrm{i}}-2K_{\mathrm{p}}}{0.1K_{\mathrm{i}}+2K_{\mathrm{p}}}\right)}{2(z-1)}\frac{0.0453(z+0.904)}{(z-0.905)(z-0.819)}$$

式中 K_{p} 和 $K_{\mathrm{i}}=\dfrac{1}{T_{\mathrm{i}}}$ 是待定的。取零、极点相消法，使

$$\frac{0.1K_{\mathrm{i}}-2K_{\mathrm{p}}}{0.1K_{\mathrm{i}}+2K_{\mathrm{p}}}=-0.905$$

因而求得

$$\frac{K_{\mathrm{p}}}{K_{\mathrm{i}}}=1.003$$

如取 $K_{\mathrm{p}}=1$，则 $K_{\mathrm{i}}=0.997$。于是 PI 控制器的脉冲传递函数为

$$G_{\mathrm{c}}(z)=\frac{1.05(z-0.905)}{z-1}$$

它是稳定的，也是可以实现的。同时使得

$$G(z)=\frac{0.0476(z+0.904)}{(z-1)(z-0.819)}$$

因为有一个 $z=1$ 的开环极点，系统是 I 型的，所以系统对于阶跃输入的稳态误差为零。但是由于 K_{p} 和 K_{i} 都偏大，所以阶跃响应的超调量也较大。为了减小超调量，使 $K_{\mathrm{p}}=0.25$，则 $K_{\mathrm{i}}=0.249$，在这种情况下，上升时间将延长，响应速度

将变慢。

如果采用 PID 控制，就可以克服上面的矛盾，取控制器的脉冲传递函数为式(7.67)。校正后系统的开环脉冲传递函数为

$$G(z)=G_c(z)G_p(z)$$

$$=\frac{(0.2K_p+0.01K_i+2T_d)z^2+(-0.2K_p+0.01K_i-4T_d)z+2T_d}{0.2z(z-1)}$$

$$\times\frac{0.0453(z+0.904)}{(z-0.905)(z-0.819)}$$

假设速度误差系数 $K_p=5$，并使控制器的两个零点与对象的两个极点相消，这样可以得到下列方程组：

$$K_p=\frac{1}{T}\lim_{z\to1}(z-1)G_0(z)=5K_i=5$$

$$z^2+\frac{0.01K_i-0.2K_p-4T_d}{0.01K_i+0.2K_p+2T_d}z+\frac{2T_d}{0.01K_i+0.2K_p+2T_d}$$

$$=(z-0.905)(z-0.819)$$

并解得，$K_p=1.45,K_i=1,T_d=0.43$。这样，控制器的脉冲传递函数为

$$G_c(z)=\frac{5.8(z-0.905)(z-0.819)}{z(z-1)}$$

它是稳定的，也是可实现的。这时系统的开环脉冲传递函数和闭环脉冲传递函数分别为

$$G(z)=\frac{0.263(z+0.904)}{z(z-1)},\qquad W(z)=\frac{0.263(z+0.904)}{z^2+0.737z+0.238}$$

未校正系统和校正后系统的单位阶跃响应分别画在图 7.33 中，其中(1)为未校正系统；(2)为 PI 控制，$K_p=1$，$K_i=0.997$；(3)为 $K_p=0.25$，$K_i=0.249$ 的 PI 控制；(4)为 PID 控制，$K_p=1.45,K_i=1,T_d=0.43$。

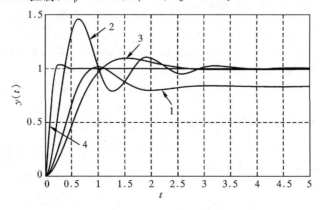

图 7.33　某数字 PID 控制系统的单位阶跃响应

7.8　基于 MATLAB 的离散控制系统分析

MATLAB 在采样控制系统的分析和设计中起着重要的作用。无论是将连续系统离散化还是对采样系统进行分析（包括求响应和性能分析）和设计等，都可以运用 MATLAB 软件具体实现。下面举例介绍 MATLAB 在采样控制系统分析中的应用。

7.8.1　连续系统和离散系统模型之间的转换

在 MATLAB 中对连续系统的离散化是通过 c2dm( ) 函数实现的，c2dm( ) 函数的一般格式为：

[numd, dend]＝c2dm(num,den,T,'zoh')，其中 zoh 表示零阶保持器；T 为采样周期，num 为传递函数分母多项式系数；den 为传递函数分子多项式系数。

MATLAB 提供了连续系统和离散系统相互转换的函数，如表 7.3 所示。

表 7.3　连续系统模型与离散系统模型转换函数

函数	调用格式	函数说明
c2d	sysd ＝ c2d (sysc, Ts, 'method')	连续时间 LTI 系统模型转换成离散时间系统模型
c2dm	[Ad, Bd, Cd, Dd]＝ 2dm (A, B, C, D, Ts, 'method') [numd, dend]＝ c2dm (num, den, Ts, 'method')	连续时间 LTI 系统状态空间模型或传递函数模型转换成离散时间系统模型
d2c	sysc＝ d2c (sys, 'method')	离散时间 LTI 系统模型转换成连续时间系统模型
d2cm	[A, B, C, D]＝ d2cm (Ad, Bd, Cd, Dd, Ts, 'method')	离散时间 LTI 系统模型转换成连续时间系统模型
d2d	Sys ＝ d2d (sysd, Ts)	离散时间模型转换成新的 Ts 离散时间系统模型
d2dt	[Ad, Bd, Cd, Dd]＝ c2dt (A, B, C, Ts, 'method')	具有纯延迟 lambda 输入的连续时间 LTI 状态空间系统转换成离散时间状态空间系统

上表中,d 表示离散系统,c 表示连续系统,Ts 表示采样周期,单位为 s。'method'表示转换是选用的变换方法,其具体含义如表 7.4 所示。

表 7.4　选项'method'的功能说明

选项	功能说明
'zoh'	对输入信号加零阶保持器
'foh'	对输入信号加一阶保持器
'imp'	脉冲不变变换方法
'tustin'	双线性变换方法
'prewarp'	预先转折变换方法,即改进的双线性变换方法
'matched'	零极点匹配变换方法

注:默认的方式是'zoh'。

例 7.21　已知采样系统的结构图如图 7.34 所示,求开环脉冲传递函数(采样周期 $T=1$ s)。

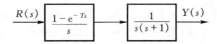

图 7.34　例 7.21 系统方块图

解　用解析法求 $G(z)$

$$G(z) = \frac{z-1}{z} \mathscr{Z}\left[\frac{1}{s^2(s+1)}\right] = \frac{0.368z + 0.264}{z^2 - 1.368z + 0.368}$$

用 MATLAB 可以方便求得上述结果。程序如下:

% This script converts the transfer function G(s)＝1/s(s＋1) to a discrete－time system

% with a sampling period of T＝1 sec

%

>> num＝[1];den＝[1,1,0];

　　T＝1;

　[numz,denz]＝c2dm(num,den,T,'zoh')

　　printsys(numz,denz,'Z')

执行结果为:

num/den ＝

　　0.36788 Z ＋ 0.26424

Z^2 — 1.3679 Z + 0.36788

7.8.2　离散系统的响应

在 MATLAB 中,求离散系统的时间响应可运用 ds tep( ),dimpulse( ),dlism( )函数来实现。其分别用于求采样系统的阶跃、脉冲及任意输入时的响应。它们的一般格式如表 7.5 所示。

表 7.5　离散系统时域响应函数

函数名	调用格式	功能说明
Ds tep	ds tep (dnum, dden, n) y= ds tep (dnum, dden, n)	求离散系统单位阶跃响应
dimpulse	dimpuls (dnum, dden, n) y= dimpuls (dnum, dden, n)	求离散系统单位脉冲响应
Dlsim	dlsim (dnum, dden, n) y= dlsim (dnum, dden, n)	求离散系统在输入 u 下的响应

注:n 为采样次数,u 为输入函数

离散系统频域分析方法和连续系统类似,主要有 Bode 图(开环对数幅频/相频曲线)法,Nyquist 曲线(开环频率特性 $G(j\omega)$ 的极坐标图)法和 Nichols 图(开环对数幅相图)法。表 7.6 列出了 MATLAB 中离散系统的频域分析函数。

表 7.6　离散系统频域响应函数

函数名	调用格式	功能说明
Dbode	dbode (dnum, dden,Ts, w) [mag, phase, w] = dbode (dnum,dden, Ts, w)	离散 Bode 图
Dnyquis t	dnyquis t (dnum, dden,Ts, w) [re, im, w]= dnyquis t (dnum, dden,Ts, w)	离散 Nyquis t 图
Dnichols	dnichols (dnum, dden,Ts, w) [re, im, w]= dnichols (dnum, dden,Ts, w)	离散 Nichols 图
Margin	margin (dsys) [Gm, Pm, Wcg, Wcp]= margin (dsys)	离散 Bode 图,显示频域性能参数

注:Ts 为采样周期;mag 为幅值向量;phase 为相角向量;Gm 为增益裕量;Pm 为相角裕量;re 为 Nyquist 图或 Nychols 图实部向量;im 为 Nyquist 图或 Nychols 图虚部向量。

例 7.22 已知离散系统结构如图 7.35 所示,输入为单位阶跃响应,采样周期 $T=1$ s,求输出响应。

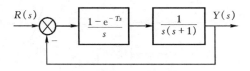

图 7.35 例 7.22 系统方块图

解 上例中求得

$$G(z) = \frac{z-1}{z}Z\left[\frac{1}{s^2(s+1)}\right] = \frac{0.368z+0.264}{z^2-1.368z+0.368}$$

$$W(z) = \frac{G(z)}{1+G(z)} = \frac{0.368z+0.264}{z^2-z+0.632}$$

$$Y(z) = W(z)R(z) = 0.368z^{-1}+z^{-2}+1.4z^{-3}+1.4z^{-4}+1.14z^{-5}$$

用 MATLAB 中的 d step() 函数可以很快得到输出响应,如图 7.36 所示。
MATLAB 程序如下:

```
% This script generate the unit step response, y(kT),
% for the sampled data system given in example
%
>> num =[0 0.368 0.264];den=[1 −1 0.632];
    d step(num, den)
% This script computes the continuous−time unit
% step response for the system in example
%
>>numg=[0 0 1];deng=[1 1 0];
    [nd,dd]=pade(1,2)
    numd=dd−nd
    dend=conv([1 0],dd)
    [numdm, dendm]=minreal(numd, dend)
%
    [nl, dl]=series (numdm, dendm,numg, deng);
    [num, den]=cloop(nl,dl)
    t=[0:0.1:20]
    step(num, den, t)
```

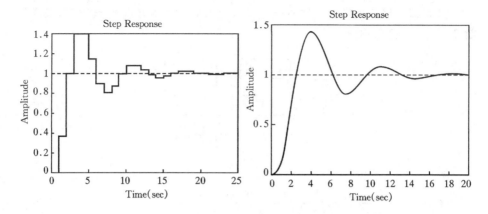

图 7.36　离散与连续时间系统阶跃响应

7.9　连续设计示例:硬盘读写系统的离散控制系统设计

本节仍以硬盘读写系统为例,为硬盘读写系统设计一个合适的数字 PID 控制器。实际上,当硬盘旋转时,每读一组存储数据,磁头都会提取位置偏差信息。由于磁头匀速转动,磁头将以恒定的时间间隔逐次读取格式信息,从而定期提取位置偏差信息。通常,偏差信号的采样周期介于 $0.1\sim1$ ms 之间。

考虑图 7.37 所示的数字控制系统。其中 $G_p(s)$ 是第 2 章介绍过的硬盘系统的被控对象,$G_h(s)$ 是零阶保持器。采样周期选为 $T=1$ ms。本节将对基本的数字控制器 $D(z)$ 进行设计。

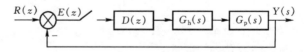

图 7.37　带有数字控制器的反馈控制系统

首先来确定 $G(z)$,这里有

$$G(z) = \mathscr{Z}\big[G_h(s)G_p(s)\big]$$

由于

$$G_p(s) = \frac{5}{s(s+20)}$$

故有

$$G_0(s)G_p(s) = \Big(\frac{1-e^{-sT}}{s}\Big)\frac{5}{s(s+20)}$$

当 $a=20,T=1$ ms 时,e^{-aT} 等于 0.98,因此,上式中的极点 $s=-20$ 不会对

系统响应产生显著的影响。因而 $G_p(s)$ 可近似为：

$$G_p(s) \cong \frac{0.25}{s}$$

由此可得系统的开环脉冲传递函数为

$$G(z) = \mathscr{Z}\left[\frac{1 - e^{-sT}}{s}\left(\frac{0.25}{s}\right)\right] = (1 - z^{-1})(0.25)\mathscr{Z}\left[\frac{1}{s^2}\right]$$

$$= (1 - z^{-1})(0.25)z\left[\frac{Tz}{(z-1)^2}\right]$$

$$= \frac{0.25T}{(z-1)} = \frac{0.25 \times 10^{-3}}{(z-1)}$$

若取控制器为比例控制器 $D(z) = K$，则有

$$D(z)G(z) = \frac{K(0.25 \times 10^{-3})}{(z-1)}$$

该系统的根轨迹如图 7.38 所示。当 $K = 4000$ 时

$$D(z)G(z) = \frac{1}{z-1}$$

对应的闭环脉冲传递函数为

$$W(z) = \frac{D(z)G(z)}{1 + D(z)G(z)} = \frac{1}{z}$$

利用 MATLAB 仿真验证后可知，这时系统有稳定且快速的响应，如图 7.39 所示，其阶跃响应的超调量为 0％，调节时间为 2 ms。

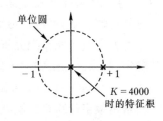

图 7.38　根轨迹

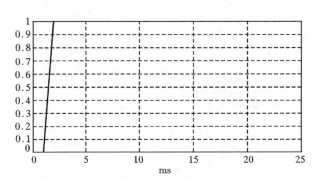

图 7.39　硬盘读写系统的闭环阶跃响应

7.10　小结

离散控制系统包括采样控制系统和数字控制系统。本章首先讨论了离散信号的数学描述,介绍了信号的采样与保持,引入采样系统的采样定理,即为了保证信号的恢复,其采样信号频率必须大于等于原连续信号所含最高频率的 2 倍。

为了建立线性采样控制系统的数学模型,本章引进 z 变换理论及差分方程。z 变换在线性采样控制系统中所起的作用与拉普拉斯变换在线性连续控制系统中所起的作用十分类似。利用 z 变换原则上只能研究系统在采样点上的行为。

线性差分方程和脉冲传递函数是线性离散控制系统的常用数学模型。利用系统连续部分的传递函数,可以很方便地得出系统的脉冲传递函数。但要强调指出,在某些采样开关的配置下,可能求不出系统的脉冲传递函数;但在输入信号已知的情况下,可以得出输出信号的变换表达式。

线性离散控制系统分析与校正的任务是利用系统的脉冲传递函数研究系统的稳定性,以及在给定输入作用下的稳态误差及动态性能,所应用的概念和基本方法与线性连续系统所应用的方法原理上是相通的。

常用数字计算机和微处理器来实现 PID 控制器。数字 PID 控制器有不同的变换方法,但算法的形式是相同的。

习　题

7.1　求下列函数的变换。

(1) $\dfrac{a}{s(s+a)}$　　　(2) $\dfrac{a}{s^2+a}$　　　(3) $\dfrac{a}{s(s+3)^2}$

(4) $e^{-at}\cos\omega t$　　　(5) te^{-at}　　　(6) $\cos\omega t$

7.2　求下列 z 函数的反变换($T=1$ s)

(1) $\dfrac{z}{z+a}$　　　(2) $\dfrac{z}{(z-e^{-aT})(z-e^{-bT})}$　　　(3) $\dfrac{z}{3z^2-4z+1}$

(4) $\dfrac{z}{(z-1)^2(z-2)}$　　　(5) $\dfrac{10z}{(z-1)(z-2)}$　　　(6) $\dfrac{3z^2+2z+1}{z^2-3z+2}$

7.3　已知 $Y(z)=\dfrac{z(1-e^{-T})}{(z-1)(z-e^{-T})}$,用两种不同的方法求离散信号 $y(kT)$。

7.4　已知某采样系统的输入-输出差分方程为

$$y(n+2)+3y(n+1)+4y(n)=r(n+1)-r(n)$$

试求该系统的脉冲传递函数 $Y(z)/R(z)$ 和脉冲响应。

7.5　解下列的差分方程
$$y[(k+2)T]+2y[(k+1)T]+y(kT)=r(kT)$$
已知　$r(kT)=kT$，$(k=0,1,2,\cdots)$，$y(0)=y(T)=0$。

7.6　试求图 7.40 所示 4 个采样控制系统的闭环脉冲传递函数。

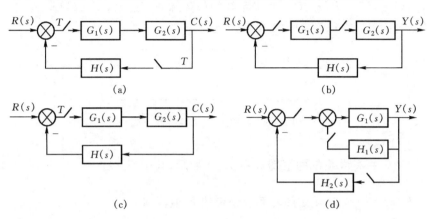

图 7.40　习题 7.5 采样控制系统

7.7　图 7.41 为一采样控制系统，$G_p(s)=\dfrac{K}{s(s+4)}$，采样周期 $T=0.25$ s，放大倍数 $K=1$。求在单位阶跃函数 $r(t)=1(t)$ 作用下系统的输出响应。

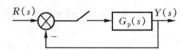

图 7.41　习题 7.7 采样控制系统

7.8　系统如图 7.42 所示，采样周期 $T=0.5$ s，$G_p(s)=\dfrac{2}{s(s+2)}$。试求系统的单位阶跃响应。

图 7.42　习题 7.8 采样控制系统

7.9　检验下列特征方程式的根是否在单位圆内。
(1) $5z^2-2z+2=0$
(2) $z^3-0.2z^2-0.25z+0.05=0$

7.10　图 7.41 所示的离散系统，$G_p(s) = \dfrac{K}{s(s+1)}$ 要求在 $r(t) = t$ 作用下的稳态误差 $e_{ss} = 0.25T$，试确定系统稳定时 T 的取值范围。

7.11　已知一采样控制系统如图 7.43 所示。试求：(1) 写出系统的开环脉冲传递函数 $Y(z)/E(z)$；(2) 写出系统的闭环脉冲传递函数 $Y(z)/R(z)$；(3) 试用劳斯判据确定系统稳定时的 K 值范围。

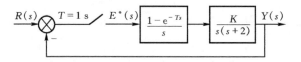

图 7.43　习题 7.11 采样控制系统

7.12　一离散系统的框图如图 7.44 所示，其中 $G_1(s) = \dfrac{1-e^{-Ts}}{s}$，$G_2(s) = \dfrac{K}{s+1}$，$H(s) = \dfrac{s+1}{K}$，试确定闭环系统稳定的 K 值范围。

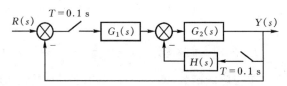

图 7.44　习题 7.12 离散控制系统

7.13　设采样周期 $T = 1$ s，$K = 4$，输入 $r(t) = 5t(t \geqslant 0)$，试求习题 7.11 所示系统的稳态误差。

7.14　系统如图 7.45 所示，已知 $G_c(s) = 2$，$G_p(s) = \dfrac{1-e^{-Ts}}{s} \dfrac{Ka}{s+a}$，采样周期 $T = 1$ s，试求系统分别在单位阶跃输入、单位斜坡输入、单位加速度输入下的稳态误差。

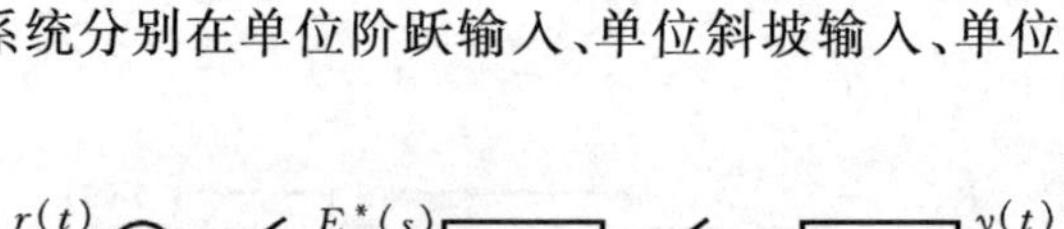

图 7.45　习题 7.14 离散控制系统

7.15　已知一采样系统如图 7.46 所示，若采样周期 $T = \dfrac{2n\pi}{\omega_n}$（其中 n 为正整数），试求系统在单位加速度信号作用下的输出响应 $y^*(t)$，并画出其波形图。

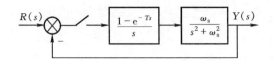

图 7.46　习题 7.15 离散控制系统

7.16　求图 7.47 所示系统稳定时的 K 值范围。

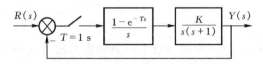

图 7.47　习题 7.16 离散控制系统

7.17　图 7.42 所示的离散系统中，$G_p(s) = \dfrac{K}{s(s+2)}$，试确定使系统稳定的 K 值范围。

7.18　已知控制系统的传递函数为 $G(s) = \dfrac{10(s+1)}{s(s^2+10)}$，试用零阶、一阶保持器法和双线性变换法将连续系统离散化。（用 MATLAB 解）

7.19　如图 7.41 所示系统的被控对象传递函数 $G_p(s) = \dfrac{10}{(s+1)(s+2)}$，采样时间分别为 $T = 0.5\,\text{s}, 1\,\text{s}, 1.5\,\text{s}, 2\,\text{s}$ 时，试分别绘制此系统的脉冲响应和单位阶跃响应。（用 MATLAB 解）

第 8 章 线性系统的状态空间
分析与设计

在前面的章节中,已经详细介绍了经典线性系统理论以及用其分析和设计控制系统的方法。可以看到,经典控制理论的数学基础是拉普拉斯变换和 z 变换,系统的数学模型主要是连续系统的微分方程、传递函数和离散系统的差分方程、脉冲传递函数,主要的分析和校正方法是时域法、根轨迹法和频域法,分析的主要内容是系统的稳定性和动态特性。针对单输入单输出系统的经典控制理论对于单输入单输出线性定常系统的分析和校正是有效的,但其显著的特点是只能揭示输入-输出之间的外部特性,对于系统内部的结构特性难以分析,也难以有效地处理多输入多输出系统。

从现实的情况来看,随着科学技术的发展,控制系统正朝着更加复杂的方向发展,对控制系统速度、精度、适应能力的要求越来越高。1960 年前后,在航天技术的推动下,现代控制理论开始发展起来。其中一个重要的标志就是美国学者卡尔曼引入了状态空间的概念。现代控制理论中的线性系统部分运用状态空间法进行分析,描述了系统输入-状态-输出之间的因果关系。

本章主要介绍线性系统的状态空间法。首先给出了线性系统的状态空间描述,接着给出了状态空间模型下的系统状态和输出响应的求解,然后在了解系统能控能观性的定义和判别方法的基础上,介绍了状态反馈和状态观测器的综合设计方法。最后介绍了如何使用 MATLAB 进行状态空间分析和综合,并以硬盘读写系统为例阐明了状态空间法的运用过程。

8.1 线性系统的状态空间描述

状态空间描述是现代控制理论的基础,它不仅可以描述系统的输入输出关系,而且可以描述系统的内部特性。特别适合于多输入多输出系统,也适应于时变系统、非线性系统和随机控制系统。从这个意义上来讲,状态空间描述是对系统的一种完全描述。

8.1.1　基本概念

图 8.1 为一小车行走系统。设它与地面间的摩擦力为零，由牛顿第二定理得

$$\frac{\mathrm{d}v(t)}{\mathrm{d}t} = \frac{1}{m}F(t)$$

$$\frac{\mathrm{d}x(t)}{\mathrm{d}t} = v(t)$$

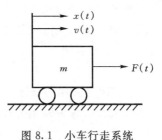

图 8.1　小车行走系统

式中：$F(t)$ 为作用在小车上的外力；$x(t)$ 为小车的位移；$v(t)$ 为小车的速度；m 为小车的质量。

$$v(t) = v(t_0) + \frac{1}{m}\int_{t_0}^{t} F(\tau)\mathrm{d}\tau$$

$$x(t) = x(t_0) + (t - t_0)v(t_0) + \frac{1}{m}\int_{t_0}^{t} \mathrm{d}(\tau)\int_{t_0}^{t} F(t)\mathrm{d}t$$

由于 $x(t_0)$ 和 $v(t_0)$ 表征系统在时刻 $t = t_0$ 时刻的状态，所以称之为初始状态变量。对于 $t > t_0$ 的任意时刻，小车的状态是由其状态变量 $x(t)$ 和 $v(t)$ 确定的。不难看出，如果已知外力 $F(t)$ 和 $x(t_0)$ 以及 $v(t_0)$，则可以计算出任意 $t > t_0$ 时刻系统未来的状态 $x(t)$ 和 $v(t)$。

从上面的例子可以容易地理解如下线性系统状态空间描述中常用的基本概念。

（1）状态和状态变量　系统在时间域中的行为或运动状况的信息集合称为状态。这个时间域就包括系统的过去、现在和将来，也就是说，状态是表征系统全部行为的一组相互独立的变量集合。而完全确定系统状态的一组数目最小的变量称为状态变量。所谓完全确定，是指只要给定时刻的这组变量的值和系统在 $t \geq t_0$ 时系统的输入函数，则系统在 $t \geq t_0$ 的任意时刻的状态就可完全确定。所谓数目最小是指，如果状态变量数目大于该值，则必有不独立的变量；小于该值，又不足以描述系统的状态。在上面的例子中，小车的位移状态 $x(t)$ 和小车的速度 $v(t)$ 是状态变量。状态变量常用符号 $x_1(t)$，$x_2(t)$，$\cdots$，$x_n(t)$ 表示。

（2）状态向量　把状态表示成以各状态变量为分量组成的向量时，称为状态向量。把描述系统状态的 n 个状态变量看作向量 $x(t)$ 的分量，即

$$x(t) = [x_1(t), x_2(t), \cdots x_n(t)]^{\mathrm{T}}$$

则向量 $x(t)$ 称为 n 维状态向量。给定 $t = t_0$ 时的初始状态向量 $x(t_0)$ 及 $t \geq t_0$ 的输入向量 $u(t)$，则 $t \geq t_0$ 的状态由状态向量 $x(t)$ 唯一确定。在小车系统中，状态向量由小车的位移状态 $x(t)$ 和小车的速度 $v(t)$ 构成。

（3）状态空间　以 n 个状态变量 $x_1(t)$，$x_2(t)$，$\cdots$，$x_n(t)$ 为坐标轴所组成的 n 维空间称为状态空间。在某一时刻 t_1 的状态向量 $x(t_1)$ 就是状态空间中的

一个点。随着时间 t 的推移，$x(t)$ 将在状态空间中描绘出一条轨迹，称为状态轨迹。

（4）状态方程 描述系统状态变量与输入变量之间关系的一阶向量微分方程或差分方程称为系统的状态方程，它不含输入的微积分项。状态方程表征了系统由输入所引起的状态变化，一般情况下，状态方程既是非线性的，又是时变的，它可以表示为

$$\dot{x}(t) = f[x(t), u(t), t] \tag{8.1}$$

（5）输出方程 描述系统输出变量与系统状态变量和输入变量之间函数关系的代数方程称为输出方程。输出方程的一般形式为

$$y(t) = g[x(t), u(t), t] \tag{8.2}$$

输出方程表征了系统状态和输入的变化所引起的系统输出变化。

（6）动态方程 状态方程与输出方程的组合称为动态方程，又称为状态空间表达式。其一般形式为

$$\left.\begin{aligned}\dot{x}(t) &= f[x(t), u(t), t] \\ y(t) &= g[x(t), u(t), t]\end{aligned}\right\} \tag{8.3a}$$

或离散形式

$$\left.\begin{aligned}y(t_{k+1}) &= f[x(t_k), u(t_k), t_k] \\ y(t_k) &= g[x(t_k), u(t_k), t_k]\end{aligned}\right\} \tag{8.3b}$$

线性系统的状态方程是一阶向量线性微分方程或差分方程，输出方程是向量代数方程。线性连续时间系统动态方程的一般形式为

$$\left.\begin{aligned}\dot{x}(t) &= A(t)x(t) + B(t)u(t) \\ y(t) &= C(t)x(t) + D(t)u(t)\end{aligned}\right\} \tag{8.4}$$

设状态 x、输入 u、输出 y 的维数分别为 n，p，q，称 $n \times n$ 矩阵 $A(t)$ 为系统矩阵或状态矩阵，称 $n \times p$ 矩阵 $B(t)$ 为控制矩阵或输入矩阵，称 $q \times n$ 矩阵 $C(t)$ 为输出矩阵或观测矩阵，称 $q \times p$ 矩阵 $D(t)$ 为前馈矩阵或输入输出矩阵。

线性定常系统 A，B，C，D 中的各元素全部是常数。即

$$\left.\begin{aligned}\dot{x}(t) &= Ax(t) + Bu(t) \\ y(t) &= Cx(t) + Du(t)\end{aligned}\right\} \tag{8.5a}$$

对应的离散形式为

$$\left.\begin{aligned}x(k+1) &= Gx(k) + Hu(k) \\ y(k) &= Cx(k) + du(k)\end{aligned}\right\} \tag{8.5b}$$

其中 $\quad x = \begin{bmatrix} x_1 \\ x_2 \\ \vdots \\ x_n \end{bmatrix} \quad u = \begin{bmatrix} u_1 \\ u_2 \\ \vdots \\ u_p \end{bmatrix} \quad y = \begin{bmatrix} y_1 \\ y_2 \\ \vdots \\ y_q \end{bmatrix}$

$$A=\begin{bmatrix} a_{11} & a_{12} & \cdots & a_{1n} \\ a_{21} & a_{22} & \cdots & a_{2n} \\ \vdots & \vdots & & \vdots \\ a_{n1} & a_{n2} & \cdots & a_{nn} \end{bmatrix} \qquad B=\begin{bmatrix} b_{11} & b_{12} & \cdots & b_{1p} \\ b_{21} & b_{22} & \cdots & b_{2p} \\ \vdots & \vdots & & \vdots \\ b_{n1} & b_{n2} & \cdots & b_{np} \end{bmatrix}$$

$$C=\begin{bmatrix} c_{11} & c_{12} & \cdots & c_{11n} \\ c_{21} & c_{22} & \cdots & c_{2n} \\ \vdots & \vdots & & \vdots \\ c_{q1} & c_{q2} & \cdots & c_{qn} \end{bmatrix} \qquad D=\begin{bmatrix} d_{11} & d_{12} & \cdots & d_{1p} \\ d_{21} & d_{22} & \cdots & d_{2p} \\ \vdots & \vdots & & \vdots \\ d_{q1} & d_{q2} & \cdots & d_{qp} \end{bmatrix}$$

线性系统的结构图 线性系统的动态方程常用结构图表示。图 8.2 为连续系统的结构图,图 8.3 为离散系统的结构图。图中,I 为 $(n \times n)$ 单位矩阵,s 是拉普拉斯算子,z 为单位延时算子。

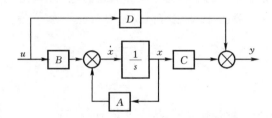

图 8.2　线性连续时间系统结构图

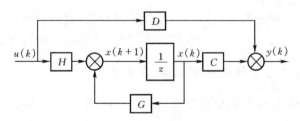

图 8.3　线性离散时间系统结构图

由于状态变量的选取不是唯一的,因此状态方程、输出方程、动态方程也都不是唯一的。但是,用独立变量所描述的系统的维数应该是唯一的,与状态变量的选取方法无关。

动态方程对于系统的描述是充分的和完整的,即系统中的任何一个变量均可用状态方程和输出方程来描述。状态方程着眼于系统动态演变过程的描述,反映状态变量间的微积分约束;而输出方程则反映系统中变量之间的静态关系,着眼于建立系统中输出变量与状态变量间的代数约束,这也是非独立变量不能作为状态变量的原因之一。动态方程描述的优点是:便于采用向量、矩阵记号简化数学描述;便于在计算机上求解;便于考虑初始条件;便于了解系统内部状态的变化特征;适用于时变、非线性、连续、离散、随机、多变量等各类控制系统。

例 8.1　试确定图 8.4(a),(b)所示电路的独立状态变量。图中 u, i 分别是输入电压和输入电流,u_c 为输出电压,x_i, $i=1, 2, 3$ 为电容器电压或电感电流。

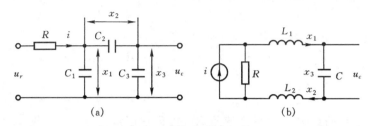

图 8.4　电路的独立变量

解　并非所有电路中的电容器电压和电感器电流都是独立变量。对图 8.4(a)所示电路,不失一般性,假定电容器初始电压值均为零,有

$$x_2 = \frac{C_3}{C_2 + C_3} x_1$$

$$x_3 = \frac{C_2}{C_2 + C_3} x_1$$

因此,只有一个变量是独立的,状态变量只能选其中一个,即用其中的任意一个变量作为状态变量便可以确定该电路的行为。实际上,三个串并联的电容可以等效为一个电容。

对图 8.4(b)所示电路,$x_1 = x_2$,因此两者相关,电路只有两个变量是独立的,即 x_1 和 x_3 或 x_2 和 x_3,可以任用其中一组变量如 x_2 和 x_3 作为状态变量。

8.1.2　动态方程与传递函数的关系

设初始条件为零,对线性定常系统(式 8.5a)的动态方程进行拉氏变换,可以得到

$$X(s) = (sI - A)^{-1} BU(s)$$
$$Y(s) = [C(sI - A)^{-1} B + D]U(s) = G(s)U(s) \tag{8.6}$$

系统的传递函数矩阵(简称传递矩阵)定义为

$$G(s) = C(sI - A)^{-1} B + D \tag{8.7}$$

对于单输入单输出系统,采用式(8.7)可以求出系统的传递函数,对于多输入多输出系统,用式(8.7)求出的是用于描述多变量系统输入输出关系的传递函数矩阵。若输入 u 为 p 向量,输出 y 为 q 维向量,则 $G(s)$ 为 $q \times p$ 维的矩阵。式8.6 的展开式为

$$
\begin{bmatrix} Y_1(s) \\ Y_2(s) \\ \vdots \\ Y_q(s) \end{bmatrix} = \begin{bmatrix} G_{11}(s) & G_{12}(s) & \cdots & G_{1p}(s) \\ G_{21}(s) & G_{22}(s) & \cdots & G_{2p}(s) \\ \vdots & \vdots & & \vdots \\ G_{q1}(s) & G_{q2}(s) & \cdots & G_{qp}(s) \end{bmatrix} \begin{bmatrix} U_1(s) \\ U_2(s) \\ \vdots \\ U_p(s) \end{bmatrix}
$$

式中:$G_{ij}(s)$ $(i=1, 2, \cdots, q; j=1, 2, \cdots, p)$表示第 i 个输出量与第 j 个输入量之间的传递函数。

例 8.2　已知系统动态方程为

$$
\begin{bmatrix} \dot{x}_1 \\ \dot{x}_2 \end{bmatrix} = \begin{bmatrix} 0 & 1 \\ 0 & -2 \end{bmatrix} \begin{bmatrix} x_1 \\ x_2 \end{bmatrix} + \begin{bmatrix} 1 & 0 \\ 0 & 1 \end{bmatrix} \begin{bmatrix} u_1 \\ u_2 \end{bmatrix}
$$

$$
\begin{bmatrix} y_1 \\ y_2 \end{bmatrix} = \begin{bmatrix} 2 & 0 \\ 0 & 2 \end{bmatrix} \begin{bmatrix} x_1 \\ x_2 \end{bmatrix}
$$

试求系统的传递函数矩阵。

解　已知 $A = \begin{bmatrix} 0 & 1 \\ 0 & -2 \end{bmatrix}$, $B = \begin{bmatrix} 1 & 0 \\ 0 & 1 \end{bmatrix}$, $C = \begin{bmatrix} 2 & 0 \\ 0 & 2 \end{bmatrix}$, $D = 0$

故

$$
(sI - A)^{-1} = \begin{bmatrix} s & -1 \\ 0 & s+2 \end{bmatrix}^{-1} = \begin{bmatrix} \dfrac{1}{s} & \dfrac{1}{s(s+2)} \\ 0 & \dfrac{1}{s+2} \end{bmatrix}
$$

$$
G(s) = C(sI - A)^{-1} B = \begin{bmatrix} 2 & 0 \\ 0 & 2 \end{bmatrix} \begin{bmatrix} \dfrac{1}{s} & \dfrac{1}{s(s+2)} \\ 0 & \dfrac{1}{s+2} \end{bmatrix} \begin{bmatrix} 1 & 0 \\ 0 & 1 \end{bmatrix}
$$

$$
= \begin{bmatrix} \dfrac{2}{s} & \dfrac{2}{s(s+2)} \\ 0 & \dfrac{2}{s+2} \end{bmatrix}
$$

8.1.3　线性定常系统动态方程的建立

建立状态空间表达式的方法主要有两种。一是直接根据系统的机理建立相应的微分方程或差分方程,继而选择有关的物理量作为状态变量,从而导出动态方程。二是由已知的系统数学模型如微分方程或传递函数,经过一定的转化从而得到其动态方程。

8.1.3.1　根据系统物理模型建立动态方程

直接根据支配系统运动的物理定律,如基尔霍夫定律、牛顿定理、能量守恒定理等,建立系统的数学表达式。通过选择状态变量,将系统的数学表达式转化为动态方程。

　　状态变量的选取并不唯一,但应尽量选取系统中独立储能元件(如电容、电感、弹簧、质量、转动惯量)输出的物理量作为状态变量比较方便。在机械系统中,通常选取位移和速度(或角速度)作为变量,而在电路中,常选电感电流和电容电压作为状态变量。

　　例 8.3　试列写如图 8.5 所示的 RLC 电路方程,选择几组状态变量并建立相应的动态方程,并就所选状态变量间的关系进行讨论。

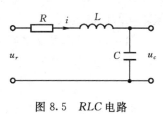

　　解　有明确物理意义的常用变量主要有:电流、电阻器电压、电容器的电压与电荷、电感器的电压与磁通。

图 8.5　RLC 电路

　　根据回路电压定律

$$Ri + L\frac{\mathrm{d}i}{\mathrm{d}t} + \frac{1}{C}\int i\mathrm{d}t = u_r$$

电路输出量为

$$y = u_c = \frac{1}{C}\int i\mathrm{d}t$$

　　(1) 设状态变量为电感器电流和电容器电压,即 $x_1 = i$, $x_2 = \frac{1}{C}\int i\mathrm{d}x$,则状态方程为

$$\dot{x}_1 = -\frac{R}{L}x_1 - \frac{1}{L}x_2 + \frac{1}{L}u_r$$

$$\dot{x}_2 = \frac{1}{C}x_1$$

输出方程为

$$y = x_2$$

其向量-矩阵形式为

$$\begin{cases} \begin{bmatrix} \dot{x}_1 \\ \dot{x}_2 \end{bmatrix} = \begin{bmatrix} -\dfrac{R}{L} & -\dfrac{1}{L} \\ \dfrac{1}{C} & 0 \end{bmatrix} \begin{bmatrix} x_1 \\ x_2 \end{bmatrix} + \begin{bmatrix} \dfrac{1}{L} \\ 0 \end{bmatrix} u_r \\ \\ y = \begin{bmatrix} 0 & 1 \end{bmatrix} \begin{bmatrix} x_1 \\ x_2 \end{bmatrix} \end{cases}$$

简记为

$$\begin{cases} \dot{x} = Ax + bu_r \\ y = cx \end{cases}$$

式中

$$\dot{x} = \begin{bmatrix} \dot{x}_1 \\ \dot{x}_2 \end{bmatrix}, \quad x = \begin{bmatrix} x_1 \\ x_2 \end{bmatrix}$$

$$A = \begin{bmatrix} -\dfrac{R}{L} & -\dfrac{1}{L} \\ \dfrac{1}{C} & 0 \end{bmatrix}, \quad b = \begin{bmatrix} \dfrac{1}{L} \\ 0 \end{bmatrix}, \quad c = \begin{bmatrix} 0 & 1 \end{bmatrix}$$

(2)设状态变量为电容器电流和电荷，即 $x_1 = i$，$x_2 = \int i \mathrm{d}x$，则有

$$\begin{bmatrix} \dot{x}_1 \\ \dot{x}_2 \end{bmatrix} = \begin{bmatrix} -\dfrac{R}{L} & -\dfrac{1}{LC} \\ 1 & 0 \end{bmatrix} \begin{bmatrix} x_1 \\ x_2 \end{bmatrix} + \begin{bmatrix} \dfrac{1}{L} \\ 0 \end{bmatrix} u_r, \qquad y = \begin{bmatrix} 0 & \dfrac{1}{C} \end{bmatrix} \begin{bmatrix} x_1 \\ x_2 \end{bmatrix}$$

(3)设状态变量 $x_1 = \dfrac{1}{C}\int i \mathrm{d}t + Ri$，$x_2 = \dfrac{1}{C}\int i \mathrm{d}t$，其中，$x_1$ 无明确的物理意义，可以推出

$$\dot{x}_1 = \dot{x}_2 + R\frac{\mathrm{d}i}{\mathrm{d}t} = \frac{1}{RC}(x_1 - x_2) + \frac{R}{L}(-x_1 + u_r)$$

$$\dot{x}_2 = \frac{1}{C}i = \frac{1}{RC}(x_1 - x_2)$$

$$y = x_2$$

其向量矩阵形式为

$$\begin{bmatrix} \dot{x} \\ \dot{x}_2 \end{bmatrix} = \begin{bmatrix} \dfrac{1}{RC} - \dfrac{R}{L} & -\dfrac{1}{RC} \\ \dfrac{1}{RC} & -\dfrac{1}{RC} \end{bmatrix} \begin{bmatrix} x_1 \\ x_2 \end{bmatrix} + \begin{bmatrix} \dfrac{R}{L} \\ 0 \end{bmatrix} u_r$$

$$y = \begin{bmatrix} 0 & 1 \end{bmatrix} \begin{bmatrix} x_1 \\ x_2 \end{bmatrix}$$

可见对同一系统，状态变量的选择不具有唯一性，动态方程也不是唯一的。

例 8.4　由质量块、弹簧、阻尼器组成的双输入三输出机械位移系统如图 8.6 所示，具有外力 $F(t)$ 和阻尼器汽缸速度 V 两种外作用，输出量为质量块的位移、速度和加速度。试列写该系统的动态方程。m, k, μ，分别为质量、弹簧刚度、阻尼系数；x 为质量块位移。

解　根据牛顿力学可知，系统所受外力 $F(t)$ 与惯性力 $m\ddot{x}$、阻尼力 $\mu(\dot{x} - V)$ 和弹簧恢复力 kx 构成平衡关系，系统微分方程为

$$m\ddot{x} + \mu(\dot{x} - V) + kx = F$$

这是一个二阶系统。若已知质量块的初始位移和初始速度，系统在输入作用下的解便可唯一确定，故选择质量块的位移和速度作为状态变量。设 $x_1 = x$，$x_2 = \dot{x}$，由题意知系统有三个输出量，设

$$y_1 = x_1 = x, \qquad y_2 = \dot{x} = x_2, \qquad y_3 = \ddot{x}$$

于是由系统微分方程可以导出系统状态方程为

$$\dot{x}_1 = x_2$$

$$\dot{x}_2 = \ddot{x} = \frac{1}{m}[-\mu(x_2 - V) - kx_1 + F]$$

其向量矩阵形式为

$$\begin{bmatrix} \dot{x}_1 \\ \dot{x}_2 \end{bmatrix} = \begin{bmatrix} 0 & 1 \\ -\dfrac{k}{m} & -\dfrac{\mu}{m} \end{bmatrix} \begin{bmatrix} x_1 \\ x_2 \end{bmatrix} + \begin{bmatrix} 0 & 0 \\ \dfrac{1}{m} & \dfrac{\mu}{m} \end{bmatrix} \begin{bmatrix} F \\ V \end{bmatrix}$$

$$\begin{bmatrix} y_1 \\ y_2 \\ y_3 \end{bmatrix} = \begin{bmatrix} 1 & 0 \\ 0 & 1 \\ -\dfrac{k}{m} & -\dfrac{\mu}{m} \end{bmatrix} \begin{bmatrix} x_1 \\ x_2 \end{bmatrix} + \begin{bmatrix} 0 & 0 \\ 0 & 0 \\ \dfrac{1}{m} & \dfrac{\mu}{m} \end{bmatrix} \begin{bmatrix} F \\ V \end{bmatrix}$$

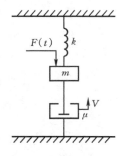

图 8.6　机械位移系统

例 8.5　图 8.7 是电枢控制直流电动机的示意图。图中 R、L 分别为电枢回路的电阻和电感；J 为机械旋转部分的转动惯量；m_1 为总负载转矩。试写其状态空间表达式。

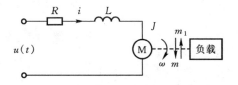

图 8.7　电枢控制直流电动机示意图

解　电感 L 和转动惯量 J 是贮能元件，相应的物理变量电流 i 及旋转速度 ω 可选择为状态变量，且它们是相互独立的，故可确定为状态变量，即 $x_1 = i$，$x_2 = \omega$。

由电枢回路微分方程，有

$$L \frac{\mathrm{d}i}{\mathrm{d}t} + Ri + e = u$$

由机械旋转部分的微分方程，有

$$J \frac{\mathrm{d}\omega}{\mathrm{d}t} = C_m i - m_1$$

由电磁感应公式，有

$$e = C_e \omega$$

式中：e 为反电势；C_m 为转矩系数；C_e 为反电势常数。

把上面三式整理，改写为

$$\frac{\mathrm{d}i}{\mathrm{d}t} = -\frac{R}{L}i - \frac{C_e}{L}\omega + \frac{1}{L}u$$

$$\frac{\mathrm{d}\omega}{\mathrm{d}t} = \frac{C_m}{J}i - \frac{m_1}{J}$$

把 $x_1 = i$, $x_2 = \omega$ 代入, 有

$$\begin{bmatrix} \dot{x}_1 \\ \dot{x}_2 \end{bmatrix} = \begin{bmatrix} -\dfrac{R}{L} & -\dfrac{C_e}{L} \\ \dfrac{C_m}{J} & 0 \end{bmatrix} \begin{bmatrix} x_1 \\ x_2 \end{bmatrix} + \begin{bmatrix} \dfrac{1}{L} & 0 \\ 0 & -\dfrac{1}{J} \end{bmatrix} \begin{bmatrix} u \\ m_1 \end{bmatrix}$$

若指定角速度 ω 为输出

$$y = x_2 = \begin{bmatrix} 0 & 1 \end{bmatrix} \begin{bmatrix} x_1 \\ x_2 \end{bmatrix}$$

若指定电动机的转角 θ 为输出, 则上述 $x_1 = i$, $x_2 = \omega$ 这两个状态变量是不能对系统的时域行为加以全面描述的, 必须增添一个状态变量 $x_3 = \theta$, 且 $\dot{x}_3 = \dot{\theta} = x_2$, 系统的状态方程为

$$\begin{bmatrix} \dot{x}_1 \\ \dot{x}_2 \\ \dot{x}_3 \end{bmatrix} = \begin{bmatrix} -\dfrac{R}{L} & -\dfrac{C_e}{L} & 0 \\ \dfrac{C_m}{J} & 0 & 0 \\ 0 & 1 & 0 \end{bmatrix} \begin{bmatrix} x_1 \\ x_2 \\ x_3 \end{bmatrix} + \begin{bmatrix} \dfrac{1}{L} & 0 \\ 0 & -\dfrac{1}{J} \\ 0 & 0 \end{bmatrix} \begin{bmatrix} u \\ m_1 \end{bmatrix}$$

因指定转角 θ 为输出, 则输出方程为

$$y = x_3 = \begin{bmatrix} 0 & 0 & 1 \end{bmatrix} \begin{bmatrix} x_1 \\ x_2 \\ x_3 \end{bmatrix}$$

8.1.3.2　由高阶微分方程建立动态方程

描述系统输入输出关系的微分方程或传递函数是可以用实验的方法得到。于是, 自然而然会提出如何从微分方程或传递函数建立状态空间表达式。这里只讨论单输入单输出系统如何从微分方程建立状态空间表达式, 即动态方程。

(1)微分方程不含输入量的导数项

这种情况下的单输入单输出线性定常连续系统微分方程的一般形式为

$$y^{(n)} + a_{n-1}y^{(n-1)} + a_{n-2}y^{(n-2)} + \cdots + a_1\dot{y} + a_0 y = b_0 u \tag{8.8}$$

选 n 个状态变量为 $x_1 = y$, $x_2 = \dot{y}$, $\cdots$, $x_n = y^{(n-1)}$ 有

$$\begin{cases} \dot{x}_1 = x_2 \\ \dot{x}_2 = x_3 \\ \quad\vdots \\ \dot{x}_{n-1} = x_n \\ \dot{x}_n = -a_0 x_1 - a_1 x_2 - \cdots - a_{n-1} x_n + b_0 u \\ y = x_1 \end{cases} \tag{8.9}$$

得到动态方程

$$\begin{cases} \dot{x} = Ax + bu \\ y = c \end{cases} \tag{8.10}$$

式中

$$x = \begin{bmatrix} x_1 \\ x_2 \\ \vdots \\ x_{n-1} \\ x_n \end{bmatrix}, \quad A = \begin{bmatrix} 0 & 1 & 0 & \cdots & 0 \\ 0 & 0 & 1 & \cdots & 0 \\ \vdots & \vdots & \vdots & & \vdots \\ 0 & 0 & 0 & \cdots & 1 \\ -a_0 & -a_1 & -a_2 & \cdots & -a_{n-1} \end{bmatrix}$$

$$b = \begin{bmatrix} 0 \\ 0 \\ \vdots \\ 0 \\ b_0 \end{bmatrix}, \quad c = \begin{bmatrix} 1 & 0 & \cdots & 0 \end{bmatrix}$$

　　按式(8.10)绘制的结构图称为状态变量图,如图 8.8 所示。每个积分器的输出都是对应的状态变量,状态方程由各积分器的输入-输出关系确定。输出方程在输出端获得。

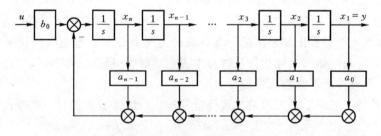

图 8.8　系统的状态变量图

(2)微分方程输入量中含有导数项

这种情况下的单输入单输出线性定常连续系统微分方程的一般形式为

$$y^{(n)} + a_{n-1} y^{n-1} + \cdots + a_1 \dot{y} + a_0 y = b_n u^{(n)} + b_{n-1} u^{(n-1)} + \cdots + b_1 \dot{u} + b_0 u \tag{8.11}$$

一般输入导数项的次数小于或等于系统的阶数 n。为了避免在状态方程中出现输入导数项可按如下规则选择一组状态变量:

$$\left.\begin{array}{l} x_1 = y - h_0 u \\ x_i = \dot{x}_{i-1} - h_{i-1} u \quad\quad (i = 1, 2, \cdots, n) \end{array}\right\} \tag{8.12}$$

其展开式为

$$\left.\begin{array}{l} x_1 = y - h_0 u \\ x_2 = \dot{x}_1 - h_1 u = \dot{y} - h_0 \dot{u} - h_1 u \\ x_3 = \dot{x}_2 - h_2 u = \ddot{y} - h_0 \ddot{u} - h_1 \dot{u} - h_2 u \\ \quad\vdots \\ x_n = \dot{x}_{n-1} - h_{n-1} u = y^{(n-1)} - h_0 u^{(n-1)} - h_1 u^{(n-2)} - \cdots - h_{n-1} u \end{array}\right\} \tag{8.13}$$

式中: $h_0, h_1, \cdots, h_{n-1}$ 是 n 个待定常数。由式(8.13)的第一个方程可得输出方程

$$y = x_1 + h_0 u$$

并由余下的方程得到 $(n-1)$ 个状态方程,即

$$\left.\begin{array}{l} \dot{x}_1 = x_2 + h_1 u \\ \dot{x}_1 = x_3 + h_2 u \\ \quad\vdots \\ \dot{x}_{n-1} = x_n + h_{n-1} u \end{array}\right\}$$

对式(8.13)中的最后一个方程求导数并考虑式(8.11),有

$$\begin{aligned} \dot{x}_n &= y^{(n)} - h_0 u^{(n)} - h_1 u^{(n-1)} - \cdots - h_{n-1} \dot{u} \\ &= (-a_{n-1} y^{(n-1)} - \cdots - a_1 \dot{y} - a_0 y + b_n u^{(n)} + \cdots + b_0 u) \\ &\quad - h_0 u^{(n)} - h_1 u^{(n-1)} - \cdots - h_{n-1} \dot{u} \end{aligned}$$

由式(8.13),将 $y^{(n-1)}, \cdots, \dot{y}, y$ 均以 x_i 及 u 的各阶导数表示,经整理可得

$$\begin{aligned} \dot{x}_n = &-a_0 x_1 - \cdots - a_{n-1} x_n + (b_n - h_0) u^{(n)} + (b_{n-1} - h_1 - a_{n-1} h_0) u^{(n-1)} \\ &+ \cdots + (b_1 - h_{n-1} - a_{n-1} h_{n-2} - \cdots - a_1 h_0) \dot{u} + (b_0 - a_{n-1} h_{n-1} \\ &- \cdots - a_1 h_1 - a_0 h_0) u \end{aligned}$$

令上式中 u 的各阶导数的系数为零,可确定各 h 的值,即

$$h_0 = b_n$$

$$h_1 = b_{n-1} - a_{n-1} h_0$$

$$\vdots$$

$$h_{n-1} = b_1 - a_{n-1} h_{n-2} - \cdots - a_1 h_0$$

记

$$h_n = b_0 - a_{n-1} h_{n-1} - \cdots - a_1 h_1 - a_0 h_0$$

故

$$\dot{x}_n = -a_0 x_1 - \cdots - a_{n-1} x_n + h_n u$$

则系统的动态方程为

$$
\left.\begin{array}{l}
\dot{x} = Ax + bu \\
y = cx + du
\end{array}\right\} \tag{8.14}
$$

式中

$$
A = \begin{bmatrix}
0 & 1 & 0 & \cdots & 0 \\
0 & 0 & 1 & \cdots & 0 \\
\vdots & \vdots & \vdots & & \vdots \\
0 & 0 & 0 & \cdots & 1 \\
-a_0 & -a_1 & -a_2 & \cdots & -a_{n-1}
\end{bmatrix}, \quad
b = \begin{bmatrix}
h_1 \\
h_2 \\
\vdots \\
h_{n-1} \\
h_n
\end{bmatrix},
$$

$$
c = \begin{bmatrix} 1 & 0 & 0 & \cdots & 0 \end{bmatrix}, \quad d = \begin{bmatrix} h_0 \end{bmatrix}
$$

若输入量中仅含 m 次导数,且 $m < n$,则 $b_n = 0$,这时可以令上述公式中的 $h_0 = 0$ 得到所需要的结果。

例 8.6 已知系统的微分方程为 $\dddot{y} + 2\ddot{y} + 3\dot{y} + 5y = 0.5\ddot{u} + \dot{u} + 1.5u$,求系统的动态方程。

解 根据式(8.14)得

$$
\begin{bmatrix} \dot{x}_1 \\ \dot{x}_2 \\ \dot{x}_3 \end{bmatrix} =
\begin{bmatrix} 0 & 1 & 0 \\ 0 & 0 & 1 \\ -5 & -3 & -2 \end{bmatrix}
\begin{bmatrix} x_1 \\ x_2 \\ x_3 \end{bmatrix} +
\begin{bmatrix} 0.5 \\ 1 \\ 1.5 \end{bmatrix} u, \quad
y = \begin{bmatrix} 1 & 0 & 0 \end{bmatrix}
\begin{bmatrix} x_1 \\ x_2 \\ x_3 \end{bmatrix}
$$

8.1.3.3 由系统传递函数建立动态方程

高阶微分方程式(8.11)对应的单输入-单输出系统传递函数为

$$
G(s) = \frac{Y(s)}{U(s)} = \frac{b_n s^n + b_{n-1} s^{n-1} + \cdots + b_1 s + b_0}{s^n + a_{n-1} s^{n-1} + \cdots + a_1 s + a_0} \tag{8.15}
$$

应用综合除法,有

$$
G(s) = b_n + \frac{\beta_{n-1} s^{n-1} + \cdots + \beta_1 s + \beta_0}{s_n + a_{n-1} s^{n-1} + \cdots + a_1 s + a_0} = b_n + \frac{N(s)}{D(s)} \tag{8.16}
$$

式中:b_n 是联系输入、输出的前馈系数,当 $G(s)$ 的分母阶数大于分子阶数时,$b_n = 0$,$\dfrac{N(s)}{D(s)}$ 是严格有理真分式,其分子各次项的系数分别为

$$
\left.\begin{array}{l}
\beta_0 = b_0 - a_0 b_n \\
\beta_1 = b_1 - a_1 b_n \\
\vdots \\
\beta_{n-1} = b_{n-1} - a_{n-1} b_n
\end{array}\right\} \tag{8.17}
$$

下面介绍由 $\dfrac{N(s)}{D(s)}$ 导出几种标准型动态方程的方法。

(1) $\dfrac{N(s)}{D(s)}$ 串联分解

如图 8.9 所示,取中间变量 z,将 $\dfrac{N(s)}{D(s)}$ 串联分解为两部分,有

$$z^{(n)}+a_{n-1}z^{(n-1)}+\cdots+a_1\dot{z}+a_0z=u$$

$$y=\beta_{n-1}z^{(n-1)}+\cdots+\beta_1\dot{z}+\beta_0z$$

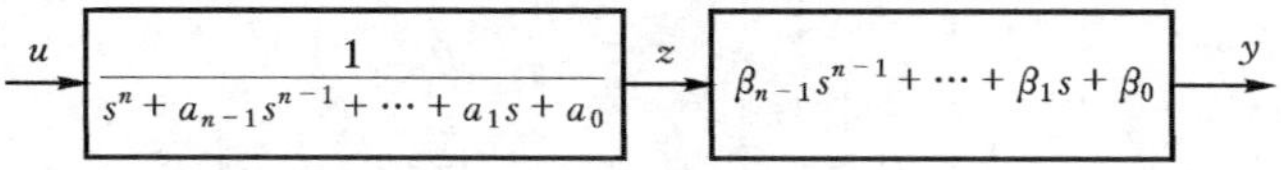

图 8.9　串联分解

选取状态变量 $x_1=z$,$x_2=\dot{z}$,$\cdots$,$x_n=z^{(n-1)}$

则状态方程为

$$\begin{cases}\dot{x}_1=x_2\\\dot{x}_2=x_3\\\quad\vdots\\\dot{x}_n=-a_0z_1-a_1\dot{z}-\cdots-a_{n-1}z^{(n-1)}+u=-a_0x_1-a_1x_2-\cdots-a_{n-1}x_n+u\end{cases}$$

输出方程为

$$y=\beta_0x_1+\beta_1x_2+\cdots+\beta_{n-1}x_n \tag{8.18}$$

其向量矩阵形式为

式中

$$A_c=\begin{bmatrix}0&1&0&\cdots&0\\0&0&1&\cdots&0\\\vdots&\vdots&\vdots&&\vdots\\0&0&0&\cdots&1\\-a_0&-a_1&-a_2&\cdots&a_{n-1}\end{bmatrix}$$

$$b_c=\begin{bmatrix}0\\0\\\vdots\\0\\1\end{bmatrix},\qquad c_c=\begin{bmatrix}\beta_0&\beta_1&\cdots&\beta_{n-1}\end{bmatrix}$$

A_c 和 b_c 具有以上形式时,A_c 矩阵称为友矩阵,相应的状态方程称为能控标准型。

当 $G(s)=b_n+\dfrac{N(s)}{D(s)}$ 时,A_c、b_c、c_c 均不变,$y=c_cx+b_nu$。

若取 $A_o=A_c^T$,$c_o=b_c^T$,$b_o=c_c^T$,则可以构造出新的状态方程

$$\left.\begin{aligned}\dot{x}&=A_ox+b_0u\\y&=c_ox\end{aligned}\right\}$$

式中

$$A_\mathrm{o} = \begin{bmatrix} 0 & 0 & \cdots & 0 & -a_0 \\ 1 & 0 & \cdots & 0 & -a_1 \\ 0 & 1 & \cdots & 0 & -a_2 \\ \vdots & \vdots & & \vdots & \vdots \\ 0 & 0 & \cdots & 1 & -a_{n-1} \end{bmatrix}, \quad b_\mathrm{o} = \begin{bmatrix} \beta_0 \\ \beta_1 \\ \vdots \\ \beta_{n-1} \end{bmatrix}, \quad c_\mathrm{o} = \begin{bmatrix} 0 & \cdots & 0 & 1 \end{bmatrix}$$

请注意 A_o，c_o 的形式特征，其所对应的动态方程称为能观测标准型。

关于能控和能观的概念，在第 8.3 节还要进行详细的论述。能控标准型与能观测标准型之间存在以下对偶关系：

$$A_\mathrm{c} = A_\mathrm{o}^T, \quad b_\mathrm{c} = c_\mathrm{o}^T, \quad c_\mathrm{c} = b_\mathrm{o}^T \tag{8.19}$$

式中：下标 c 表示能控标准型；o 表示能观测标准型；上标 T 为转置符号。不难证明：能控标准型和能观测标准型是同一传递函数的不同实现。能控标准型和能观测标准型的状态变量图如图 8.10 和图 8.11 所示。

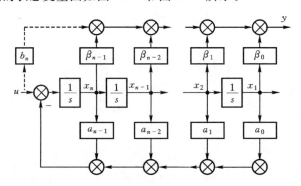

图 8.10　能控标准型状态变量图

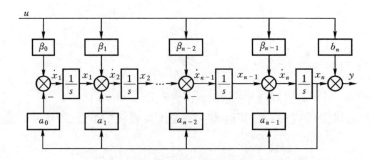

图 8.11　能观测标准型状态变量图

例 8.7　设二阶系统微分方程为

$$\ddot{y} + 2\xi\omega\dot{y} + \omega^2 y = T\dot{u} + u$$

试列写能控标准型、能观测标准型动态方程,并分别确定状态变量与输入、输出量的关系。

解　系统的传递函数为

$$G(s) = \frac{Y(s)}{U(s)} = \frac{Ts+1}{s^2 + 2\xi\omega s + \omega^2}$$

于是,能控标准型动态方程的各矩阵为

$$x_c = \begin{bmatrix} x_{c1} \\ x_{c2} \end{bmatrix}, \quad A_c = \begin{bmatrix} 0 & 1 \\ -\omega^2 & -2\xi\omega \end{bmatrix}, \quad b_c = \begin{bmatrix} 0 \\ 1 \end{bmatrix}, \quad c_c = \begin{bmatrix} 1 & T \end{bmatrix}$$

由 $G(s)$ 串联分解并引入中间变量 z,有

$$\begin{cases} \ddot{z} + 2\xi\omega\dot{z} + \omega^2 z = u \\ y = T\dot{z} + z \end{cases}$$

对 y 求导并考虑上述关系式,则有

$$\dot{y} = T\ddot{z} + \dot{z} = (1 - 2\xi\omega T)\dot{z} - \omega^2 Tz + Tu$$

令 $x_{c1} = z$, $x_{c2} = \dot{z}$,可导出状态变量与输入、输出量的关系为

$$x_{c1} = [-T\dot{y} + (1 - 2\xi\omega t)y + T^2 u]/(1 - 2\xi\omega T + \omega^2 T^2)$$
$$x_{c2} = (\dot{y} + \omega^2 Ty - Tu)/(1 - 2\xi\omega T + \omega^2 T^2)$$

能观测标准型动态方程中各矩阵为

$$x_o = \begin{bmatrix} x_{o1} \\ x_{o2} \end{bmatrix}, \quad A_o = \begin{bmatrix} 0 & -\omega^2 \\ 1 & -2\xi\omega \end{bmatrix}, \quad b_o = \begin{bmatrix} 1 \\ T \end{bmatrix}, \quad c_0 = \begin{bmatrix} 0 & 1 \end{bmatrix}$$

状态变量与输入、输出量的关系为

$$x_{o1} = \dot{y} + 2\xi\omega y - Tu, \quad x_{o2} = y$$

图 8.12 分别给出了该系统的能控标准型与能观测标准型的状态变量图。

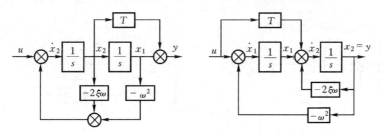

图 8.12　能控标准型与能观测标准型的状态变量图

(2) $\dfrac{N(s)}{D(s)}$ 只含单实极点时的情况

当 $\dfrac{N(s)}{D(s)}$ 只含单实极点时,动态方程除了可化为能控标准型或能观测标准型以外,还可化为对角型动态方程。A 矩阵是一个对角阵。设 $D(s)$ 可分解为

$$D(s) = (s-\lambda_1)(s-\lambda_2)\cdots(s-\lambda_2)$$

而 $c_i = \lim\limits_{s\to\lambda_i}\left[\dfrac{N(s)}{D(s)}(s-\lambda_i)\right]$ 为 $\dfrac{N(s)}{D(s)}$ 在极点 λ_i 处的留数，且有 $Y(s) = \sum\limits_{i=1}^{n}\dfrac{c_i}{s-\lambda_i}U(s)$。

若令状态变量

$$X_i(s) = \frac{1}{s-\lambda_i}U(s) \qquad (i=1,\ 2,\ \cdots,\ n)$$

其反变换结果为

$$\begin{cases}\dot{x}_i(t) = \lambda_i x_i(t) + u(t) \\ y(t) = \sum\limits_{i=1}^{n} c_i x_i(t)\end{cases}$$

展开得

$$\begin{cases}\dot{x}_1 = \lambda_1 x_1 + u \\ \dot{x}_2 = \lambda_2 x_2 + u \\ \quad\vdots \\ \dot{x}_n = \lambda_n x_n + u \\ y = c_1 x_1 + c_2 x_2 + \cdots + c_n x_n\end{cases}$$

其向量矩阵形式为

$$\begin{bmatrix}\dot{x}_1 \\ \dot{x}_2 \\ \vdots \\ \dot{x}_n\end{bmatrix} = \begin{bmatrix}\lambda_1 & & & 0 \\ & \lambda_2 & & \\ & & \ddots & \\ 0 & & & \lambda_n\end{bmatrix}\begin{bmatrix}x_1 \\ x_2 \\ \vdots \\ x_n\end{bmatrix} + \begin{bmatrix}1 \\ 1 \\ \vdots \\ 1\end{bmatrix}u, \quad y = \begin{bmatrix}c_1 & c_2 & \cdots & c_n\end{bmatrix}\begin{bmatrix}x_1 \\ x_2 \\ \vdots \\ x_n\end{bmatrix}$$

$$(8.20)$$

其状态变量如图 8.13(a)所示。

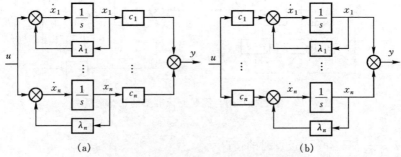

图 8.13　对角型动态方程状态变量图

若令状态变量满足　　　　　$X_i(s) = \dfrac{c_i}{s-\lambda_i}U(s)$

则

$$Y(s) = \sum_{i=1}^{n} X_i(s)$$

进行拉氏反变换并展开有

$$\begin{cases} \dot{x}_1 = \lambda_1 x_1 + c_1 u \\ \dot{x}_2 = \lambda_2 x_2 + c_2 u \\ \quad\vdots \\ \dot{x}_n = \lambda_n x_n + c_n u \\ y = x_1 + x_2 + \cdots + x_n \end{cases}$$

其向量矩阵形式为

$$\begin{bmatrix} \dot{x}_1 \\ \dot{x}_2 \\ \vdots \\ \dot{x}_n \end{bmatrix} = \begin{bmatrix} \lambda_1 & & & 0 \\ & \lambda_2 & & \\ & & \ddots & \\ 0 & & & \lambda_n \end{bmatrix} \begin{bmatrix} x_1 \\ x_2 \\ \vdots \\ x_n \end{bmatrix} + \begin{bmatrix} c_1 \\ c_2 \\ \vdots \\ c_n \end{bmatrix} u, \quad y = \begin{bmatrix} 1 & 1 & \cdots & 1 \end{bmatrix} \begin{bmatrix} x_1 \\ x_2 \\ \vdots \\ x_n \end{bmatrix}$$

$$(8.21)$$

其状态变量图如图 8.13(b)所示。显然式(8.20)与式(8.21)存在对偶关系。

(3) $\dfrac{N(s)}{D(s)}$ 含重实极点时的情况

当传递函数除含单实极点之外还含有重实极点时，不仅可化为能控标准型或能观测标准型，还可化为约当标准型动态方程，其 A 矩阵是一个含约当块的矩阵。设 $D(s)$ 可分解为

$$D(s) = (s - \lambda_1)^r (s - \lambda_{r+1}) \cdots (s - \lambda_n)$$

式中：λ_1 为 r 重实极点；λ_{r+1}，$\cdots$，λ_n 为单实极点，则传递函数可展成部分分式之和。即

$$\frac{Y(s)}{U(s)} = \frac{N(s)}{D(s)} = \sum_{i=1}^{r} \frac{c_{1i}}{(s - \lambda_1)^i} + \sum_{j=r+1}^{n} \frac{c_j}{s - \lambda_j}$$

其状态变量的选取方法与之含单实极点时相同，可分别得出向量-矩阵形式的动态方程为

$$\dot{x} = \begin{bmatrix} \lambda_1 & 1 & 0 & & & \\ 0 & \ddots & 1 & & 0 & \\ 0 & 0 & \lambda_1 & & & \\ & & & \lambda_{r+1} & 0 & 0 \\ & 0 & & 0 & \ddots & 0 \\ & & & 0 & 0 & \lambda_n \end{bmatrix} x + \begin{bmatrix} 0 \\ \vdots \\ 1 \\ 1 \\ \vdots \\ 1 \end{bmatrix} u \qquad (8.22)$$

$$y = [c_{1r} \cdots c_{11} \ c_{r+1} \cdots c_n]x$$

$$\dot{x} = \begin{bmatrix} \lambda_1 & 0 & 0 & & & & \\ 1 & \ddots & 0 & & 0 & & \\ 0 & 1 & \lambda_1 & & & & \\ & & & \lambda_{r+1} & 0 & 0 \\ & 0 & & 0 & \ddots & 0 \\ & & & 0 & 0 & \lambda_n \end{bmatrix} x + \begin{bmatrix} c_{1r} \\ \vdots \\ c_{11} \\ c_{r+1} \\ \vdots \\ c_n \end{bmatrix} u \qquad (8.23)$$

当 $r=3$ 时,其对应的状态变量图如图 8.14(a),(b)所示。式(8.22)与式(8.23)也存在对偶关系。

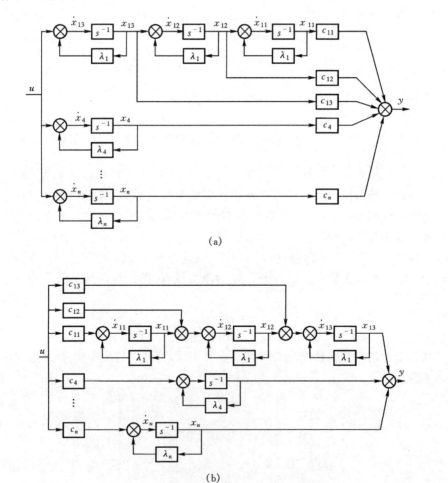

(a)

(b)

图 8.14 约当型动态方程状态变量图

例 8.8　已知系统的传递函数为 $G(s) = \dfrac{4s^2 + 17s + 16}{(s+2)^2(s+3)}$，求系统的动态方程，使系统矩阵为约当标准型。

解　将传递函数 $G(s)$ 展开成部分分式

$$G(s) = \frac{4s^2 + 17s + 16}{(s+2)^2(s+3)} = \frac{c_{11}}{s+2} + \frac{c_{12}}{(s+2)^2} + \frac{c_3}{s+3}$$

$$c_{12} = \lim_{s \to -2}(s+2)^2 G(s) = -2$$

$$c_{11} = \lim_{s \to -2}\frac{\mathrm{d}}{\mathrm{d}s}[(s+2)^2 G(s)] = \lim_{s \to -2}\frac{\mathrm{d}}{\mathrm{d}s}\left[\frac{4s^2 + 17s + 16}{s+3}\right] = 3$$

$$c_3 = \lim_{s \to -3}(s+3)G(s) = 1$$

相应的动态方程为

$$\begin{bmatrix} \dot{x}_1 \\ \dot{x}_2 \\ \dot{x}_3 \end{bmatrix} = \begin{bmatrix} -2 & 1 & 0 \\ 0 & -2 & 0 \\ 0 & 0 & -3 \end{bmatrix} \begin{bmatrix} x_1 \\ x_2 \\ x_3 \end{bmatrix} + \begin{bmatrix} 0 \\ 1 \\ 1 \end{bmatrix} u$$

$$y = \begin{bmatrix} -2 & 3 & 1 \end{bmatrix} \begin{bmatrix} x_1 \\ x_2 \\ x_3 \end{bmatrix}$$

8.1.3.4　由差分方程和脉冲传递函数建立动态方程

离散系统的特点是系统中的各个变量只在离散的采样点上有定义，线性离散系统的动态方程可以利用系统的差分方程建立，也可以将线性动态方程离散化得到。在经典控制理论中，离散系统常用差分方程或脉冲传递函数来描述。单输入单输出线性定常离散系统差分方程的一般形式为

$$y(k+n) + a_{n-1}y(k+n-1) + \cdots + a_1 y(k+1) + a_0 y(k) \tag{8.24}$$
$$= b_0 u(k+n) + b_{n-1}u(k+n-1) + \cdots + b_1 u(k+1) + b_0 u(k)$$

两端取 z 变换，并整理得脉冲传递函数为

$$G(z) = \frac{Y(z)}{U(z)} = \frac{b_n z^n + b_{n-1}z^{n-1} + \cdots + b_1 z + b_0}{z^n + a_{n-1}z^{n-1} + \cdots + a_1 z + a_0}$$
$$= b_n + \frac{\beta_{n-1}z^{n-1} + \cdots + \beta_1 z + \beta_0}{z^n + a_{n-1}z^{n-1} + \cdots + a_1 z + a_0} \tag{8.25}$$

式(8.25)与式(8.16)在形式上相同，故连续系统动态方程的建立方法可用于离散系统。利用 z 变换关系 $\mathscr{Z}^{-1}[X_i(z)] = x_i(k)$ 和 $\mathscr{Z}^{-1}[zX_i(z)] = x_i(k+1)$，可以得到动态方程为

$$\begin{bmatrix} x_1(k+1) \\ x_2(k+1) \\ \vdots \\ \vdots\ x_{n-1}(k+1) \\ x_n(k+1) \end{bmatrix} = \begin{bmatrix} 0 & 1 & 0 & \cdots & 0 \\ 0 & 0 & 1 & \cdots & 0 \\ \vdots & \vdots & \vdots & & \vdots \\ 0 & 0 & 0 & \cdots & 1 \\ -a_0 & -a_1 & -a_2 & \cdots & -a_{n-1} \end{bmatrix} \begin{bmatrix} x_1(k) \\ x_2(k) \\ \vdots \\ x_{n-1}(k) \\ x_n(k) \end{bmatrix} + \begin{bmatrix} 0 \\ 0 \\ \vdots \\ 0 \\ 1 \end{bmatrix} u(k)$$

$$y(k) = \begin{bmatrix} \beta_0 & \beta_1 & \cdots & \beta_{n-1} \end{bmatrix} x(k) + b_n u(k)$$

$$(8.26)$$

简记

$$\left. \begin{array}{l} x(k+1) = Gx(k) + Hu(k) \\ y(k) = Cx(k) + Du(k) \end{array} \right\}$$

$$(8.27)$$

8.1.4 动态方程的非唯一性

通过讨论线性定常连续系统动态方程的建立方法可以看到,对同一系统,选取不同的状态变量便有不同形式的动态方程。但是对同一个系统来说,不论如何选择,状态变量的个数总是相同的,而且由于它们所描述的是同一个系统的运动行为,因此各组状态变量之间必然存在着某种联系。从线性代数理论可以知道,可以用一个非奇异矩阵把两组状态变量联系起来。若两组状态变量之间用一个非奇异矩阵联系着,则两组动态方程的矩阵与该非奇异矩阵之间存在着一定的关系。下面我们就研究这二者之间的确定关系。

设系统的状态方程为

$$\dot{x} = Ax + Bu, \quad y = Cx$$

令

$$x = P\bar{x}$$

式中 P 为 $n \times n$ 非奇异线性变换矩阵,即满足 $|P| \neq 0$,它说明状态向量 x 和 $\bar{x}$ 之间用一个非奇异矩阵 P 联系着,也就是说可以通过 P 阵,将 x 变换为 $\bar{x}$。变换后的动态方程为

$$\dot{\bar{x}} = A_1\bar{x} + B_1u, \quad y = C_1\bar{x}$$

式中

$$A_1 = P^{-1}AP, \quad B_1 = P^{-1}B, \quad C_1 = CP$$

上述过程称为对系统进行 P 线性变换。综上分析可见,由于系统状态变量的选取不是唯一的,非奇异线性变换矩阵 P 也不是唯一的。因此同一系统可以有多个状态向量和多个动态方程来描述,也就是说动态方程是非唯一的。但是对同一系统,不同的状态向量之间存在如上所示的线性变换关系。

应当指出,尽管系统的动态方程是非唯一,但对同一个系统,由不同的动态方程变换成的传递函数或传递函数矩阵确是相同的。系统各个输入量和输出量

之间对应的传递函数是不变的,这称为传递函数(矩阵)的不变性。简单证明如下。

设系统 $\{A,B,C,D\}$ 的传递函数为 $G(s)$,即 $G(s)=C(sI-A)^{-1}B+D$,系统 $\{A_1,B_2,C_1,D_1\}$ 的传递函数为 $G_1(s)$。两个系统的动态方程之间存在如下关系:

$$A_1 = P^{-1}AP$$
$$B_1 = P^{-1}B$$
$$C_1 = CP$$
$$D_1 = D$$

则有

$$\begin{aligned}
G_1(s) &= C_1(sI-A_1)^{-1}B_1+D_1 = CP(sI-P^{-1}AP)^{-1}P^{-1}B+D \\
&= CP[P(sI-P^{-1}AP)]^{-1}B+D \\
&= C[P(sI-P^{-1}AP)P^{-1}]^{-1}B+D \\
&= C(sI-A)^{-1}B+D = G(s)
\end{aligned}$$

在单输入单输出系统中,u, y 变为标量,B 变为 n 维列向量 b,C 变为 n 维行向量 c,利用 $G(s)=C(sI-A)^{-1}B+D$ 求得的是传递函数而不是传递函数矩阵的形式。

8.2　动态方程的响应

当系统的状态空间模型建立起来以后,在一定的初始条件和某种输入信号作用下,就可以求解它的状态响应和输出响应。

8.2.1　线性定常系统齐次状态方程的解

在没有控制作用下,线性定常系统由初始条件引起的运动称为线性定常系统的自由运动,可由齐次状态方程描述,即

$$\dot{x}(t) = Ax(t) \tag{8.28}$$

且满足初始状态 $x(t)|_{t=0}=x_0$。

由此可见,齐次状态方程就是指输入为零的状态方程。齐次状态方程通常采用幂级数法和拉氏变换法求解。

1. 幂级数法

设齐次方程的解是时间 t 的向量幂级数,即

$$x(t)=b_0+b_1t+b_2t^2+\cdots+b_kt^k+\cdots$$

式中,x, b_0, b_1, $\cdots$, b_k 都是 n 维向量,且 $x(0)=b_0$,求导并考虑状态方程,得

$$\dot{x}(t) = b_1 + 2b_2 t + \cdots + kb_k t^{k-1} + \cdots = A(b_0 + b_1 t + b_2 t^2 + \cdots + b_k t^k + \cdots)$$

由等号两边对应的系数相等,有

$$b_1 = Ab_0$$

$$b_2 = \frac{1}{2} Ab_1 = \frac{1}{2} A^2 b_0$$

$$b_3 = \frac{1}{3} Ab_2 = \frac{1}{6} A^3 b_0$$

$$\vdots$$

$$b_k = \frac{1}{k} Ab_{k-1} = \frac{1}{k!} A^k b_0$$

$$\vdots$$

故

$$x(t) = (I + At + \frac{1}{2} A^2 t^2 + \cdots + \frac{1}{k!} A^k t^k + \cdots) x(0) \tag{8.29}$$

定义

$$e^{At} = I + At + \frac{1}{2} A^2 t^2 + \cdots + \frac{1}{k!} A^k t^k + \cdots = \sum_{k=0}^{\infty} \frac{1}{k!} A^k t^k \tag{8.30}$$

则

$$x(t) = e^{At} x(0) \tag{8.31}$$

标量微分方程 $\dot{x} = ax$ 的解与指数函数 e^{at} 的关系为 $x(t) = e^{at} x(0)$,由此可以看出,向量微分方程式(8.28)的解与其在形式上是相似的,故把 e^{At} 称为矩阵指数函数,简称矩阵指数。由于 $x(t)$ 是由 $x(0)$ 转移而来的, e^{At} 又称为状态转移矩阵,记为 $\Phi(t)$,即

$$\Phi(t) = e^{At} \tag{8.32}$$

从上述分析可看出,齐次状态方程的求解问题,核心就是状态转移矩阵 $\Phi(t)$ 的计算问题。因而有必要进一步研究状态转移矩阵的算法和性质。

2. 拉氏变换法

将式(8.28)取拉氏变换,有

$$X(s) = (sI - A)^{-1} x(0)$$

进行拉氏反变换,有

$$x(t) = \mathscr{L}^{-1} [(sI - A)^{-1}] x(0)$$

与式(8.31)相比有

$$\Phi(t) = e^{At} = \mathscr{L}^{-1} [(sI - A)^{-1}] \tag{8.33}$$

例 8.9 设系统状态方程为 $\begin{bmatrix} \dot{x}_1(t) \\ \dot{x}_2(t) \end{bmatrix} = \begin{bmatrix} 0 & 1 \\ -2 & -3 \end{bmatrix} \begin{bmatrix} x_1(t) \\ x_2(t) \end{bmatrix}$,试用拉氏变换求解。

解 $sI-A=\begin{bmatrix} s & 0 \\ 0 & s \end{bmatrix}-\begin{bmatrix} 0 & 1 \\ -2 & -3 \end{bmatrix}=\begin{bmatrix} s & -1 \\ 2 & s+3 \end{bmatrix}$

$$(sI-A)^{-1}=\frac{adj(sI-A)}{|sI-A|}=\frac{1}{(s+1)(s+2)}\begin{bmatrix} s+3 & 1 \\ -2 & s \end{bmatrix}$$

$$=\begin{bmatrix} \dfrac{2}{s+1}-\dfrac{1}{s+2} & \dfrac{1}{(s+1)(s+2)} \\ \dfrac{-2}{s+1}+\dfrac{2}{s+2} & \dfrac{-1}{s+1}+\dfrac{2}{s+2} \end{bmatrix}$$

$$\Phi(t)=\mathscr{L}^{-1}\big[(sI-A)^{-1}\big]=\begin{bmatrix} 2\mathrm{e}^{-t}-\mathrm{e}^{-2t} & \mathrm{e}^{-t}-\mathrm{e}^{-2t} \\ -2\mathrm{e}^{-t}+2\mathrm{e}^{-2t} & -\mathrm{e}^{-t}+2\mathrm{e}^{-2t} \end{bmatrix}$$

状态方程的解为

$$\begin{bmatrix} x_1(t) \\ x_2(t) \end{bmatrix}=\Phi(t)\begin{bmatrix} x_1(0) \\ x_2(0) \end{bmatrix}=\begin{bmatrix} 2\mathrm{e}^{-t}-\mathrm{e}^{-2t} & \mathrm{e}^{-t}-\mathrm{e}^{-2t} \\ -2\mathrm{e}^{-t}+2\mathrm{e}^{-2t} & -\mathrm{e}^{-t}+2\mathrm{e}^{-2t} \end{bmatrix}\begin{bmatrix} x_1(0) \\ x_2(0) \end{bmatrix}$$

8.2.2 线性定常系统状态转移矩阵的性质

状态转移矩阵 $\Phi(t)$ 具有下述运算性质：

(1) $\Phi(0)=I$

(2) $\dot\Phi(t)=A\Phi(t)=\Phi(t)A$

性质(2)表明，$A\Phi(t)$ 与 $\Phi(t)A$ 可交换，且 $\dot\Phi(0)=A$。

(3) $\Phi(t_1\pm t_2)=\Phi(t_1)\Phi(\pm t_2)=\Phi(\pm t_2)\Phi(t_1)$

$\Phi(t_1)$，$\Phi(t_2)$，$\Phi(t_1\pm t_2)$ 分别表示由状态 $x(0)$ 转移至状态 $x(t_1)$，$x(t_2)$，$x(t_1\pm t_2)$ 的状态转移矩阵。性质(3)表明，$\Phi(t_1\pm t_2)$ 可分解为 $\Phi(t_1)$ 与 $\Phi(\pm t_2)$ 的乘积，且 $\Phi(t_1)$ 与 $\Phi(\pm t_2)$ 是可交换的。

(4) $\Phi^{-1}=\Phi(-t)$，$\Phi^{-1}(-t)=\Phi(t)$

根据 $\Phi(t)$ 的这一性质，对于线性定常系统，显然有 $x(t)=\Phi(t)x(0)$，$x(0)=\Phi^{-1}(t)x(t)=\Phi(-t)x(t)$

(5) $x(t_2)=\Phi(t_2-t_1)x(t_1)$

(6) $\Phi(t_2-t_0)=\Phi(t_2-t_1)\Phi(t_1-t_0)$

(7) $\big[\Phi(t)\big]^k=\Phi(kt)$

(8) 若 $AB=BA$，则 $\mathrm{e}^{(A+B)t}=\mathrm{e}^{At}\mathrm{e}^{Bt}=\mathrm{e}^{Bt}\mathrm{e}^{At}$

例 8.10 已知状态转移矩阵为

$$\Phi(t)=\begin{bmatrix} 2\mathrm{e}^{-t}-\mathrm{e}^{-2t} & \mathrm{e}^{-t}-\mathrm{e}^{-2t} \\ -2\mathrm{e}^{-t}+2\mathrm{e}^{-2t} & -\mathrm{e}^{-t}+2\mathrm{e}^{-2t} \end{bmatrix}$$

试求 $\Phi^{-1}(t)$，A。

解 根据状态转移矩阵的运算性质，有

$$\Phi^{-1}(t) = \Phi(-t) = \begin{bmatrix} 2e^t - e^{2t} & e^t - e^{2t} \\ -2e^t + e^{2t} & -e^t + 2e^{2t} \end{bmatrix}$$

$$A = \dot{\Phi}(0) = \begin{bmatrix} -2e^{-t} + 2e^{-2t} & -e^{-t} + 2e^{-2t} \\ 2e^{-t} - 4e^{-2t} & e^{-t} - 4e^{-2t} \end{bmatrix}_{t=0} = \begin{bmatrix} 0 & 1 \\ -2 & -3 \end{bmatrix}$$

8.2.3 线性定常系统非齐次状态方程的解

线性定常系统在控制作用下的运动称为线性定常系统的受控运动,其数学描述为非齐次状态方程,即

$$\dot{x}(t) = Ax(t) + Bu(t)$$
$$y(t) = Cx(t) + Du(t)$$

(8.34)

该方程主要有两种解法。

(1)积分法   由式(8.34),有

$$e^{-At}[\dot{x}(t) - Ax(t)] = e^{-At}Bu(t)$$

由于

$$\frac{d}{dt}[e^{-At}x(t)] = -Ae^{-At}x(t) + e^{-At}\dot{x}(t) = e^{-At}[\dot{x}(t) - Ax(t)]$$

积分后有

$$e^{-At}x(t) - x(0) = \int_{-}^{t} e^{-A\tau}Bu(\tau)d\tau$$

即

$$x(t) = e^{At}x(0) + \int_{0}^{t} e^{A(t-\tau)}Bu(\tau)d\tau$$
$$= \Phi(t)x(0) + \int_{0}^{t} \Phi(t-\tau)Bu(\tau)d\tau$$

(8.35)

式中:等号右边第一项为状态转移项,是系统对初始状态的响应,即零输入响应;第二项是系统对输入作用的响应,即零状态响应。通过变量代换,式(8.35)又可表示为

$$x(t) = \Phi(t)x(0) + \int_{0}^{t} \Phi Bu(t-\tau)d\tau$$

若取 t_0 作为初始时刻,则有

$$x(t) = e^{A(t-t_0)}x(t_0) + \int_{t_0}^{t} e^{A(t-\tau)}Bu(\tau)d\tau$$
$$= \Phi(t-t_0)x(t_0) + \int_{t_0}^{t} \Phi(t-\tau)Bu(\tau)d\tau$$

(8.36)

同时

$$y(t) = Ce^{A(t-t_0)}x(t_0) + C\int_{t_0}^{t} e^{A(t-\tau)}Bu(\tau)d\tau + Du(t)$$

$$= C\Phi(t-t_0)x(t_0) + C\int_{t_0}^t \Phi(t-\tau)Bu(\tau)\mathrm{d}\tau + Du(t) \qquad (8.37)$$

(2)拉氏变换法　将式(8.34)两端取拉氏变换,有

$$sX(s) - x(0) = AX(s) + BU(s)$$

$$X(s) = (sI-A)^{-1}X(0) + (sI-A)^{-1}BU(s)$$

进行拉氏反变换有

$$x(t) = \mathscr{L}^{-1}(sI-A)^{-1}x(0) + \mathscr{L}^{-1}[(sI-A)^{-1}BU(s)]$$

$$y(t) = Cx(t) + Du(t) \qquad (8.38)$$

$$= C\mathscr{L}^{-1}(sI-A)^{-1}x(0) + C\mathscr{L}^{-1}[(sI-A)^{-1}BU(s)] + Du(t) \qquad (8.39)$$

例 8.11　设系统状态方程为

$$\begin{bmatrix} \dot{x}_1 \\ \dot{x}_2 \end{bmatrix} = \begin{bmatrix} 0 & 1 \\ -2 & -3 \end{bmatrix} \begin{bmatrix} x_1 \\ x_2 \end{bmatrix} + \begin{bmatrix} 0 \\ 1 \end{bmatrix}u$$

且 $x(0)=[x_1(0) \quad x_2(0)]^{\mathrm{T}}$,试求在 $u(t)=1(t)$ 作用下状态方程的解。

解　由于 $u(t)=1(t)$,$u(t-\tau)=1$ 根据式(8.37),可得

$$x(t) = \Phi(t)x(0) + \int_0^t \Phi(\tau)B\mathrm{d}\tau$$

由例 8.9 已求得 $\Phi(t) = \begin{bmatrix} 2e^{-t}-e^{-2t} & e^{-t}-e^{-2t} \\ -2e^{-t}+2e^{-2t} & -e^{-t}+2e^{-2t} \end{bmatrix}$,因此有

$$\int_0^t \Phi(\tau)B\mathrm{d}\tau = \int_0^t \begin{bmatrix} e^{-\tau}-e^{-2\tau} \\ -e^{-\tau}+2e^{-2\tau} \end{bmatrix}\mathrm{d}\tau = \begin{bmatrix} -e^{-\tau}+\dfrac{1}{2}e^{-2\tau} \\ e^{-\tau}-e^{-2\tau} \end{bmatrix}\Bigg|_0^t = \begin{bmatrix} -e^{-t}+\dfrac{1}{2}e^{-2t}+\dfrac{1}{2} \\ e^{-t}-e^{-2t} \end{bmatrix}$$

故

$$x(t) = \begin{bmatrix} x_1(t) \\ x_2(t) \end{bmatrix} = \begin{bmatrix} 2e^{-t}-e^{-2t} & e^{-t}-e^{-2t} \\ -2e^{-t}+2e^{-2t} & -e^{-t}+2e^{-2t} \end{bmatrix} \begin{bmatrix} x_1(0) \\ x_2(0) \end{bmatrix} + \begin{bmatrix} -e^{-t}+\dfrac{1}{2}e^{-2t}+\dfrac{1}{2} \\ e^{-t}-e^{-2t} \end{bmatrix}$$

8.2.4　线性定常离散系统的运动分析

求解离散系统运动的方法主要有 z 变换法和递推法,前者只适用于线性定常系统,而后者对非线性系统、时变系统都适用,且特别适合计算机计算。下面介绍用递推法求解系统响应。离散系统的动态方程如下:

$$\begin{cases} x(k+1) = Gx(k) + Hu(k) \\ y(k) = Cx(k) + Du(k) \end{cases}$$

令状态方程中的 $k=0, 1, \cdots, k-1$,可得到 $T, 2T, \cdots, kT$ 时刻的状态,即

$$k = 0: \quad x(1) = G(T)x(0) + H(T)u(0)$$

$$k = 1: \quad x(2) = G(T)x(1) + H(T)u(1)$$

$$= G^2(T)x(0) + G(T)H(T)u(0) + H(T)u(1)$$

$$k = 2：\quad x(3) = G(T)x(2) + H(T)u(2)$$
$$= G^3(T)x(0) + G^2(T)H(T)u(0) + G(T)H(T)u(1)$$
$$+ H(T)u(2)$$
$$k = k-1：\quad x(k) = G(T)x(k-1) + H(T)u(k-1) = G^k(T)x(0)$$
$$+ \sum_{i=0}^{k-1} G^{k-1-i}(T)H(T)u(i)$$
$$y(k) = Cx(k) + Du(k)$$
$$= CG^k(T)x(0) + C\sum_{i=0}^{k-1} G^{k-1-i}(T)H(T)u(i) + Du(k)$$

于是,系统解为

$$\left. \begin{array}{l} x(k) = G^k x(0) + \displaystyle\sum_{i=0}^{k-1} G^{k-1-i}Hu(i) \\[3mm] y(k) = CG^k x(0) + C\displaystyle\sum_{i=0}^{k-1} G^{k-1-i}Hu(i) + Du(k) \end{array} \right\} \tag{8.40}$$

8.3　线性系统的能控性和能观性

能控性和能观性是在动态方程基础上建立起来的两个非常重要的基本概念。对于线性定常系统

$$\dot{x}(t) = Ax(t) + Bu(t), \quad y(t) = Cx(t) \tag{8.41}$$

能控性决定输入 $u(t)$ 是否对状态 $x(t)$ 有控制能力;能观性回答状态 $x(t)$ 是否能从输出 $y(t)$ 的测量值重新构造。它们都是由系统结构决定的系统的内在性质。为了使系统能达到良好的性能指标,一般都采用闭环控制。为了使控制系统的闭环极点能在 s 平面上任意配置从而获得理想的动态性能,靠简单的输出反馈是不够的,必须采用状态反馈。而状态反馈的先决条件是系统的每一个状态变量都能控,这就是研究系统能控性和能观性的意义。

8.3.1　能控性和能观性的定义

1. 能控性

对于式(8.41)所示的单输入线性连续定常系统状态能控性定义为:在有限时间间隔 $t \in [t_0, t_f]$ 内,如果存在无约束的分段连续控制函数 $u(t)$,能使系统从任意初态 $x(t_0)$ 转移至任意终态 $x(t_f)$,则称该系统是状态完全能控的,简称是能控的。只要有一个状态变量不能控,则称系统状态不完全能控,简称系统不能控。

例 8.12　系统的状态方程为

$$\begin{bmatrix} \dot{x}_1(t) \\ \dot{x}_2(t) \end{bmatrix} = \begin{bmatrix} -2 & 1 \\ 0 & -1 \end{bmatrix} \begin{bmatrix} x_1(t) \\ x_2(t) \end{bmatrix} + \begin{bmatrix} 1 \\ 0 \end{bmatrix} u(t)$$

判断系统是否能控。

解　从状态方程可以看出，输入 $u(t)$ 对状态变量 $x_1(t)$ 有控制作用；而状态变量 $x_2(t)$ 既不直接受 $u(t)$ 影响，又与 $x_1(t)$ 没有关系，因而不受 $u(t)$ 控制，所以系统不能控。

例 8.13　系统的动态方程为

$$\begin{bmatrix} \dot{x}_1(t) \\ x_2(t) \end{bmatrix} = \begin{bmatrix} -2 & 1 \\ 1 & -2 \end{bmatrix} \begin{bmatrix} x_1(t) \\ x_2(t) \end{bmatrix} + \begin{bmatrix} 1 \\ 1 \end{bmatrix} u(t)$$

判断系统是否能控。

解　系统的状态转移矩阵为

$$\Phi(t) = \mathrm{e}^{At} = \frac{1}{2} \begin{bmatrix} \mathrm{e}^{-t} + \mathrm{e}^{-3t} & \mathrm{e}^{-t} - \mathrm{e}^{-3t} \\ \mathrm{e}^{-t} - \mathrm{e}^{-3t} & \mathrm{e}^{-t} + \mathrm{e}^{-3t} \end{bmatrix}$$

设系统的初始状态为 $x(0) = 0$

$$\begin{aligned}
x(t) &= \int_0^t \mathrm{e}^{A(t-\tau)} bu(\tau) \mathrm{d}\tau \\
&= \int_0^t \begin{bmatrix} \mathrm{e}^{-(t-\tau)} + \mathrm{e}^{-3(t-\tau)} & \mathrm{e}^{-(t-\tau)} - \mathrm{e}^{-3(t-\tau)} \\ \mathrm{e}^{-(t-\tau)} - \mathrm{e}^{-3(t-\tau)} & \mathrm{e}^{-(t-\tau)} + \mathrm{e}^{-3(t-\tau)} \end{bmatrix} \begin{bmatrix} 1 \\ 1 \end{bmatrix} u(\tau) \mathrm{d}\tau \\
&= \begin{bmatrix} 1 \\ 1 \end{bmatrix} \int_0^t \mathrm{e}^{-(t-\tau)} u(\tau) \mathrm{d}\tau
\end{aligned}$$

从 $x(t)$ 的表达式可以看出，无论给系统施加何种控制作用 $u(t)$，系统的两个状态变量总是相等的，$x_1(t) = x_2(t)$，即状态不可能转移到状态空间中 $x_1(t) \neq x_2(t)$ 的任意点上。因此，系统不能控。

2. 能观性

给定系统的动态方程(8.41)，对于任意初始时刻 t_0，若能在有限时间 $t > t_0$ 之内，根据从 t_0 到 t 系统的输出 $y(t)$ 量测值，唯一地确定在初始时刻 t_0 的状态 $x(t_0)$，则称系统状态完全能观，简称系统能观。只要有一个状态变量在初始时刻 t_0 的值不能由输出唯一地确定，则称系统状态不完全能观，简称系统不能观。

例 8.14　已知系统的状态方程为

$$\begin{bmatrix} \dot{x}_1(t) \\ \dot{x}_2(t) \end{bmatrix} = \begin{bmatrix} -2 & 0 \\ 0 & -1 \end{bmatrix} \begin{bmatrix} x_1(t) \\ x_2(t) \end{bmatrix} + \begin{bmatrix} 3 \\ 1 \end{bmatrix} u(t)$$

$$y(t) = \begin{bmatrix} 1 & 0 \end{bmatrix} \begin{bmatrix} x_1(t) \\ x_2(t) \end{bmatrix}$$

判断系统是否能观。

解　从输出方程可知输出量 $y(t)$ 等于 $x_1(t)$，从状态方程可以看出 $x_2(t)$ 与 $x_1(t)$ 没有关系。可见，$y(t)$ 中不包含任何关于 $x_2(t)$ 的信息，即由输出 $y(t)$ 不能确定状态变量 $x_2(t)$。因此，本例中系统不能观。

例 8.15　已知系统

$$\begin{bmatrix} \dot{x}_1(t) \\ \dot{x}_2(t) \end{bmatrix} = \begin{bmatrix} -2 & 1 \\ 1 & -2 \end{bmatrix} \begin{bmatrix} x_1(t) \\ x_2(t) \end{bmatrix} + \begin{bmatrix} 1 \\ 0 \end{bmatrix} u(t), \quad y(t) = \begin{bmatrix} 1 & -1 \end{bmatrix} \begin{bmatrix} x_1(t) \\ x_2(t) \end{bmatrix}$$

判断系统是否能观。

解　系统的状态转移矩阵为

$$\Phi(t) = e^{At} = \frac{1}{2} \begin{bmatrix} e^{-t} + e^{-3t} & e^{-t} - e^{-3t} \\ e^{-t} - e^{-3t} & e^{-t} + e^{-3t} \end{bmatrix}$$

假设 $t_0 = 0$ 时，系统的初始状态 $x(0) = x_0 \neq 0$，并令 $u(t) = 0$，则

$$y(t) = Cx(t) = C\Phi(t)x(0)$$

$$= \frac{1}{2} \begin{bmatrix} 1 & -1 \end{bmatrix} \begin{bmatrix} e^{-t} + e^{-3t} & e^{-t} - e^{-3t} \\ e^{-t} - e^{-3t} & e^{-t} + e^{-3t} \end{bmatrix} \begin{bmatrix} x_{10} \\ x_{20} \end{bmatrix} = (x_{10} - x_{20}) e^{-3t}$$

式中 $x_{10} = x_1(0)$，$x_{20} = x_2(0)$

从上式可知，由输出 $y(t)$ 只能确定差值 $(x_{10} - x_{20})$，而无法唯一确定 x_{10} 和 x_{20} 的数值。因此，系统不能观。

8.3.2　线性定常连续系统的能控性判别

对于简单系统，可以根据能控性的定义，从系统状态方程的解来判断系统的可控性，但是对于阶次较高、比较复杂的系统，求解往往比较复杂，因此需借助能控性的判据来判别。

1. 秩判据

(1) 设 n 阶线性定常连续系统的状态方程为

$$\dot{x} = Ax + Bu$$

记系统的能控性矩阵 $S_c = \begin{bmatrix} B & AB & \cdots & A^{n-1}B \end{bmatrix}$，则系统状态完全能观的充要条件为

$$\text{rank} S_c = \text{rank} \begin{bmatrix} B & AB & \cdots & A^{n-1}B \end{bmatrix} = n \tag{8.42}$$

秩判据说明连续系统状态能控性只与状态方程中的 A，B 矩阵有关。

(2) 设 n 阶线性定常离散系统的状态方程为：

$$x(k+1) = Gx(k) + Hu(k)$$

则系统状态完全能控的充要条件为系统的能控性矩阵 Q_k 的秩为 n，即

$$\text{rank} Q_k = \text{rank} \begin{bmatrix} H & GH & \cdots & G^{n-1}H \end{bmatrix} = n$$

例 8.16　判断下列状态方程的能控性：

$$\begin{bmatrix} \dot{x}_1 \\ \dot{x}_2 \\ \dot{x}_3 \end{bmatrix} = \begin{bmatrix} 1 & 3 & 2 \\ 0 & 2 & 0 \\ 0 & 1 & 3 \end{bmatrix} \begin{bmatrix} x_1 \\ x_2 \\ x_3 \end{bmatrix} + \begin{bmatrix} 2 & 1 \\ 1 & 1 \\ -1 & -1 \end{bmatrix} \begin{bmatrix} u_1 \\ u_2 \end{bmatrix}$$

解

$$S_c = [B \quad AB \quad A^2 B] = \begin{bmatrix} 2 & 1 & 3 & 2 & 5 & 4 \\ 1 & 1 & 2 & 2 & 4 & 4 \\ -1 & -1 & -2 & -2 & -4 & -4 \end{bmatrix}$$

显见 S_c 矩阵的第二、三行元素绝对值相同，$\mathrm{rank}S_c = 2 < 3$，系统不能控。

2. A 矩阵为对角阵或约当阵时的能控性判据

(1)设线性定常连续系统 $\dot{x} = Ax + Bu$ 具有互异的特征值 $\lambda_1, \lambda_2, \cdots, \lambda_n$，则系统状态完全能控的充要条件是系统经非奇异变换后的对角规范形式

$$\dot{\tilde{x}} = \begin{bmatrix} \lambda_1 & & & 0 \\ & \lambda_2 & & \\ & & \ddots & \\ 0 & & & \lambda_n \end{bmatrix} \tilde{x} + \tilde{B}u$$

中 $\tilde{B}$ 不包含元素全为零的行。

(2)设线性定常连续系统 $\dot{x} = Ax + Bu$ 具有重特征值 $\lambda_1(m_1 \text{重})$，$\lambda_2(m_2 \text{重})$，$\cdots, \lambda_k(m_k \text{重})$，$\sum\limits_{i=1}^{k} m_i = n$，$\lambda_i \neq \lambda_j (i \neq j)$，则系统状态完全能控的充要条件是系统经非奇异变换后的对角规范形式

$$\dot{\tilde{x}} = \begin{bmatrix} \tilde{A}_1 & & & 0 \\ & \tilde{A}_2 & & \\ & & \ddots & \\ 0 & & & \tilde{A}_n \end{bmatrix} \tilde{x} + \tilde{B}u$$

中 $\tilde{B}$ 与每一个约当块 $\tilde{A}_i (i = 1, 2, \cdots, k)$ 的最后一行相应的那些行的所有元素不全为零。

即当 A 矩阵约当化且相同特征值分布在一个约当块时，只需根据输入矩阵中与约当块最后一行所对应的行不是全零行，即可判断系统能控，与输入矩阵中的其它行是否为零行是无关的。

例 8.17　试分析如下系统的能控性。

$$(1)\begin{bmatrix} \dot{x}_1 \\ \dot{x}_2 \\ \dot{x}_3 \end{bmatrix} = \begin{bmatrix} -2 & 0 & 0 \\ 0 & -3 & 0 \\ 0 & 0 & -1 \end{bmatrix} \begin{bmatrix} x_1 \\ x_2 \\ x_3 \end{bmatrix} + \begin{bmatrix} 1 \\ 2 \\ 7 \end{bmatrix} u, \quad y = \begin{bmatrix} 1 & 2 & 3 \end{bmatrix} x$$

$$(2)\begin{bmatrix} \dot{x}_1 \\ \dot{x}_2 \\ \dot{x}_3 \end{bmatrix} = \begin{bmatrix} -7 & 0 & 0 \\ 0 & -5 & 0 \\ 0 & 0 & -1 \end{bmatrix} \begin{bmatrix} x_1 \\ x_2 \\ x_3 \end{bmatrix} + \begin{bmatrix} 2 & 1 \\ 0 & 0 \\ 3 & -2 \end{bmatrix} \begin{bmatrix} u_1 \\ u_2 \end{bmatrix}, \quad y = \begin{bmatrix} 0 & 1 & 2 \\ 0 & 2 & 3 \end{bmatrix} x$$

$$(3)\begin{bmatrix} \dot{x}_1 \\ \dot{x}_2 \\ \dot{x}_3 \end{bmatrix} = \begin{bmatrix} -3 & 1 & 0 \\ 0 & -3 & 0 \\ 0 & 0 & -1 \end{bmatrix} \begin{bmatrix} x_1 \\ x_2 \\ x_3 \end{bmatrix} + \begin{bmatrix} 0 \\ 5 \\ 7 \end{bmatrix} u, \quad y = \begin{bmatrix} 2 & 3 & 1 \end{bmatrix} x$$

$$(4)\begin{bmatrix} \dot{x}_1 \\ \dot{x}_2 \\ \dot{x}_3 \end{bmatrix} = \begin{bmatrix} -3 & 1 & 0 \\ 0 & -3 & 0 \\ 0 & 0 & 1 \end{bmatrix} \begin{bmatrix} x_1 \\ x_2 \\ x_3 \end{bmatrix} + \begin{bmatrix} 2 & -1 \\ 0 & 0 \\ 3 & 2 \end{bmatrix} \begin{bmatrix} u_1 \\ u_2 \end{bmatrix}, \quad y = \begin{bmatrix} 1 & 0 & 3 \end{bmatrix} x$$

解 (1)、(3)状态完全能控;(2)状态不完全能控,且状态 x_2 不能控;(4)状态不完全能控,且状态 x_2 不能控。

8.3.3 线性定常系统的能观测性

如果某个状态变量可直接用仪器测量,它必然是能观测的。在多变量系统中能直接测量的状态变量一般不多,大多数状态变量往往只能通过对输出量的测量间接得到,有些状态变量甚至根本就不能观测。需要注意的是,出现在输出方程中的状态变量不一定能观测,不出现在输出方程中的状态变量也不一定就不能观测。

1. 秩判据

(1)设 n 阶线性定常连续系统(式 8.41),记系统的能观测性矩阵

$$S_o = \begin{bmatrix} C \\ CA \\ CA^2 \\ \vdots \\ CA^{n-1} \end{bmatrix} \tag{8.43}$$

则系统状态完全能观测的充要条件是

$$\text{rank} S_o = n \text{ 或 } \text{rank} S_o^T = \text{rank}\begin{bmatrix} C^T & A^T C^T & (A^T)^2 C^T & \cdots & (A^T)^{n-1} C^T \end{bmatrix} = n \tag{8.44}$$

该秩判据说明连续系统状态能观测性只与状态方程中的 A, C 矩阵有关。

(2)设 n 阶线性定常离散系统的状态方程为

$$x(k+1) = Gx(k) + Hu(k)$$

则系统状态完全能观测的充要条件为系统的能观测性矩阵 Q_g 的秩为 n,即

$$\mathrm{rank} Q_g = \mathrm{rank} \begin{bmatrix} C \\ CG \\ \vdots \\ CG^{n-1} \end{bmatrix} = n$$

2. A 为对角阵或约当阵时的能观测性判据

当系统矩阵 A 已化成对角阵或约当阵时,由能观测性矩阵能导出更简洁直观的能观测性判据。

(1)设线性定常连续系统 $\dot{x} = Ax + Bu, y = Cx$ 具有互异的特征值 $\lambda_1, \lambda_2, \cdots, \lambda_n$,则系统状态完全能观的充要条件是系统经非奇异变换后的对角规范形式

$$\dot{\tilde{x}} = \begin{bmatrix} \lambda_1 & & & 0 \\ & \lambda_2 & & \\ & & \ddots & \\ 0 & & & \lambda_n \end{bmatrix} \tilde{x} + \widetilde{B}u$$

$$y = \widetilde{C}x$$

的输出矩阵 $\widetilde{C}$ 不包含元素全为零的列。

(2)设线性定常连续系统 $\dot{x} = Ax + Bu, y = Cx$ 具有重特征值 $\lambda_1(m_1 \text{ 重})$, $\lambda_2(m_2 \text{ 重}), \cdots, \lambda_k(m_k \text{ 重}), \sum_{i=1}^{k} m_i = n, \lambda_i \neq \lambda_j (i \neq j)$,则系统状态完全能观的充要条件是系统经非奇异变换后的对角规范形式

$$\dot{\tilde{x}} = \begin{bmatrix} \widetilde{A}_1 & & & 0 \\ & \widetilde{A}_2 & & \\ & & \ddots & \\ 0 & & & \widetilde{A}_n \end{bmatrix} \tilde{x} + \widetilde{B}u, \qquad y = \widetilde{C}x$$

中 $\widetilde{C}$ 与每一个约当块 $\widetilde{A}_i (i=1, 2, \cdots, k)$ 的首列相应的那些列的所有元素不全为零。

例 8.18 试分析例 8.17 所给系统的能观测性。

解 系统(1)、(3)、(4)是状态完全能观测的,系统(2)是状态不完全能观测的,且状态 x_1 不能观测。

8.3.4 能控性、能观测性与传递函数矩阵的关系

设系统动态方程为

$$\left.\begin{array}{r} \dot{x} = Ax + Bu \\ y = Cx \end{array}\right\} \qquad\begin{array}{r}(8.45)\\ (8.46)\end{array}$$

单输入-单输出系统能控、能观测的充要条件是：由动态方程导出的传递函数不存在零、极点对消（即传递函数不可约）；或系统能控的充要条件是$(sI-A)^{-1}B$不存在零、极点对消，系统能观测的充要条件是$C(sI-A)^{-1}$不存在零、极点对消。

由不可约传递函数列写的动态方程一定是能控、能观测的，不能反映系统中可能存在的不能控和不能观测的特性。由动态方程导出可约传递函数时，表明系统或是能控、不能观测的，或是能观测、不能控的，或是不能控、不能观测的，三者必居其一；反之亦然。

传递函数可约时，传递函数分母阶次将低于系统特征方程阶次。若对消掉的是系统的一个不稳定特征值，便可能掩盖了系统固有的不稳定性而误认为系统稳定。通常说用传递函数描述系统特性不完全，就是指它可能掩盖系统的不能控性、不能观测性及不稳定性。只有当系统是能控又能观测时，传递函数描述与状态空间描述才是等价的。

例 8.19　已知下列动态方程，试研究其能控性、能观测性与传递函数的关系。

(1) $\dot{x} = \begin{bmatrix} 0 & 1 \\ 2.5 & -1.5 \end{bmatrix} x + \begin{bmatrix} 0 \\ 1 \end{bmatrix} u, \quad y = \begin{bmatrix} 2.5 & 1 \end{bmatrix} x$

(2) $\dot{x} = \begin{bmatrix} 0 & 2.5 \\ 1 & -1.5 \end{bmatrix} x + \begin{bmatrix} 2.5 \\ 1 \end{bmatrix} u, \quad y = \begin{bmatrix} 0 & 1 \end{bmatrix} x$

(3) $\dot{x} = \begin{bmatrix} 1 & 0 \\ 0 & 2.5 \end{bmatrix} x + \begin{bmatrix} 1 \\ 0 \end{bmatrix} u, \quad y = \begin{bmatrix} 1 & 0 \end{bmatrix} x$

解　三个系统的传递函数均为$G(s) = \dfrac{Y(s)}{U(s)} = \dfrac{s+2.5}{(s+2.5)(s-1)}$，存在零、极点对消。

(1)系统A, b矩阵为能控标准型，故能控、不能观测。

(2)系统A, c矩阵为能观测标准型，故能观测、不能控。

(3)由系统A矩阵对角化时的能控、能观测判据可知，系统不能控、不能观测，x_2为不能控、不能观测的状态变量。

8.4　状态反馈与状态观测器

闭环系统性能与闭环极点密切相关，经典控制理论用调整开环增益及引入串联和反馈校正装置来配置闭环极点，以改善系统性能；而在状态空间的分析综合中,除了利用输出反馈以外,更主要的是利用状态反馈配置极点,它能提供更多的校正信息。通常不是所有的状态变量在物理上都可测量,因此,需要进行状态观测器的设计以重构状态变量。所以状态反馈和状态观测器的设计便构成了现代控制系统综合设计的主要内容。

8.4.1　线性定常系统常用反馈结构

反馈是控制系统设计的主要手段。经典控制理论采用输出作为反馈量,称为输出反馈,而在现代控制理论中,除了输出反馈外,广泛采用状态作为反馈量,称为状态反馈。

1. 状态反馈

设有 n 维线性定常系统

$$\dot{x} = Ax + Bu$$
$$y = Cx \tag{8.47}$$

式中:x, u, y 分别为 n 维, p 维和 q 维向量;A, B, C 分别为 $n \times n$, $n \times p$, $q \times n$ 实数矩阵。

当将系统的控制量 u 取为状态变量的线性函数

$$u = r - Kx \tag{8.48}$$

时,称之为线性直接状态反馈,简称为状态反馈,其中 r 为与 u 同维的 p 维参考输入向量,K 为 $p \times n$ 维的反馈增益矩阵。加入状态反馈后系统结构图如图8.15所示。

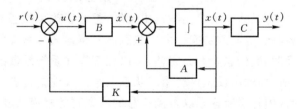

图 8.15　状态反馈系统结构图

将式(8.48)代入式(8.47)可得状态反馈系统动态方程

$$\dot{x} = (A - BK)x + Br$$
$$y = Cx \tag{8.49}$$

其传递函数矩阵为

$$G_K(s) = C(sI - A + BK)^{-1}B \tag{8.50}$$

由式(8.50)可以看出,引入状态反馈后系统的输出方程没有变化。

2. 输出反馈

系统的状态常常不能全部测量到,因而状态反馈法的应用受到了限制。在此情况下,人们常常采用输出反馈法。输出反馈的目的首先是使系统闭环成为稳定系统,然后在此基础上进一步改善闭环系统性能。

当将系统的控制量 u 取为输出 y 的线性函数

$$u = r - Fy \tag{8.51}$$

时,称之为线性非动态输出反馈,常简称为输出反馈,其中 r 为 p 维参考输入向量,F 为 $p \times q$ 维实反馈增益矩阵。输出反馈的系统结构图如图 8.16 所示。

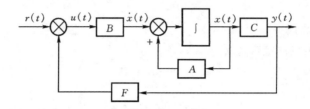

图 8.16　输出反馈的系统结构图

将式(8.51)代入式(8.47)可得输出反馈系统动态方程

$$\dot{x} = (A - BFC)x + Br$$
$$y = Cx \tag{8.52}$$

其传递函数矩阵为

$$G_F(s) = C(sI - A + BFC)^{-1}B \tag{8.53}$$

不难看出,不管是状态反馈还是输出反馈,都可以改变状态的系数矩阵,但这并不表明二者具有等同的功能。由于状态能完整地表征系统的动态行为,因而利用状态反馈时,其信息量大而完整,可以在不增加系统维数的情况下,自由地支配响应特征。而输出反馈仅利用了状态变量的线性组合进行反馈,其信息量较小,利用引入的补偿装置难以得到任意的所期望的响应特性。对于状态反馈系统中不便测量或不能测量的状态变量,需要利用状态观测器进行重构。

8.4.2　状态反馈与极点配置

设单输入系统的动态方程为

$$\dot{x} = Ax + bu, \quad y = Cx \tag{8.54}$$

状态向量 x 通过待设计的状态反馈矩阵 K 负反馈至控制输入处,于是

$$u = r - Kx$$

状态反馈系统的动态方程为

$$\dot{x} = Ax + b(r - Kx) = (A - bK)x + br, \qquad y = Cx \qquad (8.55)$$

式中：K 为 $1 \times n$ 矩阵 $K = [k_1, k_2, \cdots, k_n]$；$(A - bK)$ 称为闭环状态矩阵；闭环特征多项式为 $|\lambda I - (A - bK)|$。显见引入状态反馈后，只改变了系统矩阵及其特征值，b、c 矩阵均无改变。

极点配置定理：用状态反馈任意配置系统闭环极点的充要条件是式(8.54)所表示的系统(A, b, C)能控。

实际求解状态反馈矩阵时，只需校验系统能控，然后计算特征多项式$|\lambda I - (A - bK)|$（其系数均为 $k_0, \cdots, k_{n-1}$ 的函数）和特征值，并通过与具有希望特征值的特征多项式相比较，便可确定 K 矩阵。

例 8.20　设系统传递函数为$\dfrac{Y(s)}{U(s)} = \dfrac{10}{s(s+1)(s+2)} = \dfrac{10}{s^3 + 3s^2 + 2s}$，试用状态反馈使闭环极点配置在 -2，$-1 \pm j$。

解　该系统传递函数无零、极点对消，故系统能控、能观测。其能控标准型实现为

$$\dot{x} = \begin{bmatrix} 0 & 1 & 0 \\ 0 & 0 & 1 \\ 0 & -2 & -3 \end{bmatrix} x + \begin{bmatrix} 0 \\ 0 \\ 1 \end{bmatrix} u, \quad y = \begin{bmatrix} 10 & 0 & 0 \end{bmatrix} x$$

状态反馈矩阵为 $\qquad\qquad k = \begin{bmatrix} k_0 & k_1 & k_2 \end{bmatrix}$

状态反馈系统特征方程为

$$|\lambda I - (A - bk)| = \lambda^3 + (3 + k_2)\lambda^2 + (2 + k_1)\lambda + k_0 = 0$$

期望闭环极点对应的系统特征方程为

$$(\lambda + 2)(\lambda + 1 - j)(\lambda + 1 + j) = \lambda^3 + 4\lambda^2 + 6\lambda + 4 = 0$$

由两特征方程同幂项系数应相同，可得

$$k_0 = 4, \quad k_1 = 4, \quad k_2 = 1$$

即系统反馈矩阵 $k = \begin{bmatrix} 4 & 4 & 1 \end{bmatrix}$ 将系统闭环极点配置在 -2，$-1 \pm j$。

8.4.3　状态重构与状态观测器设计

在极点配置时，状态反馈明显优于输出反馈，但须用传感器对所有的状态变量进行测量，工程上不一定可实现；输出量一般是可测量的，然而输出反馈往往又不能任意配置系统的闭环极点。于是就提出了利用系统的输出，通过状态观测器重构系统的状态，然后将状态估计值（计算机内存变量）反馈至控制输入处来配置系统极点的方案。当重构状态向量的维数与系统状态的维数相同时，观测器称为全维状态观测器，否则称为降维观测器。本节介绍全维观测器的设计。显然，状态观测器可以使状态反馈真正得以实现。

设系统动态方程为

$$\dot{x}=Ax+Bu, \quad y=Cx$$

可构造一个结构与之相同,但由计算机模拟的系统为

$$\dot{\hat{x}} = A\hat{x} + Bu, \quad \hat{y} = C\hat{x} \tag{8.56}$$

式中:$\hat{x}$, $\hat{y}$分别为模拟系统的状态向量。当模拟系统与受控对象的初始状态相同时,有$\hat{x}=x$,于是可用$\hat{x}$作为状态反馈信息。但是,受控对象的初始状态一般不可能知道,模拟系统的状态初值只是预估值,因而两个系统的初始状态总有差异,即使两个系统的A,B,C矩阵完全一样,估计状态与实际状态也必然存在误差,用$\hat{x}$代替x,难以实现真正的状态反馈。但是$\hat{x}-x$的存在必导致$\hat{y}-y$的存在。如果利用$\hat{x}-x$,并负反馈至$\dot{\hat{x}}$处,控制$\hat{y}-y$尽快误减至零,从而使$\hat{x}-x$也尽快衰减至零,便可以利用$\hat{x}$来形成状态反馈。按以上原理构成的状态观测器,并实现状态反馈的方案,如图 8.17 所示。状态观测器有两个输入即u和y,其输出为$\hat{x}$,含n个积分器并对全部状态变量做出估计。H为观测器输出反馈矩阵,目的是配置观测器极点,提高其动态性能,使$\hat{x}-x$尽快逼近于零。

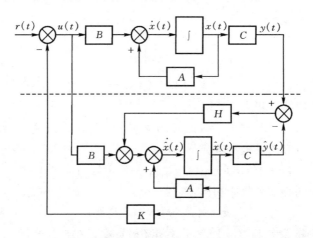

图 8.17　带状态观测器的状态反馈

由图 8.17 所示,可得全维状态观测器动态方程为

$$\dot{\hat{x}} = A\hat{x} + Bu - H(\hat{y} - y), \quad \hat{y} = C\hat{x} \tag{8.57}$$

故

$$\dot{\hat{x}} = A\hat{x} + Bu - HC(\hat{x} - x) = (A - HC)\hat{x} + Bu + Hy \tag{8.58}$$

式中:$(A-HC)$称为观测器系统矩阵;H为$n \times q$维矩阵。为了保证状态反馈系统正常工作,重构的状态在任何$\hat{x}(t_0)$与$x(t_0)$的初始条件下,都必须满足

$$\lim_{t \to \infty}(\hat{x} - x) = 0$$

状态误差$\hat{x}-x$的状态方程为

$$\dot{x} - \dot{\hat{x}} = (A - HC)(x - \hat{x})$$

解为

$$x - \hat{x} = e^{(A-HC)(t-t_0)} [x(t_0) - \hat{x}(t_0)]$$

只要观测器的极点具有负实部,状态误差向量总会按指数规律衰减,衰减速率取决于观测器的极点配置。

定理　若系统能观测,则可用动态方程为

$$\dot{\hat{x}} = (A - HC)\hat{x} + Bu + Hy \tag{8.59}$$

的全维观测器来给出状态估值,矩阵 H 可按极点配置的需要来设计,以决定状态误差衰减的速率。

例 8.21　设受控对象传递函数为 $\dfrac{Y(s)}{U(s)} = \dfrac{2}{(s+1)(s+2)}$,试设计全维状态观测器,将其极点配置在 -10,-10。

解　该单输入-单输出系统传递函数无零、极点对消,故系统能控、能观测。若写出其能控标准型实现,则有

$$A = \begin{bmatrix} 0 & 1 \\ -2 & -3 \end{bmatrix}, \quad b = \begin{bmatrix} 0 \\ 1 \end{bmatrix}, \quad c = [2 \quad 0]$$

由于 $n=2$,$q=1$,故输出反馈矩阵 H 为 2×1 维。全维观测器的系统矩阵为

$$A - HC = \begin{bmatrix} 0 & 1 \\ -2 & -3 \end{bmatrix} - \begin{bmatrix} h_0 \\ h_1 \end{bmatrix} [2 \quad 0] = \begin{bmatrix} -2h_0 & 1 \\ -2-2h_1 & -3 \end{bmatrix}$$

观测器的特征方程为

$$|\lambda I - (A - HC)| = \lambda^2 + (2h_0+3)\lambda + (6h_0 + 2h_1 + 2) = 0$$

其望特征方程为

$$(\lambda + 10)^2 = \lambda^2 + 20\lambda + 100 = 0$$

由特征方程同幂系数相等,可得

$$h_1 = 8.5, \qquad h_2 = 23.5$$

h_1,h_2 分别为由 $(\hat{y} - y)$ 引至 $\dot{\hat{x}}_1$,$\dot{\hat{x}}_2$ 的反馈系数。

8.4.4　带有状态观测器的状态反馈设计

用全维状态观测器提供的状态估计值 $\hat{x}$ 代替真实状态 x 来实现状态反馈,其状态反馈矩阵是否需要重新设计,以保持系统的期望特征值;观测器被引入系统以后,状态反馈系统部分是否会改变已经设计好的观测器极点配置;其观测器输入反馈矩阵 H 是否需要重新设计。这些问题均需要作进一步的分析。如图 8.17 所示,整个系统是一个 $2n$ 维的复合系统,其中

$$\dot{x} = Ax + Bu, \qquad y = Cx \tag{8.60}$$

全维状态观测器子系统的动态方程为

$$\dot{\hat{x}} = A x + B u + H(y - \hat{y}) = (A - HC)\hat{x} + Hy + Bu \qquad (8.61)$$

系统的控制量为 $u = r - K\hat{x}$，故复合系统动态方程为

$$\left.\begin{array}{l} \begin{bmatrix} \dot{x} \\ \dot{\hat{x}} \end{bmatrix} = \begin{bmatrix} A & -BK \\ HC & A - BK - HC \end{bmatrix} \begin{bmatrix} x \\ \hat{x} \end{bmatrix} + \begin{bmatrix} B \\ B \end{bmatrix} r \\[12pt] y = \begin{bmatrix} C & 0 \end{bmatrix} \begin{bmatrix} x \\ \hat{x} \end{bmatrix} \end{array}\right\} \qquad (8.62)$$

由于，$\dot{x} - \dot{\hat{x}} = (A - HC)(x - \hat{x})$，且 $\dot{x} = Ax - BK\hat{x} + Br = (A - BK)x + BK(x - \hat{x}) + Br$，可以得到复合系统的另外一种形式，即

$$\left.\begin{array}{l} \begin{bmatrix} \dot{x} \\ \dot{x} - \dot{\hat{x}} \end{bmatrix} = \begin{bmatrix} A - BK & BK \\ 0 & A - HC \end{bmatrix} \begin{bmatrix} x \\ x - \hat{x} \end{bmatrix} + \begin{bmatrix} B \\ 0 \end{bmatrix} r \\[12pt] y = \begin{bmatrix} C & 0 \end{bmatrix} \begin{bmatrix} x \\ x - \hat{x} \end{bmatrix} \end{array}\right\} \qquad (8.63)$$

闭环系统的特征方程是

$$| sI - (A - BK) | \, | sI - (A - HC) | = 0 \qquad (8.64)$$

可见，闭环系统的特征根由两部分组成，一部分与 $(A - BK)$ 有关，它们决定了系统状态 x 的性能；另一部分与 $(A - HC)$ 有关，它们决定了观测器的状态估计 $\hat{x}$ 的性能，这两部分特征值可以分别通过对矩阵 K 和矩阵 H 的选择来任意确定，相互之间没有联系。这就使得状态反馈设计和状态观测器（重构）设计可以独立进行，这就是现代控制理论中著名的分离定律。根据这个定律，只要给定的系统 (A, B, C) 能控且能观，就可以按照极点配置的需要选择矩阵 K，决定系统的动态性能，然后再按照观测器的性能要求选择 H 阵，而 H 阵的选取不影响已经配置好的极点。

例 8.22 设受控系统传递函数为

$$\frac{Y(s)}{U(s)} = \frac{1}{s(s+6)(s+12)} = \frac{1}{s^3 + 18s^2 + 72s}$$

综合指标为：①超调量：$\sigma \leqslant 5\%$；②峰值时间：$t_p \leqslant 0.5\ \text{s}$；③系统带宽：$\omega_c = 10$。试设计带观测器的状态反馈系统，观测器的极点配置在 $-35, -35, -120$。

解 （1）列动态方程，检查控制对象的能控性和能观性。如图 8.17 所示，本题要用带输入变换的状态反馈来解题，原系统能控标准型动态方程为

$$\begin{bmatrix} \dot{x}_x \\ \dot{x}_2 \\ \dot{x}_3 \end{bmatrix} = \begin{bmatrix} 0 & 1 & 0 \\ 0 & 0 & 1 \\ 0 & -72 & -18 \end{bmatrix} \begin{bmatrix} x_x \\ x_2 \\ x_3 \end{bmatrix} + \begin{bmatrix} 0 \\ 0 \\ 1 \end{bmatrix} u,$$

$$y = \begin{bmatrix} 1 & 0 & 0 \end{bmatrix} x, \quad \mathrm{rank} \begin{bmatrix} C \\ CA \\ CA^2 \end{bmatrix} = 3$$

系统本身是能控标准型,所以系统能控且能观。

(2)根据技术指标确定希望极点:系统有三个极点,为方便,选一对主导极点 s_1,s_2,另外一个为可忽略影响的非主导极点。由前面的章节得知,已知的指标计算公式为

$$\sigma = \mathrm{e}^{-\frac{\pi \xi}{\sqrt{1-\xi^2}}}, \qquad t_\mathrm{p} = \frac{\pi}{\omega_\mathrm{n} \sqrt{1-\xi^2}}$$

$$\omega_\mathrm{c} = \omega_\mathrm{n} \sqrt{1 - 2\xi^2 + \sqrt{2 - 4\xi^2 + 4\xi^4}}$$

式中:ξ 和 ω_n 分别为阻尼比和自然频率。将已知数据代入,从前两个指标可以分别求出:$\xi \approx 0.707$,$\omega_\mathrm{n} = 9.0$;代入带宽公式,可求得 $\omega_\mathrm{c} \approx 9.0$;综合考虑响应速度和带宽要求,取 $\omega_\mathrm{n} = 10$。于是,闭环主导极点为 $s_{1,2} = -7.07 \pm \mathrm{j}7.07$,取非主导极点为 $s_3 = -10\omega_\mathrm{n} = -100$。

(3)设计状态反馈矩阵:状态反馈系统的特征多项式为

$$|\lambda I - (A - bk)| = (\lambda + 100)(\lambda^2 + 14.1\lambda + 100)$$
$$= \lambda^3 + 114.1\lambda^2 + 1510\lambda + 10000$$

由此,求得状态反馈矩阵为 $K = \begin{bmatrix} 10000 & 1438 & 96.1 \end{bmatrix}$

(4)设计状态观测器的反馈矩阵 H

期望的状态观测器的特征多项式为

$$(s+35)^2(s+120) = s^3 + 190s^2 + 9625s + 147000$$

设状态观测器矩阵为 $H = \begin{bmatrix} h_1 & h_2 & h_3 \end{bmatrix}^\mathrm{T}$,则状态观测器子系统的特征多项式为

$$|sI - (A - HC)| = s^3 + (h_1 + 18)s^2 + (h_2 + 72)s + 90h_1 + 18h_2 + h_3$$

令两个多项式系数相等得 $h_1 = 172$,$h_2 = 9553$,$h_3 = -40434$,即 $H = \begin{bmatrix} 172 & 9553 & -40434 \end{bmatrix}^\mathrm{T}$

8.5 基于 MATLAB 的线性系统状态空间分析

在以状态空间描述为基础的现代控制理论中,矩阵分析和处理起着十分重要的作用。MATLAB 提供了许多与状态空间描述有关的矩阵运算和处理函数,使得系统状态空间模型的建立、能控性和能观性的判别都十分方便。由于 MATLAB 本来就是特意为矩阵运算而设计的,因而也特别适合于处理状态空间模型。

8.5.1　状态空间模型的建立

MATLAB 提供了建立状态空间模型的函数 tf2ss、zp2ss，它们的调用格式如下：

[A,B,C,D]= tf2ss (num, den)，其中 A,B,C,D 是状态空间模型的 4 个矩阵，num 是传递函数的分子多项式；den 是传递函数的分母多项式。

[A, B, C, D]= zp2ss (z,p,k)，其中 A,B,C,D 是状态空间模型的 4 个矩阵，z,p,k 分别是传递函数的零点、极点和增益。

sys = ss (sys1)，其中，sys1 是线性时不变系统 LTI 模型，sys 是状态空间模型。

例 8.23　已知系统的传递函数模型为 $G(s)=\dfrac{2s^2+8s+6}{s^3+8s^2+16s+6}$，求系统的状态空间模型。

解　用 MATLAB 可以方便求得上述结果。程序如下：

```
% Convert G(s)=(2s^2+8s+6)/(s^3+8s^2+16s+16)
% 将传递函数变换为状态空间模型
>> num=[2 8 6];den=[1 8 16 6];
   [A,B,C,D]=tf2ss(num,den);
   printsys(A,B,C,D)
```

执行结果为：

a =

	x1	x2	x3
x1	−8.00000	−16.00000	−6.00000
x2	1.00000	0	0
x3	0	1.00000	0

b =

	u1
x1	1.00000
x2	0
x3	0

c =

	x1	x2	x3
y1	2.00000	8.00000	6.00000

d =

　　　　　　　　　　　　　　u1

　　y1　　　　　　　　　　　0

8.5.2　状态方程的求解

MATLAB 中提供了 expm()函数来计算给定时刻的矩阵指数函数。expm
()函数的格式如下:

Phi=expm(A∗t),其中,A 是系统矩阵,t 是时间,phi 是求得的矩阵指数
函数。

例 8.24　考虑矩阵 $A=\begin{bmatrix} 0 & -2 \\ 1 & -3 \end{bmatrix}$, $B=\begin{bmatrix} 2 \\ 0 \end{bmatrix}$, $C=\begin{bmatrix} 1 & 0 \end{bmatrix}$, $D=\begin{bmatrix} 0 \end{bmatrix}$,取初始
条件为零。当 $t=0.2$ 时,求系统的状态转移矩阵。

解

MATLAB 程序如下:

```
≫A=[0 −2;1 −3];
  t=sym('t');
  Phit= expm(A∗t)
  dt=0.2;Phi=expm(A∗dt)
```

运行结果为

Phit =

　　[−exp(−2∗t)+2∗exp(−t), −2∗exp(−t)+2∗exp(−2∗t)]

　　[exp(−t)−exp(−2∗t), 2∗exp(−2∗t)−exp(−t)]

Phi =

　　　0.6316　　−0.4139　　−0.0810

　　　0.1621　　0.9558　　　−0.0087

　　　0.0174　　0.1970　　　0.9994

MATLAB 中也提供了 lsim( )函数等来求解系统的状态方程。lsim( )函
数的格式如下:

[Y,T,X] = LSIM(SYS,U,T,X0),其中 SYS 是系统,U 是系统的任意输
入,T 是时间,X0 是系统的初始状态。Y 是求得的系统输出,X 是求得的状态响
应。

例 8.25　已知系统的状态空间模型为 $A=\begin{bmatrix} -2 & -2.5 & -0.5 \\ 1 & 0 & 0 \\ 0 & 1 & 0 \end{bmatrix}$, $B=$

$\begin{bmatrix} 1 \\ 0 \\ 0 \end{bmatrix}$, $C=\begin{bmatrix} 0 & 1.5 & 1 \end{bmatrix}$, $D=\begin{bmatrix} 0 \end{bmatrix}$,在初始条件为 $x(0)=\begin{bmatrix} 1 & 0 & 2 \end{bmatrix}^{\mathrm{T}}$ 的条件下,

输入 $u(t)=\begin{cases} 2 & 0 \leqslant t \leqslant 2 \\ 0.5 & t>2 \end{cases}$ 时各状态变量的响应曲线。

解

MATLAB 程序如下:

```
≫ A=[−2 −2.5 −0.5;1 0 0;0 1 0];B=[1;0;0];C=[0 1.5 1];D=[0];
  x 0=[1;0;2]
  t=[0:0.1:20]´
  G=ss(A,B,C,D)
  u(1,1:20)=2 * ones(1,20)
  u(1,21:201)=0.5 * ones(1,181)
  [y,t,x]=lsim(G,u,t,x0);
  plot(t,x(:,1), ´−´, t,x(:,2), ´−´, t,x(:,3), ´−.´)
  xlabel(´时间/秒´),ylabel(´幅值´)
  grid
  text(6,0.3, ´x_1(t)´)
  text(6,−0.5, ´x_2(t)´)
  text(8,1.8, ´x_3(t)´)
```

结果得到的状态响应如图 8.18 所示。

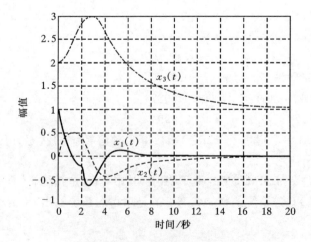

图 8.18　例 8.25 系统的状态响应

8.5.3　能控能观性的判别

采用状态变量反馈的控制系统,其能控性和能观性可以用 MATLAB 来加以检验,所用的函数分别是 ctrb 函数和 obsv 函数。MATLAB 提供了求系统能控性判别矩阵的函数 M ＝ctrb(A,B)以及求 M 秩的函数 rank(M)。同样,MATLAB 也提供了求系统能观性判别矩阵的函数 N ＝ctrb(A,C)以及求 N 秩的函数 rank(N)。

例 8.26　已知系统的矩阵 $A=\begin{bmatrix} 0 & -2 \\ 1 & -3 \end{bmatrix}$, $B=\begin{bmatrix} 2 \\ 0 \end{bmatrix}$, $C=\begin{bmatrix} 1 & 0 \end{bmatrix}$, $D=\begin{bmatrix} 0 \end{bmatrix}$, 试判断系统是否能控能观。

解　MATLAB 程序如下:

```
A=[0 −2;1 −3];B=[2;0];C=[1 0];
M=ctrb(A,B);n=rank(M)
N=ctrb(A,B);p=rank(N)
if abs(n)<2
    disp('The system is uncontrollable')
else
    disp('The system is controllable')
end
if abs(p)<2
    disp('The system is unmeasurable')
else
    disp('The system is measurable')
end
```

执行结果如下:

```
 n =
     2
 p =
     2
The system is controllable
The system is measurable
```

8.5.4　状态反馈和状态观测器的设计

MATLAB 提供了进行极点配置的函数 acker( )和 place( ),它们的调用格式如下:

K＝acker(A,B,P),其中 A,B 为系统系数矩阵,P 为配置的极点,K 为反馈增益矩阵。

K＝place(A,B,P),其中 A,B 为系统系数矩阵,P 为配置的极点,K 为反馈增益矩阵。

其中 place()可求解多变量系统,但不适用于多重极点的情况,而 acker()可求解多重极点,但不能求解多变量系统。

例 8. 27 已知系统的状态方程为 $\dot{x}=\begin{bmatrix} 0 & 1 & 0 \\ 0 & 0 & 1 \\ 0 & -2 & -3 \end{bmatrix}x+\begin{bmatrix} 0 \\ 0 \\ 1 \end{bmatrix}u$,试用 MAT-

LAB 确定状态反馈矩阵 K,使得系统闭环极点配置在 -5, $-2\pm2j$

解 MATLAB 程序如下:

```
% example_8－27
A＝[0 1 0;0 0 1;0 －2 －3];B＝[0;0;1];
P＝[－5;－2＋2i;－2－2i];
K＝place(A,B,p)
```

运行结果为:

K＝40.0000 26.0000 6.0000

状态观测器的极点配置可以通过对偶原理,利用系统极点配置的方法实现。

例 8. 28 已知系统的动态方程为 $\dot{x}=\begin{bmatrix} 0 & 1 \\ -2 & -3 \end{bmatrix}x+\begin{bmatrix} 0 \\ 1 \end{bmatrix}u$, $y=\begin{bmatrix} 2 & 0 \end{bmatrix}x$,

试用 MATLAB 设计一个状态观测器,其极点为 $p_1=p_2=-3$。

解 MATLAB 程序如下:

```
% example_8－28
A＝[0 1;－2 －3];B[0;1];C＝[2 0];
A1＝A′;B1＝C′;C1＝B′;
P＝[－3 －3];
K＝acker(A1,B1,p);
H＝K′
```

运行结果为:

H＝

　　1.5000

　　－ 1.0000

8.6　连续设计示例:硬盘读写系统状态空间分析和设计

根据前面介绍的状态反馈控制器的设计方法,本节将以硬盘读写系统为例设计合适的状态反馈控制器,以便使该系统具有预期的响应特性。

给定的设计要求和性能指标为:超调 $\sigma < 5\%$,调节时间 $t_s < 50$ ms,单位阶跃响应的峰值 $< 5.2 \times 10^{-3}$。从第 2 章所知,简化系统的 2 阶开环模型如图 8.19 所示。

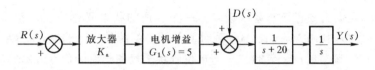

图 8.19　硬盘读写系统的开环模型

这里将电机模型简化为 $G_1(s) = 5$,只是一个增益。为了设计状态反馈,首先求得系统的状态空间方程。为此,得到图 8.20 所示系统的状态变量图。

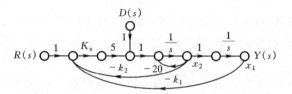

图 8.20　具有两条状态变量反馈回路的闭环系统

首先将状态变量取为 $x_1(t) = y(t)$ 和 $x_2(t) = \dfrac{d(t)}{dt} = \dfrac{dx_1(t)}{dt}$。假设磁头的位置和速度均可以测量,所以,以 $x_1(t)$ 和 $x_2(t)$ 为状态变量引入状态变量反馈信号。另外,为了使状态变量 $y(t)$ 及时准确地跟踪 $r(t)$,取 $k_1 = 1$。

由图可知,开环系统的状态方程为

$$\dot{X} = \begin{bmatrix} \dot{x}_1 \\ \dot{x}_2 \end{bmatrix} = \begin{bmatrix} 0 & 1 \\ 0 & -20 \end{bmatrix} \begin{bmatrix} x_1 \\ x_2 \end{bmatrix} + \begin{bmatrix} 0 \\ 5K_a \end{bmatrix} r(t)$$

$$= \begin{bmatrix} 0 & 1 \\ 0 & -20 \end{bmatrix} X + \begin{bmatrix} 0 \\ 5K_a \end{bmatrix} r(t)$$

闭环系统的状态方程为

$$\dot{X} = \begin{bmatrix} \dot{x}_1 \\ \dot{x}_2 \end{bmatrix} = \begin{bmatrix} 0 & 1 \\ 5k_1 K_a & -(20 + 5k_2 K_a) \end{bmatrix} \begin{bmatrix} x_1 \\ x_2 \end{bmatrix} + \begin{bmatrix} 0 \\ 5K_a \end{bmatrix} r(t)$$

$$= \begin{bmatrix} 0 & 1 \\ 5k_1 K_a & -(20+5k_2 K_a) \end{bmatrix} X + \begin{bmatrix} 0 \\ 5K_a \end{bmatrix} r(t)$$

将 $k_1=1$ 代入后可得,闭环系统的特征方程为

$$s^2 + (20+5k_2 K_a)s + 5K_a = 0$$

为了满足设计要求,应该取 $\zeta=0.90$, $\zeta\omega_n=125$。在此情况下,预期的闭环特征方程式为

$$s^2 + 2\zeta\omega_n s + \omega_n^2 = s^2 + 250s + 19290 = 0$$

于是有 $5k_a=19290$ 或 $k_a=3858$,又因为要求 $20+5k_2 k_a=250$,于是又有 $k_2=0.012$。

至此,我们为硬盘读写系统设计了一个合适的状态变量反馈控制器。利用二阶开环模型,利用 MATLAB 仿真计算了闭环系统的实际响应,所得结果为超调量 $\sigma<1\%$,调节时间 $t_s=34.3$ ms,单位阶跃干扰的响应峰值$=5.2\times10^{-5}$。这些结果表明,闭环系统满足了所有的设计要求。

如果考虑磁场电感的影响,并设电感 $L=1$ mH,则硬盘读写系统的模型中应该增加

$$G_1(s) = \frac{5000}{s+1000}$$

由此可以得到更为精确的三阶开环模型,利用含有电感的三阶开环模型,并沿用为二阶系统选取的反馈增益,经过 MATLAB 仿真计算可得到闭环系统的实际响应如下:

超调量 $\sigma=0$,调节时间 $t_s=34.2$ ms,单位阶跃干扰的响应峰值$=5.2\times10^{-5}$。

由此可见,三阶闭环系统同样满足设计要求。但是,比较二阶和三阶模型的响应可以看出,二者差别很小,这也说明二阶系统足以精确地描述硬盘读写系统。

8.7　小结

由于经典线性理论分析方法的局限性,本章引出了现代控制理论的状态空间分析与设计方法。

状态空间描述是现代控制理论的基本数学方法,可以揭示系统内部状态变量的变化过程。动态方程的建立既可以由物理机理直接得到,也可以从方框图或微分方程导出。由于经典控制理论中的传递函数和现代控制理论的状态空间表达式这两种数学模型之间存在着一定的联系,因而它们可以互相转换。表征一个系统的输入输出关系的传递函数是唯一的,而状态方程却不是唯一的,选择

不同组的状态变量,就可以得到不同形式的动态方程。

对线性定常连续系统来讲,由状态方程求取系统的状态响应,其关键问题是如何求解系统的状态转移矩阵。结合状态转移矩阵的性质,本章介绍了两种计算的常用方法,即拉氏变换法和幂级数法。

能控性和能观性是受控系统的两个重要特性,系统极点和状态观测器极点的任意配置,都与这两个特性密切相关。由对能控性、能观性与传递函数关系的讨论可知,传递函数仅能表示系统中既能控又能观部分的子系统,它不能反映系统中的能控不能观、不能控能观和不能控不能观三部分的子系统,从而深刻地揭示了系统的输入输出描述与状态变量描述之间的一个根本区别。

系统的动态性能与系统的极点有密切关系,对系统极点进行配置是系统综合设计的一个重要原则。根据极点配置定理,如果系统是完全能控的,则可通过一个适当的状态反馈矩阵,将闭环系统的极点配置到任意期望的位置。

当利用状态反馈配置系统极点时,要求系统的状态必须是可测量的,以便实现反馈。但是,在许多情况下,状态变量不易或不可能测量,这里需要设计状态观测器。当系统状态均不可测时,需要用状态观测器重构状态。因此,要对系统进行极点配置,往往需要设计状态反馈矩阵和状态观测矩阵。根据分离特性,可以先设计状态反馈矩阵,再设计状态观测矩阵。

习　题

8.1　已知 RLC 电路如图 8.21 所示。(1)试写出以 i_L 和 u_C 为状态变量的状态方程;(2)已知 $i_L(0)=0$, $u_C(0)=0$,求单位阶跃响应 $u_C(t)$。

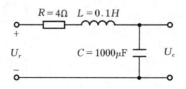

$$R=4\Omega \quad L=0.1H$$

$$U_r \quad\quad C=1000\mu F \quad U_c$$

图 8.21　习题 8.1RLC 电路

8.2　一 RLC 电路如图 8.22 所示。设状态变量 $x_1=i_1$, $x_2=i_2$, $x_3=u_C$。求电路的状态方程,画出电路的状态图。

8.3　已知一系统的传递函数为 $G(s)=\dfrac{s^2+6s+8}{s^2+4s+3}$ 试写出该系统的能控标准形、能观标准形和对角标准形实现。

8.4　已知某系统的传递函数为 $G(s)=\dfrac{8(s+5)}{s^3+12s^2+44s+48}$,试求:(1)能控

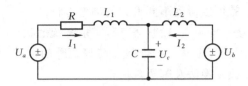

图 8.22 习题 8.2RLC 电路

标准形实现;(2)对角标准形实现。

8.5 控制系统的框图如图 8.23 所示,试写出它们的动态方程式。

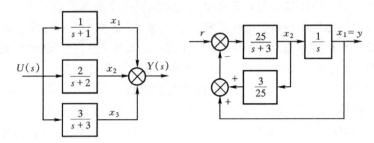

图 8.23 控制系统的框图

8.6 已知控制系统的动态方程如下,试分别求出它们的传递函数或传递函数矩阵。

(1) $\dot{x} = \begin{bmatrix} -1 & 0 \\ 0 & -2 \end{bmatrix} x + \begin{bmatrix} 1 \\ 1 \end{bmatrix} u, \quad y = \begin{bmatrix} 0 & 3 \end{bmatrix} x + 5u$

(2) $\dot{x} = \begin{bmatrix} 0 & 1 & 0 \\ 0 & 0 & 1 \\ -8 & -14 & -7 \end{bmatrix} x + \begin{bmatrix} 0 \\ 0 \\ 1 \end{bmatrix} u, \quad y = \begin{bmatrix} 15 & 8 & 1 \end{bmatrix} x$

(3) $\dot{x} = \begin{bmatrix} 0 & 1 & 0 \\ 0 & -4 & 3 \\ -1 & -1 & -2 \end{bmatrix} x + \begin{bmatrix} 0 & 0 \\ 1 & 0 \\ 0 & 2 \end{bmatrix} u, \quad y = \begin{bmatrix} 1 & 0 & 0 \\ 0 & 0 & 1 \end{bmatrix} x$

8.7 已知控制系统的状态方程为 $\dot{x} = Ax$,其中 $A = \begin{bmatrix} 0 & 6 \\ -1 & -5 \end{bmatrix}$,(1)求系统特征方程式的根;(2)求状态转移矩阵。

8.8 已知控制系统的状态方程为 $\dot{x} = Ax$,其中 $A = \begin{bmatrix} 0 & 1 \\ 0 & 0 \end{bmatrix}$,(1)求状态转移矩阵 $\Phi(t)$;(2)若初始状态变量为 $x_1(0) = x_2(0) = 1$,求 $x(t)$。

8.9 已知控制系统的状态方程为 $\dot{x} = Ax$,其中 $A = \begin{bmatrix} 0 & 1 \\ -3 & 2 \end{bmatrix}$,初始状态向

量 $\begin{bmatrix} x_1(0) \\ x_2(0) \end{bmatrix} = \begin{bmatrix} 1 \\ -1 \end{bmatrix}$，试求解 $x_1(t)$ 和 $x_2(t)$。

8.10 若系统 $\dot{x} = Ax$ 的状态转移矩阵 $\Phi(t, 0)$ 为

$$\Phi(t, 0) = \begin{bmatrix} e^{-t} & 0 & 0 \\ 0 & (1-2t)e^{-2t} & 4te^{-2t} \\ 0 & -te^{-2t} & (1+2t)e^{-2t} \end{bmatrix}$$

试求系统的系数矩阵 A。

8.11 一控制系统的状态方程为 $\dot{x} = Ax$，其中 A 为 2×2 常数矩阵。已知 $x(0) = \begin{bmatrix} 1 \\ -1 \end{bmatrix}$ 时，$x(t) = \begin{bmatrix} e^{-2t} \\ -e^{-2t} \end{bmatrix}$，$x(0) = \begin{bmatrix} 2 \\ -1 \end{bmatrix}$ 时，$x(t) = \begin{bmatrix} 2e^{-t} \\ -e^{-t} \end{bmatrix}$，试用幂级数法及拉氏变换法求状态转移矩阵 e^{At}。

8.12 已知控制系统的动态方程为 $\dot{x} = \begin{bmatrix} -2 & 2 & 1 \\ 0 & -2 & 0 \\ 1 & -4 & 0 \end{bmatrix} x + \begin{bmatrix} 0 \\ 1 \\ 1 \end{bmatrix} u$，

$y = \begin{bmatrix} 1 & 0 & 0 \end{bmatrix} x$，(1)判别该系统的能控性和能观性；(2)求系统的传递函数。

8.13 已知控制系统的动态方程为 $\dot{x} = \begin{bmatrix} -1 & 0 & 0 \\ 0 & -2 & 0 \\ 0 & 0 & -3 \end{bmatrix} x + \begin{bmatrix} 1 \\ 1 \\ 0 \end{bmatrix} u$，

$y = \begin{bmatrix} 1 & 0 & 2 \end{bmatrix} x$。(1)求系统的传递函数 $Y(s)/U(s)$；(2)判别系统是否能控和能观。

8.14 一离散控制系统的动态方程为 $x(k+1) = \begin{bmatrix} 2 & 0 & 3 \\ -1 & -1 & 0 \\ 0 & 1 & 2 \end{bmatrix} x(k) +$

$\begin{bmatrix} 0 \\ 0 \\ 1 \end{bmatrix} u(k)$，$y(k) = \begin{bmatrix} 1 & 0 & 0 \\ 0 & 1 & 0 \end{bmatrix} x(k)$。试判别系统的能控性和能观性。

8.15 判别下列动态方程所示系统的能控性和能观性。

(1) $\dot{x} = \begin{bmatrix} 1 & 3 & 2 \\ 0 & 4 & 2 \\ 0 & 0 & 1 \end{bmatrix} x + \begin{bmatrix} 0 & 1 \\ 0 & 0 \\ 1 & 0 \end{bmatrix} u$，$y = \begin{bmatrix} 1 & 0 & 0 \\ 0 & 0 & 1 \end{bmatrix} x$

(2) $\dot{x} = \begin{bmatrix} 1 & 3 & 2 \\ 0 & 4 & 2 \\ 0 & 0 & 1 \end{bmatrix} x + \begin{bmatrix} 1 & 0 \\ 0 & 1 \\ 0 & 0 \end{bmatrix} u$，$y = \begin{bmatrix} 1 & 0 & 0 \\ 0 & 1 & 1 \end{bmatrix} x$

8.16 已知系统的动态方程为 $\dot{x} = \begin{bmatrix} -2 & 0 \\ 0 & 3 \end{bmatrix} x + \begin{bmatrix} 1 \\ 1 \end{bmatrix} u$，$y = \begin{bmatrix} 1 & 2 \end{bmatrix} x$，试求：

(1)判别系统的能控性和能观性;(2)求系统的传递函数;(3)画出系统的状态图;(4)判别系统的稳定性。

8.17　设系统的状态方程为 $\dot{x} = \begin{bmatrix} 2 & 1 \\ -1 & 1 \end{bmatrix} x + \begin{bmatrix} 1 \\ 2 \end{bmatrix} u$, $y = \begin{bmatrix} 0 & 1 \end{bmatrix} x$,试求状态反馈矩阵 $K = \begin{bmatrix} k_1 & k_2 \end{bmatrix}$,使闭环系统的特征根为 -1 和 -2。并画出系统校正后的状态结构图。

8.18　设系统的状态方程为 $\dot{x} = \begin{bmatrix} 0 & 1 \\ -2 & -3 \end{bmatrix} x + \begin{bmatrix} 0 \\ 1 \end{bmatrix} u$, $y = \begin{bmatrix} 0 & 1 \end{bmatrix} x$,试设计一状态观测器,使它的特征根为 -15 和 -20。并画出系统此时的状态结构图。

8.19　已知一控制系统的动态方程为 $\dot{x} = \begin{bmatrix} -2 & -2.5 & -0.5 \\ 1 & 0 & 0 \\ 1 & 0 & 0 \end{bmatrix} x + \begin{bmatrix} 1 \\ 0 \\ 0 \end{bmatrix} u$, $y = \begin{bmatrix} 0 & 1.5 & 1 \end{bmatrix} x$,试用 MATLAB(1)求系统的阶跃响应和脉冲响应;(2)判断系统的能控能观性。

8.20　给定线性定常系统为

$$\dot{x} = Ax + bu = \begin{bmatrix} 0 & 1 \\ 20.6 & 0 \end{bmatrix} x + \begin{bmatrix} 0 \\ 1 \end{bmatrix} u$$

$$y = cx = \begin{bmatrix} 1 & 0 \end{bmatrix} x$$

期望用观测状态反馈控制,使得系统的闭环极点位于 $s = -1.8 \pm \mathrm{j} 2.4$。观测器的期望特征值为 $\lambda_1 = \lambda_2 = -8$。试采用 MATLAB 确定相应的状态反馈矩阵 K 和状态观测器矩阵 H。

附录1 常用函数的拉氏变换和 z 变换对照表

函数序号	$f(t)$	$F(s)$	$F(z)$
1	$\delta(t)$	1	1
2	$\delta(t-kT)$	e^{-kTs}	z^{-k}
3	$1(t)$	$\dfrac{1}{s}$	$\dfrac{z}{z-1}$
4	t	$\dfrac{1}{s^2}$	$\dfrac{zT}{(z-1)^2}$
5	$\dfrac{1}{2}t^2$	$\dfrac{1}{s^3}$	$\dfrac{z(z+1)T^2}{2(z-1)^3}$
6	e^{-at}	$\dfrac{1}{s+a}$	$\dfrac{z}{z-e^{-aT}}$
7	te^{-at}	$\dfrac{1}{(s+a)^2}$	$\dfrac{zTe^{-aT}}{(z-e^{-aT})^2}$
8	$a^{\frac{t}{T}}$	$\dfrac{1}{s-(1/T)\ln a}$	$\dfrac{z}{z-a}\quad(a>0)$
9	$1-e^{-at}$	$\dfrac{a}{s(s+a)}$	$\dfrac{z(1-e^{-aT})}{(z-1)(z-e^{-aT})}$
10	$e^{-at}-e^{-bt}$	$\dfrac{b-a}{(s+a)(s+b)}$	$\dfrac{z(e^{-aT}-e^{-bT})}{(z-e^{-aT})(z-e^{-bT})}$
11	$\sin(\omega t)$	$\dfrac{\omega}{s^2+\omega^2}$	$\dfrac{z\sin\omega T}{z^2-2z\cos\omega T+1}$
12	$\cos(\omega t)$	$\dfrac{s}{s^2+\omega^2}$	$\dfrac{z^2-z\cos\omega T}{z^2-2z\cos\omega T+1}$
13	$e^{-at}\sin(\omega t)$	$\dfrac{\omega}{(s+a)^2+\omega^2}$	$\dfrac{ze^{-aT}\sin\omega T}{z^2-2ze^{-aT}\cos\omega T+e^{-2aT}}$
14	$e^{-at}\cos(\omega t)$	$\dfrac{s+a}{(s+a)^2+\omega^2}$	$\dfrac{z(z-e^{-aT}\cos\omega T)}{z^2-2ze^{-aT}\cos\omega T+e^{-2aT}}$

附录 2　常用 MATLAB 命令

附录 2.1　操作符和特殊字符

＋	加	..	父目录
－	减	...	继续
＊	矩阵乘法	,	逗号
.＊	数组乘法	;	分号
^	矩阵幂	%	注释
.^	数组幂	'	转置或引用
\	左除或反斜杠	=	赋值
/	右除或斜杠	==	相等
./	数组除	<>	关系操作符
:	冒号	&	逻辑与
( )	圆括号			逻辑或
[ ]	方括号	~	逻辑非
.	小数点	xor	逻辑异或

附录 2.2　基本数学函数

三角函数			
sin	正弦	sec	正割
sinh	双曲正弦	sech	双曲正割
asin	反正弦	asec	反正割
asinh	反双曲正弦	asech	反双曲正割
cos	余弦	csc	余割
cosh	双曲余弦	csch	双曲余割
acos	反余弦	acsc	反余割
acosh	反双曲余弦	acsch	反双曲余割
tan	正切	cot	余切
tanh	双曲正切	coth	双曲余切
atan	反正切	acot	反余切
atan2	四象限反正切	acoth	反双曲余切
atanh	双曲反正切		

指数函数		复数函数	
		abs	绝对值
exp	指数	angle	相角
log	自然对数	conj	复共轭
log10	常用对数	image	复数虚部
sqrt	平方根	real	复数实部

附录 2.3　二维图形函数

plot	线性图形
loglog	对数坐标图形
semilogx	半对数坐标图形(X 轴为对数坐标)
semilogy	半对数坐标图形(Y 轴为对数坐标)
fill	绘制二维多边形填充图
title	图形标题

附录 2.4　控制系统工具箱

建模	
lkbuild	从方框图中构造状态空间系数
cloop	系统的闭环
connect	方框图建模
conv	两个多项式的卷积
feedback	反馈系统连接
ord2	产生二阶系统的 A,B,C,D
模型变换	
c2d	变连续系统为离散系统
c2dm	利用指定方法变连续为离散系统
c2dt	带一时延变连续为离散系统
d2c	变离散为连续系统
d2cm	利用指定方法变离散为连续系统
poly	变根值表示为多项式表示
residue	部分分式展开
ss2tf	变状态空间表示为传递函数表示
ss2zp	变状态空间表示为零极点表示
tf2ss	变传递函数表示为状态空间表示
ft2zp	变传递函数表示为零极点表示
zp2tf	变零极点表示为传递函数表示
zp2ss	变零极点表示为状态空间表示

时域响应	
dimpulse	离散时间单位冲激响应
dinitial	离散时间零输入响应
dlsim	任意输入下的离散时间仿真
ds tep	离散时间阶跃响应
filter	单输入单输出 Z 变换仿真
impulse	冲激响应
initial	连续时间零输入响应
lsim	任意输入下的连续时间仿真
s tep	阶跃响应
s tepfun	阶跃函数
频域响应	
bode	Bode(波特)图(频域响应)
dbode	离散 Bode 图
dnyquis t	离散 Nyquis t 图
fbode	连续系统的快速 Bode 图
freqs	拉普拉斯变换频率响应
freqz	Z 变换频率响应
margin	增益和相位裕量
nichols	Nichols 图
nyquis t	Nyquis t 图
根轨迹	
pzmap	零极点图
rlocfind	确定根轨迹增益
rlocus	画根轨迹
sgrid	在 ω_n, z 网格上画连续根轨迹
zgrid	在 ω_n, z 网格上画离散根轨迹

参考文献

1. 侯爰龙. 自动控制理论. 西安:西安交通大学出版社,1987

2. 吴锟章. 自动控制理论基础. 西安:西安交通大学出版社,1999

3. Richard C. Dorf, Robert H. Bishop. 现代控制系统. 第 8 版. 北京:高等教育出版社,2001

4. 胡寿松. 自动控制原理.第 4 版. 北京:科学出版社,2002

5. 夏德钤,翁贻方编. 自动控制理论. 第 2 版.北京:机械工业出版社,2004

6. 薛安克,彭冬亮,陈雪亭. 自动控制原理. 西安:西安电子科技大学出版社,2004

7. 邹伯敏. 自动控制理论. 第 2 版. 北京:机械工业出版社,2004

8. 卢京潮. 自动控制原理. 西安:西北工业大学出版社,2004

9. 刘坤主. MATLAB 自动控制原理习题精解. 北京:国防工业出版社,2004

10. 魏克新,王云亮. MATLAB 语言与自动控制系统设计. 北京:机械工业出版社,2004

11. Richard C. Dorf Robert H. Bishop. Modern Control System. Ninth Edition. 北京:科学教育出版社,2003

12. Gene F. Franklin,J. David Powell,Abbas Emami-Naeini. Feedback Control of Dynamic Systems. Fourth Edition. 北京:电子工业出版社,2004

13. Katsuhiko Ogata. Modern Control Engineering. Third Edition. 北京:电子工业出版社,2000

14. 王诗苻,杜继宏,窦日轩. 自动控制理论例题习题集.北京:清华大学出版社,2003

15. 赵文峰. 控制系统设计与仿真. 西安:西安电子科技大学出版社,2002